Joachim Nickelsen

Mit Mut, Freude und Gelassenheit führen

Selbst- und Unternehmensführung mit der Weisheit des Zen

Springer Gabler

Joachim Nickelsen
Hamburg, Deutschland

ISBN 978-3-662-62073-1   ISBN 978-3-662-62074-8   (eBook)
https://doi.org/10.1007/978-3-662-62074-8

Die Deutsche Nationalbibliothek verzeichnet diese Publikation in der Deutschen Nationalbibliografie; detaillierte bibliografische Daten sind im Internet über http://dnb.d-nb.de abrufbar.

Planung/Lektorat: Christine Sheppard
Springer Gabler ist ein Imprint der eingetragenen Gesellschaft Springer-Verlag GmbH, DE und ist ein Teil von Springer Nature.
Die Anschrift der Gesellschaft ist: Heidelberger Platz 3, 14197 Berlin, Germany

Vorwort von Hermann Scherer

Liebe Leserinnen und Leser,

wir alle lieben das gute Leben: Wir wollen mehr Gewinne erzielen, noch erfolgreicher sein, noch mehr Projekte mit Kunden haben, und für alles auch noch Anerkennung von außen und von uns selbst erhalten. Die Familie soll die schönsten Urlaube bekommen und die Kinder die beste Ausbildung. Die eigene Zukunft soll sorgenfrei sein. Und dabei wollen wir selbstverständlich gleichzeitig ausgeglichen und glücklich sein.

Gesunder Ehrgeiz ist wichtig, Erfolg soll Spaß machen und Menschen und Unternehmen erfolgreich werden lassen, auch darum geht es im Leben. Aber wir fahren auf der Autobahn des Lebens schon lange nicht mehr links, sondern setzen zum Überflug an – und der Absturz ist vorprogrammiert.

Sie als Unternehmer oder Führungskraft haben sich die wichtigsten Fragen sicher schon längst gestellt. Sie fühlen und wissen, dass wir in einer immer komplexeren Zeit und unberechenbareren Welt schneller und perfekter agieren müssen. Sie spüren, dass Sie als Verantwortungsträger in der Gesellschaft nicht sinnvoll agieren und entscheiden können, wenn Sie mit Ihrer Sicht auf die Welt nicht 100 % top-aktuell sind und nicht klar, mit authentischer Haltung Mitarbeiter und Kunden begeistern können.

Doch wie wollen Sie all das leisten, wenn Sie Fragen und Zweifel haben?

Sie wissen, dass Ihre Mitstreiter auf dem Markt immer schneller im Rückspiegel näherkommen oder sogar jeden Moment unvermittelt aus der Seitenstraße geschossen kommen können, um vor Ihnen einzuscheren. Sie spüren, dass sowohl Mitarbeiter als auch Kunden einem enormen Wertewandel unterliegen, bei dem mit Nachdruck nach Sinn und dem großen Warum gefragt wird. Ihnen ist klar, dass der äußere Druck durch sich radikal veränderte Märkte und die drängenden Anforderungen der Digitalisierung Ihr Unternehmen an den Rand der Leistungsfähigkeit bringen werden – oder schon gebracht haben. Sie fragen sich manchmal, wo der Ausweg ist und ob Sie als Unternehmer etwas Grundlegendes in sich selbst oder an Ihrem Führungsstil ändern müssen, um weiterhin standhalten zu können?

Wie viele Menschen ist auch Joachim Nickelsen diesen Weg selbst gegangen – als Manager, als Unternehmer und als Mensch. Seine inneren Antreiber und das überbordende Leben, auch mit einem schweren privaten Rückschlag, die Anforderungen als

Unternehmensberater mit einer regelmäßigen 70-Stunden-Woche, brachten ihn an den Rand des Zusammenbruchs. Als er ahnte, dass es so nicht weitergehen konnte, nahm sein Leben eine überraschende Wendung, als er zum ersten Mal in seinem Leben einem Zen-Meister gegenübersaß. Was er dann erlebte, wie er sein Leben und seine Arbeit radikal veränderte, wie er seine eigenen Erlebnisse mit wissenschaftlich fundierten Methoden und modernster Erkenntnisse aus der Persönlichkeitsentwicklung in den Alltag zahlreicher Unternehmer und Führungskräfte einbrachte und diesen half, zu echter Zufriedenheit und damit zu noch größerem wirtschaftlichen Erfolg zu kommen, das lesen Sie in diesem Buch. Joachim Nickelsen schafft es als einer der wenigen Experten, seine persönlichen Erfahrungen in nachvollziehbare und ganz konkrete Ableitungen für den unternehmerischen Alltag umzusetzen – und Sie Ihnen zur Verfügung zu stellen.

Mit einem stets pragmatischen und an der menschlichen und unternehmerischen Praxis orientierten Blick beschreibt er, was er unter Begriffen wie Leadership, Achtsamkeit, Selbststeuerung, Motivation oder Identifikation versteht und was das mit der spürbaren Verbesserung der Kultur im eigenen Führungskreis, im Unternehmen und mit dem wirtschaftlichen Erfolg zu tun hat. Als einziger Autor im deutschsprachigen Raum schlägt er auf konsequente Weise die Brücke zwischen den Wirkungsweisen von Meditation als Methode zur Persönlichkeitsentwicklung auf den einen Seite und den Anforderungen an modernes Management in der heutigen Zeit auf der anderen Seite. Seine Erkenntnisse und Erfahrungen erläutert er psychologisch, neuronal und ganz „anfassbar" für den Unternehmer-Alltag. Er hört dabei aber nicht bei den Auswirkungen von Zen und Bewusstseinsentwicklung für den einzelnen Unternehmer auf, sondern stellt eine klare und nachvollziehbare Verbindung zur Team- und Organisationsentwicklung im mittelständischen bzw. im Familienunternehmen her.

Dabei schreibt er in einem Stil, der nicht wissenschaftlich abgehoben ist, sondern Spaß macht, leicht zu lesen ist und sicher auch bei Ihnen Lust und Motivation auslösen wird, den eigenen Weg zu reflektieren und zu verändern. Nach dem Lesen des Buches ist für Sie nachvollziehbar, dass und inwiefern die Fähigkeit zu nachhaltiger Selbstführung für starke und erfolgreiche Unternehmerinnen und Unternehmer bzw. Top-Führungskräfte eine Schlüsselqualifikation ist.

Das Buch basiert auf einer spannende Reise eines Mannes, der erfahren hat, dass Erfolg, Geld und Beifall von außen nicht alles sind, der fast alles verlor, um zu erfahren, dass es noch viel mehr zu finden gibt: Sinn, Stabilität und innere Freiheit als privater Mensch und gleichzeitig als Unternehmer.

Ich wünsche Ihnen, dass Sie in diesem Buch die Inspiration und Ermutigung finden, die Sie benötigen, um ein glücklicher Mensch und damit eine erfolgreiche Unternehmerin oder ein erfolgreicher Unternehmer zu sein.

Herzlich, Ihr
Hermann Scherer

Danksagungen

Diesen Menschen möchte ich danken, weil Sie mich in meinem Leben vor und während des Schreibens dieses Buches besonders inspiriert haben:

Mein Zen-Meister
Hinnerk Syobu Polenski, Zen-Kloster Buchenberg/ Allgäu
durch seine mitreißende Kraft, die große Weite seines Geistes
und seine Geduld mit mir

Mein Coach-Ausbilder und Mentor
Axel Janßen aus Hamburg
durch seine intellektuelle Brillanz, sein freiheitliches Menschenbild
und seine systematische Klarheit

Mein verstorbener Vater
Volkert Nickelsen
durch seine tiefe Menschlichkeit, seinen klugen Humor und sein unverhandelbares
Einstehen für Gerechtigkeit und soziales Engagement

Meine geliebte Ehefrau
Sabine Sattler
durch ihre tiefe Liebe, ihr großes Herz, ihre unerschütterliche Gelassenheit
und ihre lachende Freude am Leben

Inhaltsverzeichnis

Über den Autor

Joachim Nickelsen war 25 Jahre Start-Up-Gründer, Unternehmer, Führungskraft und Unternehmensberater. Seit 2012 arbeitet als er Organisations- und Teamentwickler, Management-Coach, Moderator, Vortragsredner und Autor. Er unterstützt Unternehmer*innen, Führungskräfte, Teams und Organisationen bei der Lösung komplexer Problemstellungen in Führung, Kommunikation und Zusammenarbeit. Seine Themen sind Menschlichkeit, Mut, Gelassenheit, wirksame (Selbst-)Führung durch Bewusstsein, Überwindung von Angst und Stress, Identifikation und Motivation. Er ist mit einer Unternehmerin verheiratet, hat einen Sohn und lebt in Hamburg. Nickelsen hat BWL studiert, besitzt eine langjährige ZEN-Ausbildung und -Praxis in der japanischen Tradition (Daishin Zen/Kloster Buchenberg) und ist zertifizierter Systemischer Management- und Team-Coach (SMC).

Abbildungsverzeichnis

Tabellenverzeichnis

Einleitung

Meine eigene Geschichte zu diesem Buch – und eine kleine Nutzungs-Anleitung

1.1 Der Weg in die Furchtlosigkeit

„Es ist nicht die Frage, ob Du einen Hörsturz, Herzinfarkt oder Schlaganfall bekommst, sondern nur wann – es sei denn, Du änderst Dein Leben genau jetzt!", war der Satz eines Zen-Meisters, der ein Kapitel in meinem Leben beendete und mich vor dem Zusammenbruch bewahrte. Im selben Augenblick begann ein neuer Weg für mich.

Auf Basis dieses Weges und der intensiven Erfahrungen unterwegs zeige ich auch anderen Unternehmern oder Führungskräften, wie sie die Meisterschaft in ihrer eigenen Führung erreichen: mutig, gelassen, menschlich, motivierend – und zwar mithilfe der Weisheit des Zen.

Sie kennen das vielleicht auch: Unsicherheit und Stress, insbesondere vor dem Hintergrund der enormen und oft als bedrohlich empfundenen Veränderungsgeschwindigkeit von Gesellschaft, Technologie und Wirtschaft. Schon morgen wird die Welt aufgrund des extremen technologischen Wandels und der sich intensiv verändernden gesellschaftlichen Normen und Werte nicht mehr wie heute sein. Anlässlich dieser radikalen Veränderung spüren immer mehr Verantwortungsträger, dass eine grundlegende Veränderung ihres Unternehmens zwingend notwendig ist. Sie ahnen, dass die Veränderung bei ihnen als Schlüsselperson beginnen muss, wissen aber nicht wie. Sie sind sich ihres eigenen Weges, ihrer eigenen Vision oft nicht sicher. Viele haben Angst, ihre knappe Zeit in einen Veränderungsprozess zu investieren, von dem sie nicht wissen, welche Schritte zu gehen sind, ob ihre Mitarbeiter bei dem Weg überhaupt „mitziehen" werden und ob sie im Zuge des Prozesses nicht sogar die Kontrolle über ihr eigenes Unternehmen verlieren. Sie wünschen sich daher Klarheit über die notwendigen Schritte und innere Sicherheit in jeder Entwicklungsstufe der persönlichen und unternehmerischen Weiterentwicklung.

© Der/die Herausgeber bzw. der/die Autor(en), exklusiv lizenziert durch Springer-Verlag GmbH, DE, ein Teil von Springer Nature 2020
J. Nickelsen, *Mit Mut, Freude und Gelassenheit führen*,
https://doi.org/10.1007/978-3-662-62074-8_1

Hier setzt der Nutzen dieses Buches für Sie an: Es bietet Ihnen eine nachvollziehbare, systematische Unterstützung beim Betreten und Gehen eines, Ihres, neuen Weges. Sie können nachvollziehen, wie eine mögliche Lösung in Form einer nachhaltigen Führungs- und Arbeits-Kultur bei sich selbst und im eigenen Unternehmen aussieht. Sie können sie für sich selbst individuell ausgestalten und mithilfe dieser Inspiration Ihren persönlichen Weg entwickeln: von der Selbst-Entwicklung bis hin zur Unternehmensentwicklung.

Viele Unternehmer oder Führungskräfte haben von „Mindful Leadership", Bewusstsein und Meditation als wirksame Mittel zur Unterstützung der angestrebten Transformation gehört, finden, dass das irgendwie interessant klingt, haben aber noch wenig eigene Vorstellung, was dies für sie selbst und das Unternehmen bedeuten könnte. Das Buch stellt eine Anregung und Begleitung für genau diese Unternehmer und Führungskräfte dar. Es räumt mit Mythen über Meditation auf und leitet praktikabel den Zusammenhang her, zwischen Persönlichkeitsentwicklung durch Zen bzw. Meditation auf der einen Seite – und Bewusstseinsentwicklung, Organisationsentwicklung und Zufriedenheit oder sogar Erfüllung in der Führung auf der anderen Seite. Der notwendige Veränderungsweg wird in fünf klaren, für Sie jederzeit nachvollziehbaren und motivierenden Phasen beschrieben und transparent gemacht.

Mein eigener Veränderungsweg beginnt Ende 2008 – schon bevor ich den eindringlichen Satz des Zen-Meisters zu hören bekomme. Ich bin zu dem Zeitpunkt als Manager und Führungskraft an meine Grenzen gestoßen. Der Versuch, mit immer mehr Perfektionismus immer mehr Kontrolle über die Komplexität meines Lebens auszuüben, hat mich in eine schwere persönliche Krise gebracht. Mit Zen komme ich nach und nach wieder in meine Führungs-Kraft und habe inzwischen gelernt, dass nur mit zugelassenen Emotionen, Selbst-Bewusstsein und Menschlichkeit exzellente Führung gelingt. Diese Erfahrungen möchte ich jetzt mit anderen Unternehmern und Führungskräften teilen.

Nach der ersten Begegnung mit dem Zen-Meister habe ich für mich nach und nach erfahren, worum es in meinem Leben als Führungskraft und Unternehmer geht – und worum es nicht geht. Mein ganzes Leben hat mich immer ein Faktor begleitet, der mir sehr lange nicht bewusst war: Angst. Angst davor, von meinen Eltern nicht gemocht zu werden, Angst davor, im Freundeskreis etwas „falsch" zu machen" und nicht dazu zu gehören, später Angst davor, mich bei Mitarbeitern nicht durchsetzen zu können oder Angst davor, vom Kunden ein „Nein" zu bekommen. Stets hatte ich Angst vor Zurückweisung und Ablehnung durch andere. Dass diese Angst vor anderen Menschen seine Ursache in meiner eigenen Selbst-Abwertung hatte, habe ich erst viel später verstanden.

Meine Kompensations-Strategie besteht bis zu der Begegnung mit dem Zen-Meister im März 2009 immer aus zwei Komponenten: zum einen versuche ich, eine unangreifbare Fassade aufzubauen. Ich versuche, mich und meine Emotionen oder Gedanken hinter einem möglichst „glatten" Auftreten zu verstecken. Ich bin äußerlich höflich, zurückhaltend, freundlich und mache es möglichst allen recht. Und gleichzeitig bin ich als Mensch kaum zu erkennen – manchmal fast unsichtbar. Das ist für andere Menschen langweilig oder sogar unangenehm. Und die Folge ist genau das, was ich versuche, zu vermeiden: nämlich wenig Kontakt – oder sogar Ablehnung. Also versuche ich umso mehr, „nett" und freundlich zu sein. Der Kreislauf beginnt von vorn, was auf Dauer enorm anstrengend ist.

Der zweite Teil meiner Strategie besteht aus beruflichem Perfektionismus. Ich habe – neben meinem tadellosen Auftreten – vor allem meine Arbeit perfektioniert. Immense Anstrengungen unternehme ich, um Anerkennung für meine Arbeit zu erhalten und vollständige Kontrolle über mein Arbeitsleben zu sicherzustellen. Neben perfekter Pünktlichkeit und Verbindlichkeit sind es makellose Konzepte, schulbuchmäßig ausgeführte Moderationen, hervorragende Beratungsergebnisse, Recherchen und PowerPoint-Folien, sowie natürlich vollständig abgearbeitete ToDo- und Checklisten, die meine Arbeit auszeichnen. Das aufrecht zu erhalten, kostet enorme Energie. Diese äußerliche Fehlerfreiheit und scheinbare Unangreifbarkeit sind für mich extrem kraftaufwendig und lassen mir fast keine Luft mehr zum Atmen. Die inneren Reserven werden über die Jahre praktisch vollständig aufgebraucht und als im Jahr 2008 in kurzer Folge zwei Beratungs-Kunden mit meiner Arbeit unzufrieden sind, bricht für mich eine Welt zusammen. Ich fühle mich persönlich getroffen, kann die scheinbare Ablehnung nicht mehr kompensieren, breche äußerlich und innerlich zusammen. Ich fühle mich todmüde und tieftraurig.

Der folgende Aufenthalt im Zen-Kloster und die daraus resultierenden Einsichten, die über die nächsten Jahre nach und nach mein Leben bereichern, haben es tief greifend verändert. Ich durfte die Ursachen für die Angst sowie ihre Folgen für mich als Mensch und mein Verhalten als Führungskraft verstehen, habe Werkzeuge entdeckt, um mich zu verändern – und ich habe meinen neuen Lebensweg gefunden. Sowohl für mein privates als auch mein berufliches Leben als Unternehmer und Unternehmer-Coach. Ich habe insbesondere verstanden, dass Gefühle wie Unsicherheit oder „Stress" zu einem überragenden Teil in innerer Angst begründet sind. Und dass diese Angst ihrerseits tiefere Gründe und Ursachen hat.

Mein Zen-Meister hat mir nach etwa fünf Jahren der gemeinsamen Arbeit und meiner persönlichen Entwicklung als Mensch den Zen-Namen „Abhaya" überreicht. Das heißt frei übersetzt so etwas wie „Der Furchtlose". Der Name bedeutet keineswegs, dass jede Angst im Leben von nun an verschwunden oder bedeutungslos wäre. Er heißt stattdessen vor allem, dass mein Bewusstsein für meine Persönlichkeit und für emotionale Zusammenhänge bei mir selbst – und dadurch auch bei anderen Menschen – intensiv gereift ist. Gleichzeitig ist immer noch ein weiter Weg zu gehen. Aber Angst und Emotionen haben ihre Bedrohlichkeit und vor allem einen großen Teil ihrer unbewussten Wirkung verloren. Meine Arbeit, mein komplettes Leben, gestalte ich nun bewusst, ich fühle tiefe Zufriedenheit als Privatmensch, als Unternehmer, als Coach für Unternehmer und Führungskräfte. In meiner Arbeit mit Menschen spüre ich intensiv, dass diese Erkenntnis zutrifft:

▶ **Wichtig**
Wir können das am besten lehren, wo wir selbst
am meisten leiden und lernen mussten – und Veränderung erfahren haben.

Die Erfahrungen dieses Weges möchte ich daher nun mit Ihnen teilen. Ganz konkret, ganz praktisch, systematisch, für jeden nachvollziehbar. Auf dieser Grundlage fließen auch meine eigenen Einsichten und Erfahrungen in dieses Buch ein.

Zen bietet uralte und gleichzeitig top-aktuelle Einsichten, mit denen Sie Lösungen für die heutige Komplexität finden können. Statt Angst und Unsicherheit gewinnen auch Sie als Unternehmer und Führungskraft innere Sicherheit und Klarheit. Statt Ihre Emotionen zu unterdrücken, öffnen Sie für sich Mut und Bewusstheit. Statt unterschwelliger Konflikte und Silodenken im Team entwickeln Sie lebendigen Teamgeist, Kooperation, Motivation, echte Agilität, Widerstandsfähigkeit in Krisenzeiten und letztlich gemeinsamen Erfolg. Darüber hinaus gewinnen Sie Freiheit und Zufriedenheit im gesamten persönlichen Leben, auch außerhalb des eigenen Unternehmens.

Und wenn es Sie interessiert, wie der Weg auch für Sie aussehen könnte, lesen Sie in Ruhe dieses Buch und lassen sich inspirieren, wie Sie das im Laufe von fünf nachvollziehbaren Phasen für sich persönlich erreichen können.

Unternehmerische bzw. Führungs-Problemstellungen können, das habe ich lernen dürfen, immer und ausschließlich von innen nach außen gelöst werden, wenn die Lösung nachhaltig sein soll. Was mit „von innen nach außen" gemeint ist, wird dieses Buch ausführlich erläutern. Auf Basis der gemachten intensiven Erfahrungen aus meiner Arbeit verbinde ich verschiedene praktische Erfahrungen, Methoden und Modelle, mit denen Sie als Leser eine eigene Lösungsstrategie entwickeln können. Erst für sich selbst, dann für Ihr Führungs-Team, dann für das gesamte Unternehmen.

Mit diesem Buch lade ich Sie ein, mich – und mir bekannte andere Zenpraktizierende Führungskräfte – auf dem Erfahrungsweg ein Stück zu begleiten. Ich schreibe zum Beispiel darüber, welche Glaubenssätze mich prägten und welche Hindernisse ich zu bewältigen hatte. So werden Sie meine Skepsis am Anfang ebenso nachvollziehen können, wie meinen persönlichen Durchbruch. Sie werden erkennen, dass jedes auftauchende Problem auf Ihrem persönlichen Weg dazugehört, „normal" ist und die Lösung bereits irgendwo lauert. Und so ungewöhnlich sich das jetzt vielleicht noch lesen mag, so sehr bin ich davon überzeugt, dass Sie mir irgendwann nicht nur zustimmen werden, sondern auch nachvollziehen können, weshalb Sie bereits auf dem richtigen Weg sind.

Das Buch, das Sie in den Händen halten, versucht daher eine Gratwanderung. Einerseits möchte es Sie inspirieren, mit sich, mit Ihrem tiefsten Mensch-Sein in Berührung zu kommen und Ihre Selbstwahrnehmung und Ihre Fähigkeit zur Selbst-Führung zu stärken. Andererseits möchte es Ihnen darauf aufbauend aufzeigen, welche Schlussfolgerungen und welche weiteren Einsichten und Fähigkeiten Sie darüber hinaus als Unternehmer oder Führungskraft daraus gewinnen können.

▶ **Wichtig**

Wir können nur wahrnehmen, was unsere Aufmerksamkeit hat.
Nur das, was wir wahrnehmen, können wir verändern.

Über diesen Zusammenhang aus Selbstwahrnehmung, Selbst-Steuerung und der weiter-
führenden Fähigkeit zur Veränderung Ihres Lebens und Ihres Verhaltens und Wirkens,
gibt es inzwischen unendlich viel Literatur und Seminare. Dieses Buch unterscheidet
sich dadurch, dass es als Essenz eines langen, sehr persönlichen Weges entstanden
ist. Auf dem Weg lagen viel Reflexion und Einsicht, auch Umwege und schmerzvolle
Erfahrungen, aber auch reichlich Inspiration durch beeindruckende Menschen und
wissenschaftliche Literatur. Aus jedem einzelnen Kapitel dieses Buches hätten aufgrund des Reichtums all dieser Quellen theoretisch locker drei weitere Bücher entstehen
können. Allerdings besteht der Nutzen dieses Buches eben genau darin, diese unend-
liche Fülle, in der man sich leicht verlieren kann, versuchsweise in einem übersicht-
lichen, klaren, greifbaren Weg zusammenzufassen, der für Sie nachvollziehbar ist. In den
einzelnen Kapiteln gehe ich daher nicht in eine „wissenschaftliche" Tiefe. Viele wichtige
Themen in diesem Buch werden auf eine möglichst leicht verdauliche Weise ausgeführt,
in der Hoffnung, Sie als Leser zu inspirieren. Anschließend fühlen Sie sich vielleicht
motiviert, in einen weiteren „Deep Dive" zu gehen, sich auf Ihren eigenen Erfahrungs-,
Lern- und Entwicklungs-Weg zu begeben.

Das Anliegen dieses Buches ist es, Sie zu inspirieren, diese Motivation durch entsprechend systematisches Gehen von bestimmten Schritten herzustellen. So können
Sie Ihre ganz persönlichen, neuen Erfahrungen mit beispielsweise „Bewusstsein", oder
„Mut, Gelassenheit und Freude" machen. Ein gut entwickeltes Bewusstsein kann für
Sie in Ihrem Handeln, Entscheiden und Führen (von sich selbst und anderen Menschen)
wie ein innerer Kompass wirken. Das Buch möchte Ihnen zeigen, was es mit uns und
unserem Unternehmen machen kann, wenn wir in Gelassenheit und Furchtlosigkeit auf
uns selbst, auf unser Handeln als Führungskraft, auf die Führung von Teams und auf die
kraftvolle und zugleich achtsame Entwicklung einer Organisation blicken.

Sie werden Impulse und Reflexionshilfen erhalten, die Sie vielleicht interessant und
anregend finden. Aber für eine tatsächliche Veränderung Ihrer Persönlichkeit und Ihres
Führungsverhaltens ist es unerlässlich, dass Sie nach und nach in der Tiefe verstehen,
wie die Zusammenhänge sind. Das Anliegen des Buches ist es, Ihren Erkenntnisprozess
immer wieder einen kleinen Schritt weiter zu unterstützen. Egal, wo Sie persönlich
gerade stehen.

Lassen Sie mich auch noch Folgendes betonen: Der in diesem Buch beschriebene
Weg aus der Krise, hin zu Einsichten und zur Umsetzung exzellenter Führung mithilfe
der Lehre und der Praxis des Zen, ist EIN möglicher Weg. Und zwar der, den ich persönlich als äußerst hilfreich, lehrreich und tief greifend verändernd erfahren habe. Dieses
Buch erhebt jedoch keineswegs den Anspruch, dass er DER einzige Weg sei. Ich bin fest
davon überzeugt, dass es auch andere, ähnlich kraftvolle Wege gibt – Sie haben immer
die Wahl.

1.2   Zusammenfassung der 5-Phasen-Systematik: Vom entwickelten ICH zu einem entwickelten Unternehmen

Das Buch spannt den Bogen von der Selbstentwicklung bis zur Unternehmensentwicklung und gibt in allen Phasen – über die Führung anderer Menschen, der Entwicklung von Teams, bis hin zu einer inspirierten, lebendigen Organisation – intensive Einblicke in die möglichen Lösungsansätze. Für alle Phasen wird beschrieben, inwiefern ein durch Meditation entwickeltes Bewusstsein bei der maßgeblichen Führungskraft, bei einigen Schlüsselpersonen oder ganzen Teams zu einer Veränderung der Kultur, des Geistes, der Haltung, der individuell empfundenen Zufriedenheit und Erfüllung – und dadurch zu einer Verbesserung des gemeinsamen Erfolges führen können.

Methodische Hinweise oder angesprochene Aspekte, wie z. B. Agilität oder Selbstorganisation von Teams aus der sog. „New Work", Meditation, Achtsamkeit oder Bewusstsein sind dabei kein Selbstzweck, sondern immer nur hilfreiche Impulse, sodass Sie als Leser aufgefordert werden, eigene Schlussfolgerung zu ziehen. Bei Führungskräften, die in ihrem Unternehmen etwas verändern möchten, geht es letztlich um unternehmerischen Erfolg am Markt durch begeisterte Kunden – bei gleichzeitiger Arbeits- und Lebenszufriedenheit der Beteiligten, also der Führung und der Mitarbeitenden.

Der mögliche Weg dahin, die fünf im Buch-Titel genannten Phasen, folgen zwar prinzipiell aufeinander, hängen aber immer untrennbar zusammen, beeinflussen sich gegenseitig und finden auch immer wieder gleichzeitig statt. Sie sind also nicht als statische Reihenfolge zu verstehen, in dem Sinne, dass man zuerst Phase 1 abgeschlossen haben muss, bevor Phase 2 beginnt und abgeschlossen wird, bevor Phase 3 starten kann, usw. Vielmehr ist es so zu verstehen, dass die Erfahrungen der Phase 1 in die Phase 2 übernommen, sozusagen in sie „hineingefüllt" werden. Die Erkenntnisse und Erfahrungen aus Phase 1 und 2 werden dann gemeinsam in die Phase 3 überführt – und dort weiter entwickelt, usw.

Trotzdem ist dieser didaktische Aufbau sehr wohl so gemeint, dass Sie zunächst die Erfahrungen aus der Phase 1 benötigen, bevor Sie sich in voller Qualität in Phase 2 selbst erfahren und sich wirklich weiter entwickeln können. Gleichzeitig „läuft" die Phase 1 (bzw. die eignen Erfahrungen daraus) „weiter". Das gleiche gilt auch für die anderen Phasen: Wenn Sie sich wirklich mit der Phase 5 beschäftigen möchten, ist es – im Sinne der Idee dieses Buches – außerordentlich sinnvoll, tiefe und nachhaltige Erfahrungen in den Phasen 1 bis 4 gemacht zu haben. Insofern bauen die Phasen, bzw. die in diesen Phasen gemachten Erfahrungen und gewonnenen Erkenntnisse zwar aufeinander auf, aber keine Phase ist jemals abgeschlossen. Wenn Sie Phase 5 erreicht haben, „laufen" alle fünf Phasen gewissermaßen „parallel". Auch wird es immer wieder einen oszillierenden Wechsel zwischen den Phasen geben. So werden Sie beispielsweise beobachten, dass Sie vielleicht bereits in der Phase 4 arbeiten, aber spüren, dass Sie gerade zusätzliche, wertvolle Erfahrungen aus der Phase 1 machen dürfen.

Die Lebendigkeit des Lebens und der beteiligten Menschen mit ihren Emotionen wie Angst, Freude, Unsicherheit, Neugier, Zweifel, Widerstand, Ehrgeiz, die alle Teil des Lebens sind, führt dazu, dass Sie manchmal die Übersicht verlieren können und sich fragen, in welcher Phase bzw. auf welcher „Ebene" Sie sich gerade bewegen und was das für Ihr Handeln und Entscheiden bedeutet. Lernen und Entwicklung findet immer gleichzeitig auf allen Ebenen statt. Machen Sie sich dabei bitte keinen Druck, sondern kehren immer wieder bewusst und mutig ins Wahrnehmen und ins angemessene Handeln zurück.

Zur Erläuterung der einzelnen Phasen und ihren Zusammenhang zäume ich jetzt das Pferd von hinten auf. Der Zusammenhang aller Phasen wird hier in dieser zusammenfassenden Übersicht vom Ende her gedacht und erklärt. Wenn Sie die Bedeutung jeder Phase prinzipiell verstanden haben, wird Ihnen auch klar, was als Voraussetzung für die jeweilige Phase erforderlich ist, nämlich die Inhalte und Erfahrungen der jeweils vorhergehenden:

Übersicht

Phase 5 – Das Ziel: eine inspirierte, erfolgreiche Organisation

Um Erfüllung und Erfolg mit dem gesamten Unternehmen zu haben, ist gleichgerichtetes, gemeinsames, motiviertes Handeln aller beteiligten Mitarbeitenden und Führungskräfte in der gesamten Organisation notwendig. Hierfür sind Vertrauen, geeignete Strukturen und eine gemeinsame Vorstellung der Unternehmens-Mission äußerst hilfreich. Das motivierte, gemeinsame Handeln und generell die Kultur werden maßgeblich von Sinn und „Purpose" der Organisation getragen. Dieser kollektive, übergreifende Sinn ist zu entwickeln und emotional zu verankern, genauso wie gemeinsam gestaltete Strukturen und die entsprechende Zusammenarbeits- und Kommunikationskultur an den Schnittstellen.

Phase 4 – Voraussetzung für eine erfolgreiche Organisation: Lebendige, selbstorganisierte Teams

Damit eine gemeinsame, inspirierte Unternehmenskultur entstehen kann, ist insbesondere das Führungs-Team als echtes Vorbild gefragt. Erfolgskritisch ist, dass es motiviert und im Flow arbeitet, um diesen Spirit auch auf andere Teams übertragen zu können. Um das eigene Führungsteam und auch andere Teams im Unternehmen wirkungsvoll führen zu können, ist insbesondere Identifikation, mit dem gemeinsamen Projekt, mit der Unternehmens-Mission, mit dem eigenen Team, erforderlich. Weiterhin sind Vertrauen in sich selbst und die anderen, die „Erlaubnis" authentisch und lebendig sein zu dürfen, sowie tragfähige Strukturen wesentlich. All das gilt es gemeinsam zu entwickeln, zu entdecken, zu manifestieren, sodass Teams begeistert und selbstorganisiert arbeiten können.

Phase 3 – Voraussetzung für die Entwicklung erfolgreicher Teams: wirksame, motivierende Führung anderer Menschen

Damit Sie innerhalb der Teams – und zunächst vor allem innerhalb des Führungsteams – über die Identifikation das „Gemeinsame" herausfinden können, braucht es die Fähigkeit zu wirksamer, empathischer Führung anderer Menschen: fragen, zuhören, ermächtigen und Empathie bzw. Mitgefühl sind Eigenschaften, die von der nachwachsenden Mitarbeiter-Generation mit ihren spürbar veränderten Werten immer mehr gefragt sind. „Ansagen" und Top-Down-Vorgaben sind es jedoch immer weniger. Für eine wirkungsvolle Führung sind transparente und authentische Kommunikation notwendig, ebenso wie Mut, innere Stabilität und Gelassenheit.

Phase 2 – Voraussetzung für wirksame Führung anderer Menschen: stabile Fähigkeit zur bewussten, angemessenen Selbst-Führung

Um für gute Führung die notwendigen persönlichen Voraussetzungen und persönliche Reife entwickeln zu können, braucht es eine furchtlose Selbstführung und innere Freiheit der Führungskraft. Für gute Selbstführung benötigt die Führungskraft Selbsterkenntnis und Verstehen des Selbst, des „Ich". Sie braucht Wissen und Einsicht in ihre Emotionen, in ihr Verhalten, in ihre Reaktionen. Wissen um neurobiologische Zusammenhänge des Fühlens, Denkens und eigenen Handelns sind dabei äußerst hilfreich. Durch diese innere Entwicklung entsteht Bewusstsein für sich selbst und die eigene Selbstwirksamkeit, es entsteht Selbst-Bewusstsein im eigentlichen Wortsinn.

Phase 1 – Der Anfang von allem, die Quelle: mutige und achtsame Selbst-Wahrnehmung

Die Voraussetzung für eine angemessene Selbstführung ist eine ausgeprägte und ehrliche Selbstwahrnehmung. Das erfordert Mut und Offenheit. Doch ohne Kontakt zu seinem Inneren, zu seinen Emotionen und körperlichen Reaktionen, zu den alten emotionalen Triggern und zum eigenen Körper, ohne Wahrnehmung der eigenen Gefühle sowie Mitgefühl mit sich selbst, wird es schwierig mit einer stabilen Selbststeuerung und dem Umgang mit anderen Menschen. Nur was Sie wahrnehmen können, können Sie verändern.

Wahrnehmung, Achtsamkeit und ein entwickeltes Bewusstsein sind die Mittel, um die o. g. Wirkungs-Zusammenhänge auszulösen. Als hervorragend geeignetes Mittel für die eigene Wahrnehmung hat sich seit ca. 2500 Jahren äußere und innere Stille herausgestellt. Sie erzeugt Nicht-Ablenkung durch das Außen, voller Fokussierung auf sich selbst und die Reise nach innen, in die Tiefe und in die Wirklichkeit des Seins. Und wo bzw. wie ginge das besser als in der Meditation? Meditation und das dadurch entwickelte Bewusstsein sind die Grundlage und der

Schlüssel zugleich – von der Selbstentwicklung zur Team- und Unternehmensentwicklung … und schließlich zur Entwicklung und Veränderung des kompletten
eigenen Lebens, der eigenen „Welt":

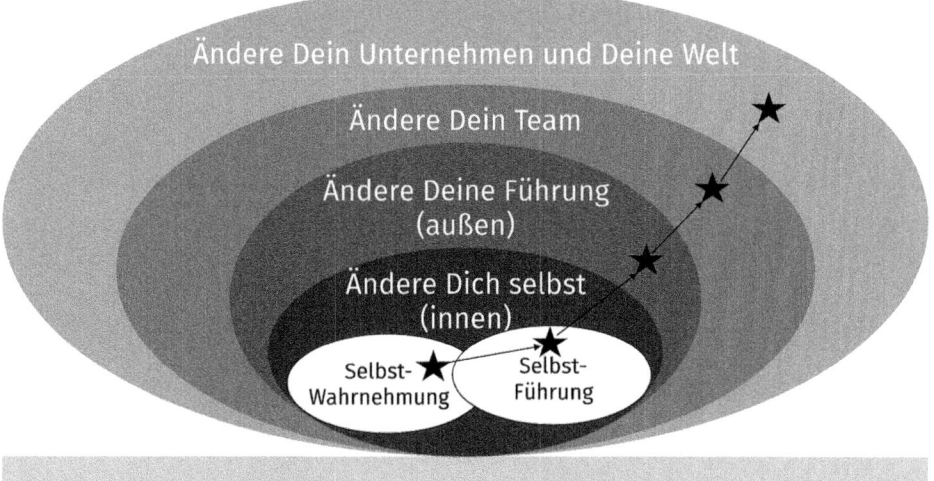

Erklärung zu Begrifflichkeiten

Führungskraft:
In diesem Vorwort und dem kompletten Buch sind ausdrücklich Unternehmer, Unternehmerinnen und Führungskräfte der oberen Ebenen angesprochen, Frauen und Männer
gleichermaßen. Aus rein pragmatischen Gründen verwende ich in diesem Buch in der
Regel die verallgemeinernde Form „Führungskraft".

Weibliche/ männliche Form:
Gendergerechte Sprache zieht in der allgemeinen Kommunikation und den Medien
immer stärker ein. Ich selbst liebe es gleichermaßen, sowohl mit Frauen als auch mit
Männern in Führungspositionen und in Teams zu arbeiten. Aus rein pragmatischen
Gründen verwende ich in diesem Buch daher – wenn möglich – neutrale Ausdrücke, wie
z. B. „Mitarbeitende" oder „Personen". Wo es semantisch umständlicher werden würde,
z. B. bei „Unternehmer*innen" oder „Kolleg*innen", verwende ich in diesem Buch die
männliche Form. Bitte nehmen Sie wahr, dass damit ausdrücklich Frauen und Männer
angesprochen und gemeint sind.

Phase 1: Selbstwahrnehmung – Wer oder was ist dieses „ICH" eigentlich?

2

Am Ende dieses Kapitels werden Sie wissen, wie Sie die Reise zum „ICH" antreten können, um die Frage der Überschrift nach und nach etwas besser beantworten zu können. Wir sprechen hier über Selbstwahrnehmung, wie Sie sie konkret ausprobieren und vertiefen können. Sie werden verstehen, wie Sie zu einer verbesserten – oder überhaupt wieder zu einer – Selbstwahrnehmung kommen und was dies für Sie als Führungskraft konkret bedeutet.

Hier werden die Grundlagen für alle weiteren Kapitel gelegt, in denen beschrieben wird, wie Ihr eigener Weg zu Klarheit, Menschlichkeit und Mut als Unternehmer oder Führungskraft sein kann – als äußerst hilfreiche Grundlage für Ihren unternehmerischen Erfolg in einer rasanten, zunehmend komplexeren Umwelt.

Auf dem Weg zum „Wie" der Selbstwahrnehmung biete ich Ihnen meine ganz persönlichen Erfahrungen und Einsichten zur Zen-Meditation als Quelle für die Selbstentwicklung an. Sie erfahren etwas über ein außerordentlich hilfreiches „Werkzeug" für Ihren mentalen Entwicklungs-Weg. So werden Sie eine erweiterte Entscheidungsgrundlage haben, ob und wie Sie erste eigene Erfahrungen mit Zen machen möchten. Mit einer eigenen Meditations-Übung und den daraus entstehenden Erfahrungen mit sich selbst sowie neuen Erkenntnissen über sich, schärfen Sie die Wahrnehmung Ihres Körpers, Ihrer Emotionen und Bedürfnisse. Dadurch legen Sie die Grundlagen für mehr Gelassenheit, Klarheit und Mut, die Ihnen später zur Verfügung stehen, wenn Sie gerade keine Lösung parat haben, wenn Sie eine schwierige Führungsaufgabe vor sich haben oder wenn ein Projekt zu scheitern droht. Mit dieser enormen Erweiterung Ihres Kontaktes zu sich selbst als wertvolle Ressource können Sie später der gelassene Fels in der Brandung sein – und derjenige, der für inneres und äußeres Wachstum, der für Freiheit und Entfaltung steht.

© Der/die Herausgeber bzw. der/die Autor(en), exklusiv lizenziert durch Springer-Verlag GmbH, DE, ein Teil von Springer Nature 2020
J. Nickelsen, *Mit Mut, Freude und Gelassenheit führen*,
https://doi.org/10.1007/978-3-662-62074-8_2

2.1   Auf dem Weg: Vom Ich zur Organisation

Kennen Sie Angst oder Zweifel? Eine Frage, die man einer erfahrenen Führungskraft viel zu selten stellt, finden Sie nicht auch? Wir gehen im Allgemeinen davon aus, dass Menschen, die an der Spitze stehen, vor Mut nur so strotzen, keine Zweifel haben, weder an sich noch an ihrer Tätigkeit, geschweige denn am eigenen Führungsstil. Dass diese Annahme ein Fehlschluss ist, liegt theoretisch auf der Hand, doch praktisch fand man bis vor Kurzem nur wenig Menschen in Führungsverantwortung, die dies auch öffentlich zugegeben hätten. Auch Führungskräfte sind in allererster Linie Menschen, völlig unabhängig davon, ob sie mit einem Team von 8 oder 800 Menschen arbeiten.

Menschen wie Sie stehen morgens vor dem Spiegel, putzen sich die Zähne und überlegen, ob Scrum oder agiles Coaching wirklich die richtige Wahl sind. Führungskräfte wie Sie sitzen auf dem Weg ins Büro im Auto oder nach einer Geschäftsreise am Flughafen und denken darüber nach, wie gut es wäre, wenn wirklich alle im Team an einem Strang ziehen würden. Führungskräfte wie Sie kommen am Abend nach Hause und merken, dass sie kaum noch Energie für ihre Familie, Lieblingsmenschen, Sport oder ganz einfach für das Nichtstun haben. Führungskräfte wie Sie sind bei weitem nicht perfekt, nicht immer glücklich oder zufrieden, nicht immer mit sich im Einklang. Und was ist dieses „Sich" überhaupt? Um was genau geht es, wenn wir von Selbstwahrnehmung sprechen? Ist das nicht nur ein weiterer Egotrip, verpackt in nettere Begrifflichkeiten?

Auch Führungskräfte wie Sie sind emotionale Menschen. So leicht und simpel diese Erkenntnis auf den ersten Blick scheint, sie ist es leider nicht. Interessant ist nämlich, welchen Einfluss Emotionen, die ihren Ursprung zum überwiegenden Teil in unserem Unterbewussten haben, auf unser Handeln und unsere Entscheidungen haben. Unsere Persönlichkeit und unser „Geist" sind durchaus komplex. Daher lade ich Sie ein zu prüfen, ob Sie sich diese Fragen schon einmal gestellt haben:

- Welcher Teil von Ihnen trifft schwierige Entscheidungen?
- Welcher Teil führt Ihr engstes Team durch hektische oder konfliktreiche Momente oder gar durch die aktuelle Krise?
- Und wie stimmt er mit dem Teil von Ihnen überein, der abends erschöpft im Bett liegt?
- Was sind die Gedanken, die Ihnen in einer schlaflosen Nacht durch den Kopf gehen?
- Welcher Teil von Ihnen beschäftigt sich in scheinbar ruhigeren Momenten, z. B. unter der Dusche, im Auto oder abends zu Hause auf dem Sofa, mit ungelösten Aufgaben und ringt mit den anstrengenden „Umständen"?

Sind es unterschiedliche Seiten derselben Person, sind sie überhaupt zu vereinen, ist es möglich, auf allen Bühnen des eigenen Lebens stets im Einklang aufzutreten? Ist es nicht völlig normal, dass man als Führungskraft auch Entscheidungen treffen muss, die menschlich betrachtet nicht passen? Und was ist mit dem „Wandel der Zeit", unserer immer schneller werdenden Taktung?

Viele Frage, oder?

Und wer hat die Antworten?

Sie!

Sie sind die Person, die all die Antworten schon in sich trägt, die Widersprüche aushält und austariert. Sie sind der Mensch in Ihrem Leben, der Fragen stellt, sich Antworten gibt und so den ganz individuellen Weg findet und geht. Dass dies mit Umwegen und Irrungen verbunden ist, ist so normal und wichtig, dass es grundsätzlich keiner weiteren Erwähnung bedarf, wenn nicht sogar wie ein Kalenderspruch daherkommt. Doch was man theoretisch noch abnickt, ist im Alltag oft schwierig umzusetzen.

Fragen, die Sie vielleicht ebenfalls kennen, sind zum Beispiel:

- Lebe ich meine Werte? Kenne ich sie überhaupt?
- Weiß ich wirklich, was mich motiviert, was mir wichtig ist?
- Bin das wirklich ich, der/die das alles will? Oder geht es um etwas Erlerntes und Übernommenes, gar nicht um mich selbst?
- Glaube ich es zu wissen? Oder weiß ich es wirklich?
- Inwieweit habe ich als Führungskraft, die Verantwortung für andere hat, Kontakt zu meinen eigenen Gefühlen und Bedürfnissen?
- Sind Gefühle überhaupt erlaubt?
- Traue ich meiner Intuition? Kenne ich sie überhaupt noch?
- Spüre ich bewusst, wenn Emotionen in mir „aufsteigen" und kann ich sie benennen? Kann ich sie aushalten?
- Bin ich in der Lage, mein Verhalten in „emotionalen" Situationen in hilfreiche und konstruktive Bahnen zu lenken, oder tut mir mein vermeintlich „zu emotionales" Verhalten manchmal hinterher leid?
- Und was ist mit den Erwartungen der anderen Menschen? Meines engsten Teams, meiner Mitarbeiter, meiner Familie und Freunde? Wie gehe ich mit diesen um?
- Versuche ich, allen gerecht zu werden, indem ich mich zerreiße?
- Komme ich auch in meinem Privatleben nie wirklich zur Ruhe?
- Wie wäre es, wenn die Erwartungen der anderen Menschen auch wirklich nur die Erwartungen der anderen wären? Kommt Widerstand bei dieser Frage auf? Wohin führt er mich?

Ich weiß nicht, wie es Ihnen gerade geht, aber allein beim Schreiben dieser Fragen sitze ich ein wenig ungläubig hier. Ist es nicht der pure Wahnsinn, was uns alles im Inneren beschäftigt? Mit welchen Fragen wir durchs Leben gehen, manche ungeklärt, viele unbeantwortet. Dennoch stehen einige Antworten direkt und glasklar im Raum.

> **Übung**
> Wenn Sie jetzt in diesem Moment einen Stift zur Hand nehmen, dann kreuzen Sie
> vielleicht die Fragen an, die Sie gerade beim Lesen spontan berührt oder eventuell
> sogar genervt haben. Oft ist eine Reaktion ein wertvoller Hinweis, dem Sie im
> späteren Verlauf des Buches noch nachkommen können. Denn auf die eine oder
> andere Art werden Sie im Laufe der nächsten Kapitel vielleicht einer Antwort
> begegnen, die Sie auf Ihren Lösungsweg führt.

Ihr Unternehmen kann sich nur entwickeln und die nächsten Schritte gehen, wenn Sie
als Verantwortung tragende Führungskraft in Ihrer ganzen Kraft sind, wenn Sie gelassen
und sich Ihrer selbst bewusst sind. Wenn Sie wissen, wofür Sie einstehen, wenn Sie ohne
Zweifel und in sich ruhend lenken, wenn Sie vorausgehen, vorleben und Mitarbeitende
aktiv in die Gestaltung mit einbeziehen. Viel mehr noch: Wenn Sie in Ihrer Mitte und
Kraft sind, können Sie Führung so leben, dass Sie alles tun, um Ihre Mitarbeitenden und
damit Ihr Unternehmen erfolgreich werden zu lassen.

Damit Ihnen dies gelingt, ist es elementar wichtig, dass Sie sich im ersten Schritt
mit sich selbst auseinandersetzen und sich überhaupt erst einmal intensiv selbst wahrnehmen. Denn wie sollen Sie andere Menschen wahrnehmen und mit Ihnen wirksam und
in echtem, menschlichem Kontakt zusammenarbeiten, wenn Sie sich selbst nicht wahrnehmen und Ihre eigenen Emotionen und Trigger nicht kennen? Hierbei geht es nicht um
Selbstoptimierung, hierbei geht es um das Erkennen, das Bewusstwerden und um Ihre
eigene Transformation hin zu dem Menschen, der Sie in Wirklichkeit sind. Der weiß,
egal auf welcher Bühne er steht, ob beruflich oder privat, wer er ist, was er kann, dass er
ein vollständiger, fühlender Mensch ist.

▶   Wichtig
    Dieses Kapitel des Buches beschäftigt sich ausschließlich mit Ihrer Person. Ich
    möchte Sie bitten, es nicht zu überspringen, denn es ist die Basis, auf der nicht
    nur dieses Buch aufbaut, sondern auch den Grundstein für Ihre weiteren Schritte
    legt.
        Vielleicht werden Sie an einigen Stellen starken Widerstand spüren.
    Bitte nehmen Sie diesen so ernst, wie es Ihnen möglich ist. Ich möchte nicht
    behaupten, dass Ablehnung immer ein Zeichen davon ist, dass man sich mit
    einem Thema auseinandersetzen sollte, aber ich möchte Ihnen gerne diesen
    Impuls nahelegen, dass es so sein könnte. Sich gut um sich zu kümmern, das
    bedeutet auch, trotz aller Ängste auf ein Thema zuzugehen, wohl wissend, dass
    Sie vermutlich genau mit und an diesen Themen wieder einen Schritt weiter-
    gegangen sind: auf Ihrem persönlichen Entwicklungsweg.
        Bitte überfliegen Sie das Kapitel nicht nur. Ich bemühe mich auf der einen
    Seite sehr klar und einfach zu schreiben, doch auf der anderen Seite weiß ich,

dass genau dieser Schreibstil dafür sorgt, dass man Dinge und Themen zu schnell abhakt. Man glaubt, es verstanden zu haben, was auf einer logischen Ebene durchaus auch richtig sein mag. Aber die Logik nutzt uns nicht immer, wenn wir beispielsweise in einer Meetingsituation gerade angetriggert werden, der Partner spätabends nach einem vollen Arbeitstag noch reden möchte – oder welche Situation Ihnen dazu auch gerade so „ganz spontan" einfällt.

Beobachten Sie ab sofort sich und Ihre aktuellen Situationen ganz genau. Werden Sie Forscher in Ihrem persönlichen Labor, entdecken Sie die Medizin, die Ihnen gut-tut. Mischen Sie die Zutaten neu, die Sie für Ihr gesamtes Team benötigen, um mit Ihrer Organisation am Ende ein Produkt – oder eine Dienstleistung – zu schaffen, mit zufriedenen Mitarbeitern und Kunden und das einen echten Nutzen und Sinn schafft und: auf dass Sie stolz sind.

Ein Team zu führen ist eine große Herausforderung, eine Organisation zu lenken bedeutet, Verantwortung zu übernehmen, mutig und klar zu sein und im großen Umfang der Welt zu präsentieren, wofür Sie stehen. Keine leichte Aufgabe, ganz und gar nicht, aber eine der aufregendsten sehr sicher. Wenn Sie dieses Buch gerade lesen, tun Sie das vermutlich bereits. Nun gilt es, eine gesunde und stabile Basis anzuerkennen, zu sortieren, sie weiter zu stärken. Und sich all dessen sehr bewusst zu werden.

Vertrauen Sie sich, Ihrer inneren Stimme und haben Sie Freude an sich und Ihren Entdeckungen, die Sie im Laufe der nächsten Zeit hoffentlich machen werden! Ganz besonders in den schwierigen Momenten, die auf Sie warten. Ihre persönliche Entwicklung benötigt Zeit, Sinn und fordert alles von Ihnen – während sie Ihnen gleichzeitig das hohe Gut der Freiheit zur Verfügung stellt.

Persönliches Beispiel: Das Ich und die Anpassung

Als Kind wuchs ich in einer Familie auf, in der es in den sechziger Jahren zusammen mit meinen Eltern und meinen zwei Geschwistern vor allem darum ging, durch angepasstes Verhalten ein „besseres Leben" als in der Kriegs- und Nachkriegs-zeit aufzubauen. Meine Eltern haben in ihren Familien gelernt, dass Anpassung an die schwierigen Umstände und innerhalb des Kollektivs „Familie" eine wesent-liche Verhaltensform war, um zu überleben. Es gab schlicht keinen Raum für individuelle Bedürfnisse oder gar Selbstverwirklichung. In einer Großfamilie mit fünf Geschwistern oder in einer Familie, in der sowohl der Großvater als auch der Vater in den Weltkriegen gestorben waren, war jede Form von Egoismus oder Individuali-tät per se kontraproduktiv für das Funktionieren der Gemeinschaft, die auf das Zusammenstehen und die Mithilfe innerhalb der Familie angewiesen war. Außerdem war es wichtig, mit den Nachbarn in der Hausgemeinschaft oder auf dem Dorf gut auszukommen, um sich gegenseitig beistehen oder sich unterstützen zu können. Nicht dazu zu gehören oder gar aus der Gemeinschaft ausgeschlossen zu sein, war gefähr-lich. Man brauchte sich gegenseitig und man brauchte das angepasste Dazugehören in der Gemeinschaft. Ein Aufbegehren von individuellen Wünschen, oder der Versuch, Sonderwünsche zu realisieren, oder gar „anders" zu sein, wurde sozial nicht anerkannt und tendenziell durch tadelndes oder abwertendes Verhalten von Eltern oder Nachbarn geächtet. Innerhalb der Gemeinschaft war es wichtig, nicht (unangenehm) aufzufallen.

Durch diese unbewusste, tiefe Grundhaltung meiner Eltern wirkte auch in mir selbst das Bedürfnis, sich der Gemeinschaft anzupassen, nicht abgelehnt und gemocht zu werden. Bewusst oder unbewusst hat sich das intensiv auf mein Verhalten in unserer Familie ausgewirkt. Als Kind habe ich sehr früh aufgesogen, dass es gut und hilfreich sei, seinen eigenen Bedürfnissen lieber nicht nachzugehen, weil sie in der Gemeinschaft eventuell störend sein könnten. Ich konnte intuitiv verstehen, was ich tun oder lassen sollte, um den Erwartungen der Eltern gerecht zu werden, welche Gefühle sie hatten, und welche Verhaltensweisen meiner Eltern es jeweils zur Folge hatte, wenn ich mein Verhalten „brav" und erwartungsgemäß ausrichtete. Kinder haben ein sehr feines Gespür dafür. So richtete ich mein Leben an den Erwartungen anderer aus.

Die Folge dieser Annahme, sich anpassen zu müssen, waren innere Konflikte, wenn meine persönlichen Bedürfnisse nicht mit denen der Familie oder anderer Menschen kompatibel waren. Ich konnte diese Situationen manchmal kaum aushalten. Da ich als kleiner Junge aber noch nicht in der Lage war, über solche sozialen Verhaltensweisen und Mechanismen nachzudenken, oder gar in eine konstruktive Kommunikation mit meinen Eltern zu kommen, habe ich mich nach und nach dazu entschieden, meine Bedürfnisse und Emotionen lieber zu unterdrücken – und noch besser: gar nicht erst zu spüren. Ich habe mich von meinen Bedürfnissen und Emotionen förmlich abgeschnitten – und im Laufe der Zeit etwas verlernt, was Babys ursprünglich mit in die Wiege gelegt bekommen, nämlich sich selbst und ihre Bedürfnisse unmittelbar zu spüren und lautstark kundzutun.

Dieses Abschneiden der eigenen Emotionen und Bedürfnisse wurde von mir kultiviert. Sei es in der Schule durch die Erziehung der Lehrer oder in der Clique. Stets und ständig habe ich in mir unbewusst verstärkt, dass es hilfreich sei, sich „den anderen" anzupassen und deren vermeintlichen oder tatsächlichen Erwartungen als Maßstab für mein eigenes Verhalten zu nutzen.

Da sich das angepasste Verhalten bei gleichzeitiger Unterdrückung des eigenen inneren Systems im Laufe der Zeit tief in mein Unterbewusstsein eingebrannt hatte, konnte ich es im Erwachsenenalter zunächst weder bewusst als hinderlich erkennen noch etwa gezielt „abstellen". Die negativen und teilweise äußerst schmerzhaften Folgen für mich als Mensch, Start-Up-Unternehmer und Führungskraft habe ich im Vorwort erwähnt und werde es an anderen Stellen dieses Buches auch weiterhin offen beschreiben, um die daraus hervorgegangenen Einsichten und konkreten Veränderungsimpulse für meinen eigenen Weg der Entwicklung zu veranschaulichen. ◀

Sie selbst haben vielleicht ähnliche oder ganz andere Erfahrungen in Ihren ersten Lebensjahren gemacht. Warum sind diese so relevant für unser Ich, für unser späteres Leben als erwachsener Mensch – und unser Sein als Unternehmer oder Führungskraft?

▶   **Veränderung unseres Gehirns durch Erfahrungen**
Bei unserer Geburt wurden uns im Gehirn viel mehr Nervenzellen mitgegeben, als wir jemals verwenden könnten. Die einzelnen Zellen stellen das Potenzial unseres Gehirns dar. Die moderne Hirnforschung weiß, dass sie sich vom ersten Tag an vernetzen. So entstehen aktive Verknüpfungen. Durch die Erfahrungen, die wir spätestens ab unserer Geburt machen und durch die Interaktion mit der Welt um uns herum, strukturiert sich also unser Gehirn selbst. Sowohl emotionale als auch kognitive Erfahrungen verknüpfen sich im Gehirn zu sogenannten „Meta-Erfahrungen", die unsere Sicht auf die Welt, unsere innere Haltung und unsere Glaubenssätze kraftvoll definieren.

Da es sich um tatsächliche, gewachsene Strukturen in unserem Gehirn handelt, können diese nicht durch eine bewusste Entscheidung, durch Bestrafung oder Belohnung verändert werden. Das ist die schlechte Nachricht. Die gute Nachricht ist: Da sich das Gehirn ständig neu und weiter strukturiert, kann es durch weitere Erfahrungen verändert werden. Neue Erfahrungen, die sich auf einen bestimmten Lebenskontext beziehen, können ältere Erfahrungen in den Hintergrund drängen oder sogar „überschreiben".

Unser Lernen wird intensiv durch den Umgang von anderen Menschen mit uns beeinflusst, Eltern, Lehrer, andere Kinder in unserer Clique. Wenn wir von diesen Menschen, von „außen", z. B. regelmäßig die Botschaft erhalten, wir seien klein, schwach oder wenig wert, wird das als Erfahrung abgespeichert. Unser Gehirn nimmt an – mangels abweichender, „besserer" Erfahrung – so sei die Welt um uns herum und dieses sei unsere zutreffende Rolle in der Welt. Es entsteht ein bestimmtes Selbstbild, das wir von uns haben, ohne uns dessen wirklich bewusst zu sein, geschweige denn zu wissen, woher es kommt. Das wird nun in den nächsten Kapiteln weiter vertieft.

2.2   Selbst – Bewusst – Sein

Lesen Sie bitte die Überschrift zunächst rückwärts und beobachten Sie Ihre Reaktion. Was haben Sie gedacht? Höher, schneller, weiter? Das ist hier jedenfalls nicht gemeint. Echtes Selbstbewusstsein ist das Resultat, ist das Fazit und das Ergebnis Ihres individuellen Weges, eben Ihrer eigenen Erfahrungen. Wahres Selbstbewusstsein entsteht nicht, weil Sie etwas an sich optimiert haben, weil Sie einen Marathon gelaufen sind oder der neue Wagen vor der Tür besonders teuer war. Selbstbewusstsein entsteht, weil Sie sich bewusst sind, was Sie wollen, was Sie können, was Ihre Werte sind, wofür Sie einstehen. Sie sind sicher Ihrer selbst bewusst – und das, über das Sie dann verfügen, ist *Selbst-Bewusstsein* im eigentlichen Wortsinn.

Schauen Sie sich noch einmal Ihren Weg an:

Die ersten Lebensjahre *sind* Sie. Sie werden in eine Familie hineingeboren, es wird sich um sie gekümmert, Ihre Bedürfnisse werden befriedigt – und manchmal vielleicht auch nicht. Sehr früh lernen Sie zu kommunizieren, per Blick, Gestik, Mimik und Sprache. Sie lernen in einen Dialog mit dem Gegenüber zu treten und entdecken im Spiegelbild ihr „Ich". Später in der Schule lernen Sie Inhalte und Verhaltensweisen, haben Freunde, entwickeln Hobbys und Interessen. Und bereits in diesem frühen Stadium, mit vielleicht 10 oder 11 Jahren, haben Sie viele Erfahrungen gesammelt, negative Glaubenssätze verankert, Schlussfolgerungen für Ihre Handlungen gezogen und leben nach Regeln, die Ihnen gesetzt wurden. Oder die Sie sich selbst auferlegen. Dann kommt die Pubertät. Vielleicht damit einhergehend die Rebellion, vielleicht aber auch totale Anpassung an die Erwartung der Eltern.

Irgendwann werden Sie sich all dessen *bewusst* und ich bin sicher, dass dieser Weg noch nicht abgeschlossen ist. Sie entdecken immer wieder neue Facetten an sich, werden mit anderen Systemen und Menschen konfrontiert, Schicksalsschläge kommen vielleicht hinzu. Krankheiten, Unwägbarkeiten, Niederlagen und Enttäuschungen, von denen Sie eines Tages sagen werden, dass diese Sie vorangebracht haben. Andere hingegen hätten Sie sich gerne erspart und sind froh, sie irgendwie überstanden zu haben.

Sie werden sich bewusst, welcher Teil in Ihnen wie an welchem Spiel beteiligt ist. Sie wissen, was Sie antriggert, bekommen ein sicheres Gespür dafür, welchen Situationen Sie gerne aus dem Weg gehen. Sie verstehen, wenn auch nur halbwegs, was unangenehm erscheint, womit Sie Probleme im Leben haben. Sie nehmen wahr, dass und wie Sie Ihren Teil in unterschiedlichen Situationen beitragen, ob positiv oder negativ. Diese Phase, ich vermute dies, ist nicht abgeschlossen, sondern Sie befinden sich vielleicht gerade mittendrin.

Je bewusster Sie werden, je besser Sie also sich selbst verstehen und wahrnehmen können – und das nicht nur auf einer rationalen Ebene – desto besser können Sie Sie *selbst* sein. Sie können Ihre Stärken, Werte und Motive als Mensch leben, können wirklich authentisch sein – wovon zwangsläufig in der Konsequenz zunächst Ihre engsten Vertrauten und am Ende Ihr Team, Ihr Geschäftsbereich und schließlich Ihr gesamtes Unternehmen profitieren.

Um dies zu erreichen, ist es wie bereits erwähnt, nicht erforderlich, dass Sie etwas leisten oder kaufen. Alles, was Sie benötigen, tragen Sie bereits in sich.

2.3 Schritt für Schritt zum entwickelten Ich

Wie in Abschn. 2.1. beschrieben, verändert sich unser Gehirn durch Erfahrungen. Eine Erkenntnis daraus ist, dass wir uns selbst gezielt bestimmten Erfahrungen aussetzen können, um unser Gehirn zu verändern. Durch eine Veränderung unseres Gehirns verändert sich auch unsere Haltung zu uns selbst und zu unserer Umwelt, zu anderen Menschen und zu unserem Leben, z. B. als Führungskraft. Alle in diesem Kapitel

Abb. 2.1   Quelle, Systematik und Weg der Veränderung

beschriebenen inneren Veränderungen habe ich selbst durch Meditation und „während"
der Meditation erfahren. Wie Sie selbst Ihre eignen Meditationserfahrungen starten,
beschreibe ich später. Verstehen Sie den folgenden Abschnitt also zunächst als möglichen Ausblick darauf, was auch Ihre eigenen Erfahrungen und Veränderungen sein
könnten.

Veränderung ist ein Wort, welches viele Menschen in der Regel mit Mühen verbinden. Wenn man es jedoch als Entwicklung sieht, dann ist der Prozess meistens bereits
viel spannender. Wie die Abb. 2.1 zeigt, findet jede Veränderung ausschließlich über Sie
selbst statt, hat dort ihren Anfang und ihre Quelle. Von da an erreichen Sie Ihr Team, Ihre
Organisation und die Welt.

Oft handeln wir als Menschen und Führungskräfte in den einzelnen Handlungsebenen
unbewusst oder nicht-hilfreich. So kann es z. B. sein, dass eine Führungskraft in der
Ebene „Organisation" vermeintliche Verbesserungs-Maßnahmen einführt – z. B. eine
Mitarbeiter-Schulung. Ohne die darunterliegenden Ebenen verändert zu haben, wird der
Änderungsversuch jedoch wegen mangelnder Nachhaltigkeit voraussichtlich scheitern.
Denn alle anderen Umstände und Verhältnisse sind auch nach der Schulung die gleichen,
wie vorher: der Führungsstil, das Führungsteam und Sie als Quelle der Unternehmenskultur selbst auch. Handeln wir in den Ebenen in schwierigen Phasen oder in Phasen
der Veränderung jedoch bewusst in der richtigen Reihenfolge, also konkret von „innen"
nach „außen", sind die Ebenen gute, unterstützende Leitplanken zur Veränderung der
gesamten Organisation auf dem Weg zu gemeinsamem Erfolg.

In diesem Prozess liegt der Kern, der so herausfordernd und spannend sein kann, dass
Sie es ab einem gewissen Zeitpunkt nicht erwarten können, mit Ihren Erkenntnissen
Ihre Welt zu erobern, in diesem Prozess liegt aber auch sehr viel Verantwortung. Denn
niemand außer Ihnen selbst hat die Entwicklung in der Hand.

▶   *„Sei Du selbst die Veränderung!" (Mahatma Gandhi).*

Um die gesamte Veränderung mit einem entwickelten ICH starten zu können, braucht es innerhalb der Ebene „Ändere Dich selbst" zwei Stufen. Entlang dieser Stufen befreien wir uns selbst aus der eigenen Gefangenschaft, die aus Gedanken, negativen Glaubenssätzen und eigenen Wahrheiten besteht. Aufgrund vieler Untersuchungen und der Forschung können prinzipiell diese beiden Stufen der Ich-Entwicklung beschrieben werden, wobei ich die zweite Stufe noch in drei Aspekte zerlege:

1. **Selbst- Wahrnehmung**

   „Nur bemerken, nicht bewerten, nicht (ver-)urteilen." Ich bin mir sicher, dass Sie diesen oder einen ähnlichen Satz schon oft gehört oder gelesen haben. Die Reaktionen auf diesen Satz unterteilen sich meistens in „Wie soll das funktionieren?" oder „Das ist doch Unsinn".

   Was wäre, wenn Sie ihn „einfach nur" anwenden würden? Sie nehmen Ihr Verhalten wahr, nicht mehr oder weniger. Beispiel: Sie fahren Auto, jemand nimmt Ihnen die Vorfahrt, Sie beschimpfen den Fahrer, und dieser beschimpft Sie. Eine einfache Situation. In Ihrem Kopf findet vermutlich etwas in dieser Art statt: „Blödmann, pass doch auf, es hätte beinahe einen Unfall gegeben. Gut, dass ich so schnell reagiert habe, jetzt meckert der auch noch, der spinnt doch wohl, Idiot!" Sie verbrauchen Energie, um den anderen abzuwerten. Manchmal sind wir selbst der Fahrer, der nicht aufpasst, aus der anderen Sicht könnten wir so mit uns kommunizieren: „Mist, ich bin so blöd, schon wieder habe ich nicht aufgepasst, jetzt meckert der auch noch, ja, ich weiß, ich habe einen Fehler gemacht, selbst Idiot, muss ja nicht gleich so ausrasten." Sie verbrauchen Energie, um sich selbst abzuwerten.

   Die reine – energiesparende – Wahrnehmung könnte stattdessen einfach diese sein: Jemand nimmt Ihnen die Vorfahrt. Sie reagieren und bremsen, setzen Ihre Fahrt fort. Fertig.

   Selbstwahrnehmung ist ein Lernprozess. Wenn Sie es schaffen, diesen Weg zu gehen, wird es in der Übergangszeit so sein, dass Sie trotz des Vorsatzes, nicht bewerten zu wollen, es tun. Um sich dann einige Minuten oder Stunden später genau darüber klar zu sein. Und auch dann: nur wahrnehmen. Bewerten Sie nicht, dass Sie bewertet oder abgewertet haben, obwohl Sie es doch nicht mehr wollten. Bleiben Sie bei sich.

2. **Selbstführung**

   Die Selbstführung unterteile ich in drei Komponenten (siehe Abb. 2.2):

   Die Kurz-Beschreibung der drei Komponenten dient hier der Einordnung und stellt teilweise einen Vorgriff auf die Kap. 3 und 4 dar.

   2.1 Selbst- Erkenntnis

   Der nächste Schritt in Ihrer ICH-Entwicklung wird möglicherweise sein, dass Sie Freude – oder zumindest konstruktives Interesse – empfinden, wenn Sie sich auf die Schliche kommen. Sie nehmen also wahr, dass Sie verurteilen und bewerten, obwohl Sie es nicht wollten. Sie machen sich die wörtliche Bedeutung des „sich (selbst) ärgern" bewusst. Wer ärgert Sie? Sie selbst. Wenn Sie es selbst tun, haben Sie es also auch selbst in der Hand, es zu lassen.

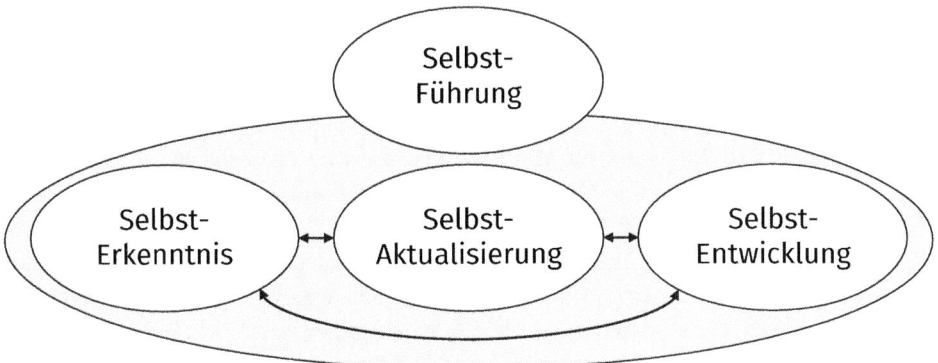

Abb. 2.2   Komponenten der Selbstführung

Ihre neue, veränderte innere Reaktion darauf, dass Sie sich über andere oder sich selbst ärgern möchten, könnte also sein: „Ach, das ist ja interessant!" Dann ist es ist das eindeutige Zeichen, dass Sie auf Ihrem Weg sind.

Herzlichen Glückwunsch! Erkennen Sie diesen Schritt an! Und planen Sie bitte für sich ein, dass es vermutlich für den Rest Ihres Lebens immer wieder Situationen geben wird, in denen Sie in diese Falle treten: Das Wetter, das zu kalt oder zu heiß ist, obwohl Wetter nur Wetter ist. Der Nachbar, der den Rasen mäht, während Sie in Ruhe Ihre Zeitung lesen wollen. Der Partner oder die Partnerin, die das Wochenende ganz anders als Sie verbringen möchte. Oder Ihr Mitarbeiter, der wieder vergessen hat, den Bericht termingetreu abzugeben. (Auf das Team und die Organisation komme ich im weiteren Verlauf zu sprechen!)

2.2   Selbst-Aktualisierung

Sich selbst zu entwickeln bedeutet innere Veränderung, was ebenso beinhaltet, dass sich im Außen Dialoge mit den Mitmenschen verändern werden. Sie werden auf Ihrem Weg zunehmend nicht mehr so reagieren, wie man es von Ihnen gewohnt ist. Was passiert im Außen? Sie werden auf Menschen treffen, die nicht reagieren, sondern in ihrem eigenen Verhalten gefangen sind, das bedeutet konkret: Ganz egal, was Sie sagen, die Reaktion ist immer dieselbe. In der Schlussfolgerung heißt das auch, dass Sie sich selbst entwickeln und anders als bisher reagieren, Ihr Gegenüber aber in dem gewohnten Muster bleibt. Es ist nun an Ihnen, dies nicht zu bewerten, sondern wahrzunehmen.

Sie bleiben bei sich! Eine andere Reaktion wird sein, dass Sie auf reflektierte Menschen treffen, die Ihr verändertes Verhalten bemerken und dies auch ansprechen. „Sonst sagen Sie immer, dass …", könnte ein Satz werden, den Sie auf Ihrem Weg des Öfteren zu hören bekommen. Oder aber „Oh, mich wundert dein Verhalten, was ist passiert?".

Nehmen Sie dies zum Anlass, mit anderen Menschen in die Reflexionsphase und den Austausch zu gehen. Feedback ist enorm hilfreich, wenn Sie gleichzeitig damit einverstanden sind, dass es nicht nur positive Reaktionen geben wird. Ein Mensch, der auf seinem Weg ist, sich selbst immer mehr zu hinterfragen und die Macht für sein Leben (wieder) zu übernehmen, wird auch auf Menschen treffen, die das neue Verhalten nicht willkommen heißen. Das kann mitunter schmerzhaft sein, besonders wenn es sich um nahestehende Menschen handelt. Im besten Fall kann ein Dialog stattfinden, innerhalb dessen Sie sich gemeinsam mit der Person auf das nächsthöhere Level begeben, aber es kann durchaus auch vorkommen, dass sich Menschen, die nicht mehr zu Ihnen passen, und umgekehrt, von Ihnen abwenden. Seien Sie hier besonders wachsam und verfallen nicht in ungeliebte Denkmuster wie „Kaum mache ich etwas für mich, schon wendet sich der andere ab", sondern bleiben Sie weiterhin bei sich und Ihrem Weg. Niemand sagt, dass es leicht ist, ihn zu gehen. Der Gegenwind kann manchmal hilfreich sein, sorgt aber vielleicht auch an einigen Stellen für Stillstand oder eine gefühlte Rückwärtsbewegung. Bleiben Sie wach, aufmerksam und bewerten so wenig es Ihnen möglich ist. Und freuen sich über die Menschen und Dialoge, die zukünftig eine neue Qualität haben werden. Sie sind goldwert auf Ihrem Weg als Mensch und Führungskraft in einer Organisation.

2.3   Selbst-Entwicklung

Sich selbst zu entwickeln bedeutet, sich seiner selbst bewusst zu sein. Es geht nicht darum, nie wieder im Leben zu bewerten, zu verurteilen oder keine Fehler mehr zu machen. Es geht langfristig darum, dass Sie aus dem unbewussten Verhalten, Ihren unbewussten Reaktionen aussteigen, das Ruder in die Hand nehmen und wissen, dass Sie anders handeln können, nämlich so, wie Sie es möchten, wie es Ihren Werten und Motiven entspricht.

Selbstentwicklung können Sie der Deutlichkeit halber auch so schreiben: Selbstent-Wicklung. Darin steckt die Annahme, dass während der Ent-Wicklung etwas (wieder) aufgewickelt wird, das vorher eingewickelt oder verwickelt war. Es bedeutet auch, dass Sie neue Dinge, Eigenschaften oder Fähigkeiten entdecken. Sie sind als selbstentwickelter Mensch in der Lage zu einer differenzierten Wahrnehmung, Sie können Ihre eigene Perspektive ohne Verlustangst hinterfragen, können verschiedene Perspektiven einnehmen, haben eine höhere Bewusstheit gegenüber Konflikten, können Beziehungen systemisch erfassen und können empathisch, undogmatisch und – falls erforderlich – agil führen. Als Mensch mit einem hoch entwickelten ICH, können Sie sich und andere gelassen, authentisch und dadurch wirksam führen – und verfügen damit über eine Schlüsselqualifikation im 21. Jahrhundert. Meiner Meinung nach sollten wir hier auch nicht mehr von „Soft Skills", sondern von „Hard Skills" reden, denn es werden eben diese Fähigkeiten sein, die es uns Menschen ermöglichen, mit der Technik und dem Wandel der Zeit umzugehen. Nicht „obwohl" es den Fortschritt gibt, sondern „weil" werden wir uns besinnen. Auf das, was einen Menschen ausmacht.

2.4 Kopf in den Sand oder direkt die Atmung einstellen?

Es gibt schwierige Hindernisse, deren wir uns zunächst bewusstwerden sollten, bevor wir der Aufforderung „Ändere Dich selbst!" nachkommen können. Auf zwei wesentliche Faktoren möchte ich Sie aufmerksam machen.

Dabei handelt es sich zum einen um instinktive Impulse aus unserem Körper, die noch aus der Urzeit stammen, siehe Abschn. 2.4.1. Zum anderen werden wir fast immer unbewusst durch Erlebnisse in unseren frühesten Entwicklungsjahren in dem heutigen Verhalten beeinflusst, auch wenn uns das in der Regel überhaupt nicht bewusst ist: Entwicklungstraumata. Sie können entstehen, wenn bestimmte Umstände in unserer frühen Kindheit langanhaltend und prägnant auf uns einwirken, siehe Abschn. 2.4.2.

In beiden Fällen lohnt es sich, für diese unbewussten Zusammenhänge ein Bewusstsein zu entwickeln, damit dieses als Brücke zum besseren Erkennen von Emotionen, Bedürfnissen und Verhalten dienen kann. Was uns grundsätzlich bewusst ist, kann uns bei der konkreten Selbst-Wahrnehmung enorm unterstützen. Da die Selbstwahrnehmung wiederum das Bewusstsein stärkt, ist das ein sich selbst verstärkender Prozess.

2.4.1 Archaische Instinkte

Instinkte waren für unseren Vorfahren, den Ur-Menschen, existenziell wichtig und ließen ihn in seiner Welt angemessen (re-)agieren. Allerdings sah die Welt damals noch völlig anders aus. Obwohl wir sie in unserer heutigen zivilisierten Welt in der Form nicht mehr benötigen, werden uns die archaischen Instinkte immer noch in die Wiege gelegt. Die Evolution hat sie noch nicht abgeschafft.

In frühen Phasen wurden die Menschen von zwei Grund-Instinkten angetrieben:

1. **Schutz des Systems** (mich selbst oder meine Sippe), mit den Unter-Instinkten
   – Kampf
   – Flucht
   – Erstarren/Totstellen
2. **Reproduktion,** mit den Unter-Instinkten
   – Ernährung
   – Regeneration/Schlaf
   – Sexualität
   – Zugehörigkeit

Diese Instinkte leben in unserer zivilisierten Welt immer noch, nur inzwischen in anderer Form. Statt zu kämpfen, motzen wir unseren Mitarbeiter an, wenn wir Angst haben, dass seine vermeintlich schlechte Zulieferung dazu führen könnte, dass der nächste Kunde sich bei uns beschwert.

▶ **Urinstinkte aus dem Stammhirn**
   Unsere Urinstinkte Kampf, Flucht und Erstarren wirken seit Urzeiten in unserem Stammhirn, ob wir das wollen oder nicht. Jede Stresssituation sorgt für einen weiteren, zusätzlichen Reiz. Wenn sich die Reize in kurzer Folge anhäufen und wir nicht mehr in die Entspannung kommen, reichen unter Umständen kleinste Auslöser, um auf einen noch höheren Stresslevel zu kommen. Mehr dazu lesen Sie im Abschn. 3.3. „Was ist Stress?".

Statt die Flucht zu ergreifen, bleiben wir im Meeting sitzen, obwohl wir lieber peinlich berührt im Boden versinken würden: Wir ärgern uns vielleicht still in uns hinein über einen vermeintlichen Lapsus, der uns in der Diskussion unterlaufen ist und durch den wir möglicherweise die Verhandlung verlieren. Statt uns totzustellen, verfallen wir im Konflikt mit unserem Partner in erstarrtes Schweigen, was die Situation eher schlimmer macht. Statt im Wald unser Essen zu jagen, gehen wir in den Supermarkt. Statt ungebremst den Akt der Sexualität mit dem „Objekt unserer Begierde" zu vollziehen, kaufen wir große Autos, schöne Kleidung, bunte Blumensträuße, teure Kosmetik und passen uns im Verhalten fassadenartig regelmäßig so an, dass man uns für „stark", „seriös", „schön" usw. hält. Ganze Industrien leben übrigens von unserem Ur-Instinkt nach Reproduktion.

Ein uraltes Bestreben, das unser Verhalten immer noch massiv beeinflusst, ist unser Drang, gemocht werden – und dadurch „dazu" zu gehören. Vor 50.000 Jahren war es tödlich, nicht mehr zur Sippe zu gehören. Übertragen auf unsere heutige Zivilgesellschaft bedeutet das, dass wir regelmäßig in Angst leben, abgelehnt zu werden, nicht „gut genug" zu sein, um inmitten einer Gemeinschaft unseren angemessenen Platz zu haben. Sei es im Freundeskreis, im Golf-Club oder im informellen Club unserer beruflichen Netzwerke. Wir empfinden es als existenziell notwendig, gemocht und anerkannt zu werden. Und wir sind bereit, einen hohen Preis dafür zu bezahlen: durch regelmäßig angepasstes oft nicht-authentisches Verhalten, durch Stress, den wir uns selbst machen. Wir haben Angst, durch „falsches" Verhalten als nicht-leistungsfähig zu gelten, nicht anerkannt oder unbeliebt zu sein, und dadurch den nächsten Auftrag, die Anerkennung der Mitarbeiter oder den aktuellen Partner zu verlieren. Stress ist insofern ein sozial-kompatibler Begriff für Angst, die uns permanent bewusst oder unbewusst umtreibt, um unser „System" zu schützen oder unsere Chance auf „Reproduktion" zu erhalten.

Aus Angst einen Fehler zu machen, der uns vermeintlich Kritik oder gar Ablehnung einbringen würde, sind wir ständig in Aktion. Wir wollen alles perfekt machen, wollen nichts übersehen, möchten alles unter Kontrolle haben. Dabei achten wir zu wenig auf unser Wohlbefinden, auf ausreichend Schlaf oder gesundes Essen. Wir erlauben uns keine Zeiten der Stille und Entspannung, also der Regeneration, weil der Schreibtisch und der E-Mail-Account voll sind und wir niemanden enttäuschen möchten. Stattdessen fahren wir auf Hochtouren, optimieren wo und was wir können und bemerken meist viel zu spät, dass unser Stresslevel viel zu hoch ist. Unser Körper gibt uns dabei wertvolle Zeichen, die wir überhören oder verdrängen: Kurzatmigkeit, zu hoher Puls, erhöhter Herzschlag, Verspannung der Muskulatur, Bandscheiben-Vorfall, Tinnitus, Erschöpfung. Der Körper gibt uns Zeichen der Angst. Doch statt anzuhalten und selbstkritisch zu überprüfen, ob all die Aktivitäten, die scheinbar erst erledigt sein wollen, bevor wir uns eine Pause gönnen können, tatsächlich unser eigenes Leben bereichern – oder nur das der anderen Menschen in unserer Umgebung – arbeiten wir einfach weiter.

Interessanterweise begeben wir uns mit dieser Rastlosigkeit sogar in einen Teufelskreis: Wir vertrösten Freunde, unseren alten Squash-Kumpel haben wir schon lange nicht mehr gesehen, die eigene Mutter würde sich eigentlich längst mal wieder über einen Besuch freuen, zumal wir ehrlicherweise nicht wissen, wie lange sie noch leben wird, – und unserem Partner versprechen wir: „Im nächsten Quartal wird es etwas ruhiger, da gehen wir mal wieder entspannt miteinander essen." Diese gehetzte Arbeit, die wir oft im Modus eines Autopiloten leben, um den potenziellen Kunden, den Mitarbeitern und anderen „Verpflichtungen" gerecht zu werden, führt auf Dauer leider zum Gegenteil dessen, was wir beabsichtigen: Um in einer virtuellen Gemeinschaft des Business-Lebens „dazu zu gehören", vernachlässigen wir in einem schleichenden Prozess Freundschaften, Familie und unseren Partner. Bis uns eines Tages auffällt, dass wir beim Blick in den Spiegel zugeben müssen, dass wir beim näheren Hinsehen in unserem Leben keine guten Beziehungen mehr entdecken und spüren können. Manchmal breitet sich da eine Leere aus, die wir unbedingt vermeiden wollten. Und plötzlich gehören wir nirgends mehr wirklich dazu. Ich selbst kenne aus einer früheren Zeit solche Prozesse und Erkenntnisse persönlich, und ich weiß von vielen Verantwortung tragenden Frauen und Männern in meinem Netzwerk, dass es ihnen ähnlich geht. Und wie ist es bei Ihnen?

Doch wo liegt der Ausweg? Flucht, Kampf und Erstarren sind Instinkte und Emotionen, die Auswirkungen auf unseren Körper und unser Innerstes haben. Erst wenn wir mit ihnen auf eine angemessene Art umzugehen lernen, wenn wir unsere „Innere Mitte" finden, anstelle einer permanenten Orientierung am Außen, wenn wir gelernt haben, unser eigenes Werte-System aufzustellen, statt den Werten der anderen hinterherzulaufen, können wir uns selbst geben, was wir benötigen, können uns aus Ohnmacht, Erstarrung und Angst befreien.

2.4.2 Trauma? Ich doch nicht!

Zusätzlich zu den alten Instinkten sind sehr viele von uns von alten Traumata beeinflusst, ohne dass es ihnen bewusst wäre. Das hat oft einschränkende oder energieraubende Wirkung auf uns als Mensch und als Führungskraft. Es handelt sich dabei um ein regelmäßig unterschätztes Phänomen, was stets „die anderen, aber nie mich" betrifft. In diesem Kapitel des Buches geht es um das Schaffen eines Bewusstseins für das eigene ICH, daher soll das Thema „Trauma" der Vollständigkeit halber ebenfalls angeschnitten werden.

▶ **Definition** Es gibt sehr unterschiedliche Definitionen von Trauma, ich möchte sie an dieser Stelle sehr einfach halten. Ein Trauma ist eine Situation, die ein Mensch als beängstigend, bedrohlich oder überwältigend erlebt. Es ist dabei unerheblich, ob ein anderer Mensch dies ebenso empfinden würde. Es reicht aus, dass die Person der „Meinung" ist, eine gewisse Situation sei für sie traumatisierend. Es wird grundsätzlich zwischen Schock- und Erlebnistrauma unterschieden. So kann ein Autounfall einen traumatischen Zustand auslösen, ebenso wie z. B. in der Kindheit Erlebtes, was meist über einen längeren Zeitraum stattfand. Ein Trauma ist mit dem Gefühl der Ohnmacht verbunden, Kontrollverlust oder dem Ausgeliefertsein in einer Situation. Im Laufe der Zeit wird diese Erinnerung unter Umständen aus der bewussten Erinnerung teilweise oder ganz verdrängt.

Die Emotionen – auf die ich im 3. Kapitel noch ausführlicher eingehen werde – als Reaktion des Körpers auf diese Erlebnisse sind dann tief in uns Menschen verwurzelt.

Was unser Leben als Führungskraft oder Unternehmer in der Beziehung mit anderen Menschen oft unbewusst behindert, sind Erlebnis-Traumata oder auch „Beziehungstrauma" genannt. Die Trauma-Forscher Laurence Heller und Aline Lapierre beschreiben in Ihrem Buch „Entwicklungstrauma heilen" (Heller und Lapierre 2013) fünf typische Quellen für Beziehungstraumata die aus „Fünf adaptiven Überlebensstrukturen" entstehen können, wenn die Überlebensstrukturen verletzt werden. Die „Überlebensstrukturen" sind „biologisch bedingte Kernbedürfnisse, die für unser physisches und emotionales Wohlbefinden entscheidend sind". Die Bedürfnisse haben wir ab unserer Geburt und in unserer frühesten Kindheit. Werden sie nicht erfüllt oder gestört, kann das in unserem Gehirn schwerste Irritationen auslösen. Die Nicht-Erfüllung der Grundbedürfnisse sind, im neurobiologischen Sinne, Erfahrungen, die unser Gehirn – wie alle kognitiven und emotionalen Erfahrungen – auf eine bestimmte Weise strukturieren. Die Irritation unseres Systems und die entsprechenden Ausprägungen der Gehirnstrukturen können so tief greifend sein, dass Heller/Lapierre von einem „Beziehungstrauma" sprechen, wenn eines der fünf Kernbedürfnisse verletzt wird. Wie und wodurch die Kernbedürfnisse in der Kindheit verletzt werden können, soll hier nicht vertieft werden. Dafür empfehle ich Ihnen – falls Sie daran näheres Interesse haben sollten – das o. g. Standardwerk.

Jedes Beziehungstrauma wirkt aufgrund der neurologischen Veränderungen bis weit in das Erwachsenenalter als eine bestimmte Form von Angst („Kernangst") hinein, wenn es nicht gezielt bearbeitet wird, sogar lebenslang. Unsere Haltungen („Identifizierungen") und somit unser charakteristisches Verhalten werden davon direkt, ständig und unbewusst beeinflusst, selbstverständlich auch während unseres Berufslebens als

Unternehmer und Führungskraft. Daher lohnt es sich, im Sinne der Selbstwahrnehmung, näher hinzusehen. Die folgende Tab. 2.1 gibt einen stark gekürzten, vereinfachten Überblick mit ausgewählten, exemplarischen Stichworten zur Beschreibung:

Erkennen sie sich irgendwo wieder? Kommt Ihnen das eine oder andere bekannt vor? Vielleicht auch nicht, vielleicht denken Sie, dass das für Ihr persönliches Leben vermutlich irrelevante Zusammenhänge seien. Falls bei Ihnen jedoch eine gewisse Ahnung entsteht, irgendeine der Beschreibungen, oder sogar mehrere, könnte etwas mit Ihrem früheren und jetzigen Leben zu tun haben, kann es sich lohnen, den Auswirkungen der alten Erlebnisse auf Ihr heutiges Leben auf den Grund zu gehen.

Dabei geht es nicht darum, Vergangenes wieder lebendig werden zu lassen, es schmerzvoll zu bedauern oder gar in Schuldzuweisungen an Ihre Eltern zu verfallen. Stattdessen wird es interessant und heilsam sein, wirklich zu spüren und zu erkennen, sich dessen bewusst zu werden und aufmerksam wahrzunehmen, inwiefern in Ihnen innere Mechanismen und Bestrebungen aktiv sind und Ihr Leben behindern. Achtsame Wahrnehmung ist auch hier schon der erste überaus wertvolle Schritt zu einem bewussten und veränderten Umgang mit Ihren alten inneren Mustern.

Persönliches Beispiel: Autonomie

1999 arbeite ich als Führungskraft in einem dänischen Unternehmen. Wir führen damals gerade Internet-Technologie in Deutschland ein und sind eines der ersten Unternehmen. Die Erwartung an mein Team und mich ist immens hoch, wir stehen unter großer Beobachtung und ich weiß, dass dies eine Aufgabe ist, an der man mich messen wird. Ich nehme die Herausforderung an, arbeite 16 h am Tag, Wochenenden kenne ich kaum und gemeinsam mit meinem Team stehen wir kurz vor dem Durchbruch.

An einem Abend erhalte ich die E-Mail eines Projektmitglieds, mit seiner Befürchtung, dass das gesamte Projekt Gefahr laufe zu scheitern. Ich bekomme Schweißausbrüche und Magenschmerzen und reagiere nicht angespannt, sondern über: Ich trommele noch am Abend das gesamte Team zusammen, mache kurze Ansagen, ohne mit den Beteiligten Rücksprache zu halten. Ich treffe auf heftigen Widerstand, es fallen Sätze, die so lieber nicht gesagt werden sollten. Ich sehe mich als Kapitän, der das Schiff retten will und vergesse, dass ich nur am Steuer stehe, die Mannschaft hingegen muss rudern und hart arbeiten. Einige Tage später entschuldige ich mich bei meinem Team für mein unangemessenes Verhalten, aber erst Jahre später verstehe ich, was in diesen und ähnlichen Situationen bei und in mir passierte:

Ich wollte um jeden Preis von meiner eigenen Führungskraft hören, dass ich großartige Arbeit leiste. Ich wollte nicht nur gefallen, ich wollte Aufmerksamkeit durch Lob erhalten, Anerkennung im Außen um jeden Preis. Wirklich jeden. Kein Kampf war zu groß, kein Preis, den ich früher nicht gezahlt hätte. Und habe. Inzwischen ist mir meine eigene Geschichte besser bewusst und ich weiß, dass

Tab. 2.1 Übersicht über die Organisationsprinzipien der Beziehungstraumata. (adaptiert nach Heller und Lapierre 2013; mit freundlicher Genehmigung von © 2013, Kösel-Verlag, München, in der Verlagsgruppe Random House GmbH)

Verletztes Kernbedürfnis	Kernangst	Identifizierungen (Beispiele)	Charakteristisches Verhalten im Beruf
Bedürfnis nach Kontakt (Trauma: Hat in früher Kindheit zu wenig Kontakt erhalten.)	„Wenn ich etwas fühle, sterbe ich oder gehe daran kaputt."	• Das Gefühl, nirgendwo dazuzugehören, immer außen vor zu sein • das Gefühl anderen zur Last zu fallen • Stolz auf Rollen (z. B. „Ich als Abteilungsleiter…")	• Scham darüber, von anderen etwas zu brauchen • Vermittlung intellektueller Überlegenheit • Stellt Beziehungen zu Menschen eher vom Verstand als vom Gefühl her • Fühlt sich vor dem Computer oder im Labor wohler als unter Menschen
Bedürfnis nach Einstimmung (Trauma: In einem Umfeld aufgewachsen, in dem nur unzureichend auf ihn/sie eingegangen wurde)	„Wenn ich meine Bedürfnisse äußere, werde ich zurückgewiesen und verlassen."	• Bedürftig, unerfüllt und leer • Ich habe keine eigenen Bedürfnisse • Ich gebe, andere brauchen mich	• Beginnt Projekte, ohne sie zu Ende zu führen • Redet gern: Aufmerksamkeit wird damit gleichgesetzt, Liebe zu bekommen • Bemüht sich aus Angst vor Enttäuschung nicht um das, was er will
Bedürfnis nach Vertrauen (Trauma: Die eigenen Bedürfnisse nach Anlehnung wurden ausgenutzt oder manipulativ ausgenutzt.)	„Ich bin hilflos, abhängig und werde wahrscheinlich versagen."	Fühlt sich klein und hilflos, überkompensiert das mit • Stark und bestimmend sein • Erfolgreich sein • Andere benutzen	• Versagensängste • Aufgeblasenes Selbstbild • Immer der Beste/Sieger sein müssen • Scheinbares Engagement für andere, in Wirklichkeit nur auf die eigenen Interessen bedacht

(Fortsetzung)

Tab. 2.1 (Fortsetzung)

Verletztes Kernbedürfnis	Kernangst	Identifizierungen (Beispiele)	Charakteristisches Verhalten im Beruf
Bedürfnis nach Autonomie (Trauma: In einem autoritären, kontrollierenden Umfeld aufgewachsen, in dem andere gesagt haben, was für ihn/sie „gut" ist.)	„Wenn mich die Leute wirklich kennen würden, würden, würden sie mich nicht mögen."	• Innerlich wütend, rebellisch, Abscheu gegenüber Autoritäten • Äußerlich nett, liebenswürdig, lieber Junge, braves Mädchen • Stolz darauf, viel aushalten zu können	• Bewertet, verurteilt und kritisiert sich selbst unentwegt • Willensbetont, stur aufrecht erhaltene Identität, die auf ständiger Anstrengung beruht • Oberflächlich darauf bedacht, andere zufrieden zu stellen, empfindet aber insgeheim Gehässigkeit, Negativität, Wut • Will wissen, was von ihm/ihr erwartet wird, um dann das Gegenteil zu tun
Bedürfnis nach Liebe und Sexualität (Trauma: In strengem Umfeld aufgewachsen, in dem Liebe, Zärtlichkeit und Gefühle nicht offen zum Ausdruck gebracht oder sogar verpönt wurden.)	„Ich habe einen ganz wesentlichen Makel."	• Findet sich ungeliebt und nicht begehrenswert • „Ich lasse mich nie wieder von jemandem verletzten." • Selbstwertgefühl basiert auf äußerer Erscheinung und Image • Perfekt, makellos	• Perfektionistisch und kritisch, unmöglich hohe Standards für sich und andere • Verwechselt Bewunderung mit Liebe, tut sich schwer, Beziehungen aufrecht zu erhalten • Getrieben, zwanghaft, rigide, Schwarz-weiß-Denken • Hart gegen sich selbst, wenn es nicht gelingt, die eigenen hohen Ansprüche zu befriedigen

meine damalige Reaktion im Beziehungstrauma „Autonomie" zu finden ist. Leider war ich damals noch nicht in der Lage, die unheilsamen Trigger bewusst zu spüren, zu erkennen, oder die aufkommende Energie gar in angemessenes Verhalten umzulenken. ◄

Menschen entwickeln aus ihren persönlichen Geschichten Strategien, um zu überleben, die sie auch später noch, lange nach dem Erlebten, beibehalten. Das Erlernte gibt Sicherheit und Orientierung, obwohl die Gefahr schon lange nicht mehr existiert.

Traumatisierte Menschen leiden zum Beispiel an Depressionen, Schlafmangel, Stress, Wutausbrüchen. Doch bitte beachten Sie: Nicht alle Menschen, die unter einem oder mehreren Symptomen leiden, sind traumatisiert. Wenn Sie unter einem oder mehreren der o. g. Symptome leiden, kann es sich aber lohnen, genauer hinzusehen, sich Ihrer inneren Muster mithilfe Ihrer Selbstwahrnehmung nach und nach bewusst zu werden. Sie als Führungskraft tragen in besonderer Weise Verantwortung für sich und andere Menschen. Idealerweise haben Sie vollen Zugriff auf Ihre Lebendigkeit, auf Ihre Energie, auf Ihre Kraft und Kreativität. Ein altes, nicht-verarbeitetes Erlebnis- oder Beziehungs-Trauma- bindet jedoch nachweislich Energie und schränkt Sie in Ihrer inneren Kraft und Freiheit massiv ein, ohne dass Sie es bewusst spüren, und äußert sich unter Umständen in den genannten oder anderen nicht-hilfreichen Symptomen.

Traumatisierte Menschen haben Schwierigkeiten, diesen Zustand aufzulösen. Innere Verstrickungen können unter Umständen – vereinfacht ausgedrückt – über achtsame Selbstwahrnehmung und ein Bewusstsein für sich selbst nach und nach aufgelöst werden. Es gibt unterschiedliche Schweregradformen – sofern Sie selbst so stark betroffen sein sollten, dass Sie sich ein bewusstes Wahrnehmen und Verändern alter Muster nicht allein zutrauen, empfehle ich, sich externe Unterstützung zu holen.

In gleichem Maße, wie Traumata de facto weit verbreitet sind und es – erlauben Sie mir den Ausdruck – fast „normal" ist, eines oder mehrere unbewusst in sich zu tragen, ist es gleichermaßen im Wirtschaftsleben ein No-Go-Begriff. Wer ein Trauma mit sich herumtragen sollte, wäre vermeintlich schwach und außerstande, ein Unternehmen oder ein Projekt zu leiten, es öffentlich zuzugeben käme einer Stigmatisierung und einem Karriere- oder Reputations-Killer gleich. Viele behalten ihre Schmerzen und Ängste daher lieber für sich oder verdrängen sie bis zur Unkenntlichkeit. Leider haben sich die Folgen des Traumas dadurch nicht erledigt, sie liegen lediglich unter einer Schicht aus Kompensations-Energie und lässt uns in emotionaler Erstarrung oder Erschöpfung versinken. Ein Ausweg liegt zunächst im Erkennen und im Zugeben vor sich selbst. Dazu ist es allerdings erforderlich, eine grundsätzliche Entscheidung zu fällen: nämlich sich damit ab jetzt ehrlich auseinanderzusetzen. Manche Führungskräfte gehen dafür auf den Jakobs-Weg, andere ins Kloster. Es ist jedenfalls immer der Weg zu sich selbst, als unumgängliche Voraussetzung, um die eigenen Muster und Kraft-Blockaden zu erkennen.

▶ **Tipp**

Einen ersten, intensiven Weg zu sich selbst und zu diesen alten, abgespeicherten Quellen für Erschöpfung und nicht-hilfreiches Verhalten in der Führung finden Sie aber auch in der Meditation. Erst wenn Sie beginnen, sich bestimmte Muster zunächst durch pures Erkennen einzugestehen, kann die Veränderung beginnen oder sogar Heilung erfolgen.

2.5 Der Weg zum ICH: Zen und Meditation in Kraft und Stille

Eine besonders geradlinige und wirksame Form der Meditation ist die japanische Zen-Meditation, die daher hier ausführlicher beleuchtet werden soll.

Zen-Meditation habe ich als einen intensiven Weg zur Selbstwahrnehmung kennen gelernt. Nach diesem Abschnitt werden Sie wissen, was Zen und Meditation sind, welchen Nutzen Sie als Mensch von der persönlichen Zen-Praxis haben und ob das Leben mit Sitzen auf einer Bank wirklich rosarot ist. Aus der Organisationsentwicklungs- und Coaching-Praxis weiß ich, dass die intensiven Veränderungen der wirtschaftlichen und gesellschaftlichen Welt viele Unternehmer und Führungskräfte an den Rand ihrer Kraft und Leistungsfähigkeit bringen. Auch wenn es hinter einer gesellschaftskonformen Fassade oft nicht ausgesprochen wird, brodeln hinter der äußeren (Selbst-)Darstellung nicht selten als negativ und belastend empfundene Emotionen. Komplexität und innere Disbalance, Rastlosigkeit, Orientierungslosigkeit und Überforderung stürzen viele beruflich hoch engagierte Führungskräfte in Erschöpfung und eine tiefe Sinnkrise.

Viele Führungskräfte wissen oder spüren, dass sie für sich persönlich sowie für ihr Unternehmen bzw. ihre Organisation etwas ändern müssen, sehen aber nicht den Ausweg, der sie zu Klarheit, Struktur, Sinn, neuer Kraft und innerer Ruhe führt. Wie in zahlreichen Studien (s. Abschn. 4.6.) oder in der Literatur, z. B. in „Psychotherapie und buddhistisches Geistestraining: Methoden einer achtsamen Bewusstseinskultur" (Anderssen-Reuster et al. 2013) nachgewiesen wurde, kann gezielt eingesetzte Mediation ein nachhaltiger Weg zur Erfüllung dieses Anliegens sein. Aus der konkreten, persönlichen Coaching-Erfahrung mit Führungskräften und Teams kann ich das bestätigen.

Meine erste, drastische Begegnung mit dem Zen-Meister

Als ich 2009 das zum ersten Mal einen Zen-Meister besuche, ahne ich nicht, was auf mich zukommen wird. Vermutlich ist das auch besser so. Ich bin auf meinem Weg ins Zen-Kloster auf ein nettes Wochenende vorbereitet, mit Ruhe und Entspannung, die ich zu der Zeit dringend benötige. Ich bin zu dem Zeitpunkt in einer Unternehmensberatung tätig, pendele zwischen Hamburg und München, meine damalige Lebensgefährtin wohnt mit ihren Kindern in Kiel, klar also, dass ich auch hier der reisende Part bin. Ich mache viel, um die Menschen in meinem Leben zufrieden zu stellen:

meine Kunden, Kollegen und Vorgesetzten, meine Partnerin und Freunde. Vordergründig bin ich erfolgreich, in mir sieht die Perspektive aber ganz anders aus. Ich fühle mich getrieben, gehetzt, angespannt, obwohl ich doch vordergründig alles habe: Liebe, Erfolg und Gesundheit, alles ist da. Daraus entsteht fast eine Schuld, sodass ich mich nicht glücklich fühle und mein Aufenthalt im Kloster ein willkommener und vermutlicher Ruhepol ist.

An meinem zweiten Tag im Kloster werde ich in einen der wunderschönen uralten Räume gerufen. Hohe Decken, weiße Wänden, knarzende Eichendielen. Draußen ist es ein kalter und sonniger März-Morgen und durch ein schmales Fenster fällt die aufgehende Sonne herein. In diesem Morgenlicht sitze ich zum ersten Mal in meinem Leben einem leibhaftigen Zen-Meister gegenüber. Wir wechseln nur ganz wenige Worte. Und dann sagt er in klarem Tonfall zu mir: „Weißt Du, Joachim, es ist nicht die Frage OB, sondern nur noch WANN Du Tinnitus, einen Herzinfarkt oder Schlaganfall bekommst. Es sei denn, Du änderst Dein Leben genau JETZT."

Ein Satz, zwei Sekunden und drei Atemzüge später dreht sich mein Leben anders. Denn der Satz trifft mich tief, weil ich ahne, dass er stimmt. Auf meine ratlose Frage, was ich denn nun tun solle, entgegnet er nur streng „Geh' zurück auf Deine Meditations-Matte, sei still und sieh hin." „Hat er das gerade wirklich gesagt?!" Ich bin irritiert! Aber was dann nach oben kommt, als ich wieder auf meinem Meditationsbänkchen sitze, ist Wut. Ich koche innerlich. Eigentlich hätte ich in dem Moment jemanden gebraucht, der mich mal in den Arm nimmt. Stattdessen habe ich gerade das Gefühl, einen Schlag ins Gesicht bekommen zu haben, aber eben keine Beratung, die mir vielleicht weitergeholfen hätte. Ich bin es zu dem Zeitpunkt eigentlich gewohnt, dass ich, wenn ich eine vernünftige Frage stelle, auch eine vernünftige Antwort erhalte. Das erwarte ich einfach von meinem Gegenüber. Aber er schickt mich weg, wie ein Lehrer seinen kleinen Schüler! „Was für ein arroganter Typ!", denke ich mir heimlich.

Die Wut verwandelt sich im Laufe der Stunden in Ratlosigkeit. Und nach der Ratlosigkeit kommt Verzweiflung. Zusätzlich spüre ich mit der Zeit meinen Körper! Ich habe wahnsinnige Schmerzen im Rücken und in den Knien, wegen der ungewohnten Sitzhaltung in der Meditation. Und irgendwann laufen auch die Tränen. Da mir in dem Moment außer Sitzen und Atmen nichts mehr zur Verfügung steht, wird es nach und nach still in meinem Kopf.

In dieser geistigen Leere, die sich mit der Zeit einstellt, reift wie aus dem Nichts plötzlich die Erkenntnis, wie anders das ist, was ich hier gerade erlebe, im Vergleich zu meinem übrigen Leben. Und was dann intuitiv in meinem Geist erscheint, ist ein Schlüsselsatz für mich, den ich nie vergessen habe, nämlich: „Ich – MUSS – hier – ja – GAR – nichts!!"

Ich verstand in dem Augenblick, dass ich HIER und JETZT gar nichts musste, nur sitzen, nur atmen, nur sein. Ballast fiel von meiner Schulter, ich konnte zum ersten Mal seit langer Zeit frei atmen. Ich war plötzlich klar und fokussiert. „Wie herrlich ist das denn!?" Ich kenne so etwas bis zu dem Zeitpunkt überhaupt nicht: nichts zu müssen. Bis dahin dachte ich immer, irgendetwas tun oder leisten zu müssen, um dazu zu gehören, um etwas zu sein. Jetzt aber, in der totalen Stille, geht es mir plötzlich unglaublich gut. Ganz ohne etwas getan oder geleistet zu haben. Einfach nur so.

Das ist ein Moment von großer innerer Freiheit, der mich nie wieder losgelassen hat.

Danach ändert sich mein gesamtes Leben. Trennung, Kündigung meines Management-Jobs, große Veränderung im Freundeskreis. Und vor allem hat sich auch meine Art zu arbeiten und Menschen zu führen, intensiv und unumkehrbar verändert. Kaum ein Stein blieb auf dem anderen. ◄

Zen ist ein jahrtausendealter, gerader Weg zu Klarheit, Kraft und innerer Ruhe, der beispielsweise auch von den Samurai praktiziert wurde, die u. a. für ihre Klarheit, Werte und Ethik bekannt waren. Die Zen-Praxis fand ihren Weg vom Startpunkt etwa 500 Jahre vor Christus in Indien über China und Japan, schließlich vor allem in die USA und nach Europa. Mit intensiver Zen-Meditation legen die Zen-Praktizierenden das Fundament zur vertiefenden Persönlichkeitsentwicklung, es ist die Quelle für Regeneration, innerer Ruhe und Kraft, für Klarheit und Freiheit. Zen ist ein Weg zur Selbsterkenntnis, zur wachen Aufmerksamkeit und zur Ethik als Verantwortungsträger, zu Klarheit, Mut und Menschlichkeit mit sich und anderen.

▶ **Zen-Praxis**

Die Praxis des Zen besteht zum einen aus „Zazen", dem Sitzen in Stille und Versunkenheit. Zazen heißt die körperliche Übung des Sitzens auf einem Bänkchen oder einem Kissen, zur Übung der Meditation in völliger Stille.

Zum anderen gibt es den ebenso wichtigen Teil der Zen-Praxis: Konzentration auf den Alltag. Diese Konzentration bedeutet u. a., im Hier und Jetzt vollkommen klar und geistig wach seiner Arbeit nachzugehen, sich keine überflüssigen Gedanken zu machen, einfach nur seine Aufgabe verrichten. Bei von Wissenschaftlern vermuteten bis zu 60.000 Gedanken pro Tag können wir davon ausgehen, dass sehr viele von ihnen sich in die Vergangenheit oder Zukunft ausrichten: Wir analysieren, konstruieren, träumen und überdenken alles noch mal neu. All dies benötigt unsere wichtigsten Ressourcen: Zeit und Energie. Doch genau diese beiden benötigen wir stattdessen für unsere aktuelle Situation, diesen Moment, diesen Atemzug.

Beide Übungen – das Sitzen in Stille und die Konzentration auf den Moment – ergänzen einander und sind dazu gedacht, den Geist zu beruhigen bzw. die „Gedankenflut", welcher man sich im Normalfall ausgeliefert fühlt und am Anfang gar nicht wahrnimmt, einzudämmen.

Jeder, der Meditations- bzw. Zen-Training kontinuierlich praktiziert, kommt zu der Erkenntnis: „Ich bin meine Welt. Meine Welt ist das Konstrukt meines Geistes."

Zen-Training und Meditation lassen ein Bewusstsein dafür entstehen, dass wir selbst diejenigen sind, die unsere Welt subjektiv konstruieren. Wir nehmen wahr, filtern diese Wahrnehmungen, bewerten, interpretieren, benennen und ordnen ein. Da die meisten von uns das höchst subjektiv so tun, können wir daraus ableiten, dass es keine „objektive" Wahrheit gibt, sondern nur unsere eigene, persönliche. Dieses Phänomen hat in den vergangenen Jahrhunderten schon die Philosophie erkannt und prinzipiell unter dem Begriff „Konstruktivismus" zusammengefasst. Zen eröffnet nach und nach den glasklaren Blick dafür, dass die Dinge so sind, wie sie sind – ohne dass sie per se eine eigene Bedeutung hätten. Jede Form von Bedeutung fügen wir Ereignissen, Umständen, anderen Menschen, unserem Verhalten, dem Verhalten der anderen Menschen und „den Dingen" generell selbst zu.

Konsequenterweise erkennt ein Zen-praktizierender Mensch dadurch, dass wir in aller Regel zu 100 % für unser eigenes Leben, für unsere Entscheidungen, für unsere Bewertungen und unser Verhalten selbst verantwortlich sind. Die Stille des Sitzens – wobei mit „Stille" nicht nur äußere Stille, sondern vor allem die innere Stille, also die Abwesenheit des permanenten Konstruierens der subjektiven Wirklichkeit gemeint ist, ist somit der Schlüssel, der dem Meditierenden diese Einsicht nachhaltig zugänglich macht. Dieses Bewusstsein akzeptiert daher keine Schuldabwälzungen oder Entschuldigungen für Probleme, Überforderung, Stress, Ängste, was sich selbstverständlich auch im beruflichen Alltag niederschlägt.

Das Praktizieren der Stille in einer aufrechten Sitzhaltung nennen wir „Zazen". (Die beiden „z" werden dabei wie weiche „s" ausgesprochen.) Ein großer Zen-Meister hat dazu gesagt:

> *Zazen üben heißt, sich selbst zu erkennen.*
> *Sich selbst erkennen heißt, sich selbst zu vergessen.*
> *Sich selbst vergessen heißt, von allen Dingen erleuchtet werden.*
> *(Dōgen, Zen-Meister, 13. Jh.)*

Der Weg des Zen bedeutet, dass jeder Mensch erkennt, für sich selbst verantwortlich zu sein und diese Verantwortung mit aller Konsequenz zu tragen. Als Folge davon können wir erkennen, dass generell die Gestaltung unseres Lebens – oder zumindest unsere eigene Sicht auf unser Leben – wir selbst in der Hand halten. Das beinhaltet auch die Lösung von Problemen, die wir selbst aktiv angehen können, statt uns als „Opfer der Umstände" zu empfinden. Sich aus Verstrickungen lösen zu können, auch das ist Zen. Sie könnten an dieser Stelle denken, „das ist leichter gesagt als getan". Das stimmt grundsätzlich, daher ist Zen mit täglicher Übung ein lebenslanger Weg des Lernens.

Für Führungskräfte und Unternehmer ist diese Verantwortung die Voraussetzung, um mit Konsequenz, Klarheit, Mut, Gelassenheit und Kraft ihren täglichen Anforderungen und Herausforderungen zu begegnen.

Der Zen-Weg ist kein leichter. Zu Beginn steigen viele Menschen aus den Übungen aus, da ihnen die Kraft oder die Ausdauer fehlt. Auch körperliche Schmerzen sind zu Beginn auszuhalten, was das Sitzen zunächst nicht erleichtert. Zen kann hier in gewisser Weise als Metapher betrachtet werden, die zeigt, wie wir generell mit Schwierigkeiten und scheinbar unangenehmen Situationen umgehen. Wenn während des Zen-Trainings körperliche Schmerzen auftreten, kann ich jederzeit entscheiden, ob ich mich ärgere und innerlich dagegen rebelliere (und dadurch eine Menge Widerstands-Energie verbrauche), ob ich „flüchte" und das Training abbreche, oder ob ich die Schmerzen zur Kenntnis nehme und als Teil der situativen Wirklichkeit gelassen annehme.

Besonders Führungskräfte sind es gewohnt, konsequent und ausdauernd zu handeln, um so ihre Ziele zu erreichen, ohne dass die Motivation nachlässt. Diese Gewohnheit kann dabei helfen, sich willentlich der Erfahrung des Zen hinzugeben. Zen hat ganz und gar nichts mit Alltagsflucht, Schönfärberei oder dem Sitzen auf rosaroten Wolken zu tun, sondern ist die Erkenntnis der Wirklichkeit, so wie sie ist. Nicht im Urlaub oder an freien Tagen ein bisschen sitzen und die Welt vergessen, sondern im Alltag, tagtäglich, zu sitzen und seinen Weg zu gehen, das ist Zen.

> *„Zen ist nichts Aufregendes, sondern Konzentration*
> *auf deine alltäglichen Verrichtungen. "*
> *(Shunryu Suzuki, Zen-Meister, 20. Jh.)*

Vordergründig ist Zen eine methodisch einfache, klare Meditationsform. Mithilfe der ersten Schritte wird der Meditierende in Stille, Versenkung und in die völlige Abwesenheit von Alltagshektik und „Ständig-verfügbar-sein-müssen" geführt. Je länger das Sitzen in der Meditationshaltung praktiziert wird, desto mehr wird der Praktizierende mit sich selbst, seinen persönlichen Geschichten und Emotionen konfrontiert. Dabei entdecken wir, dass es unterschiedliche Möglichkeiten des Blicks auf unsere Umgebung und unsere Welt gibt, wir erweitern nach und nach unsere Wahrnehmung, die durch zwei wichtige Aspekte des Zen erweitert werden kann:

2.6   Zwei zentrale Einsichten des Zen

2.6.1   Alles ist Eins und untrennbar verbunden

Gerade die großen, komplexen Problemstellungen Ihres Führungs-Alltags erfordern eine geeignete Struktur, um vernetzt denken und planen zu können, und nichts zu übersehen. Scheinbar stehen zunächst vor allem die „sachlichen" Probleme im Vordergrund. Schwierig wird es aber, wenn die Emotionen, Sichtweisen und Erwartungen aufeinanderprallen und Konflikte oder Stagnation auslösen. Zen sorgt nach meiner Erfahrung dafür, dass alles, aber auch wirklich alles „auf den Tisch" kommt, und zwar dadurch, dass es durch die Übungen aus dem Unterbewussten ins Bewusstsein gelangt. Insbesondere auch die schwierigen oder konfliktreichen Themen, ganz gleich, ob sich diese eher im privaten Teil oder im beruflichen Alltag zeigen.

Durch regelmäßige Zen-Meditation werden vor allem auch Zusammenhänge in allen Richtungen erkannt, vertieft und verstanden. Sie werden zum einen begreifen, inwiefern der lange Arm Ihrer eigenen Vergangenheit, wie z. B. Erfahrungen, Erwartungen und Glaubenssätze, Ihr heutiges Handeln im Management zwar unbewusst, dafür aber umso intensiver beeinflussen. Durch die Meditation spüren Sie zum anderen zunehmend, welche Emotionen und Bedürfnisse Sie bewegen, welche Ängste Sie unbewusst – und bisher vielleicht verdrängt – beeinflussen, wie Ihre Ziele und Zukunfts-Träume begründet sind, oder wie Ziele und Bedürfnisse anderer Menschen in Ihrer Umgebung Ihr Tun und Lassen im Alltag beeinflussen – und vor allem auch, wie sich diese Faktoren permanent gegenseitig beeinflussen. Sie werden erkennen, dass alles gegebener Teil der gesamten Wirklichkeit ist und untereinander als untrennbares System verbunden ist. Eine uralte, zentrale Zen-Einsicht sagt vereinfacht ausgedrückt: „Nichts kann ohne sein Gegenüber existieren, dadurch ist alles letztlich Eins." Ohne Licht kein Schatten, ohne Wärme keine Kälte, ohne Angst kein Mut.

Übertragen auf den Arbeitsprozess ergibt sich für Sie im Zuge des nun einsetzenden Bewusstseins-Entwicklungsprozesses ein Verständnis für die systemischen Zusammenhänge in Ihrer Organisation, und durch die aufkommende Klarheit und das gelassene Anerkennen der Komplexität entsteht zunehmend der Mut, auch mit (noch) unbekannten Zusammenhängen umgehen zu können. Und mit diesem Bewusstsein, das Sie noch im Laufe des Lesens dieses Buches entwickeln, kann alles schließlich in eine klare, vernetzte Wahrnehmung für sich selbst, Ihr Leben und Ihr Unternehmen münden.

2.6.2   Es gibt keine objektive Wahrheit, alles ist leer

Zen geht davon aus, dass alle Dinge von sich aus erst einmal „leer" sind, das meint „leer an eigener Bedeutung". Dahinter steht die Einsicht, dass jede Bewertung, die wir den Dingen zumessen, nicht aus den Dingen selbst kommt, sondern in unserem eigenen Gehirn konstruiert wird. Ob wir uns über eine Begebenheit in der letzten Woche ärgern oder Befürchtungen in Bezug auf ein kommendes Ereignis in der Zukunft hegen – die Emotionen entspringen unserem Gehirn und sind selbst gemacht. Das permanente Bewerten, das tägliche Zuweisen von „gut" oder „schlecht" erzeugt ständigen Stress und verhindert häufig bewusstes, angemessenes Handeln in der Gegenwart.

Was hat das mit dem Handeln eines Unternehmers oder Führungsteams zu tun? Ärger, Ängste, unbewusste Abwertungen oder rastloses Streben nach angenehmen Emotionen kosten enorme Energie und erzeugen oft Verstrickungen oder Stagnation im unternehmerischen Alltag. Zum Beispiel durch die regelmäßige Meditation in Coachings für Führungskräfte-Teams wird der Aspekt, sich in der Gegenwart auf das zu konzentrieren, was jetzt gerade „los" ist, was jetzt gerade wahrzunehmen ist und was jetzt zu durchdenken und zu lösen ist, intensiv trainiert. Insbesondere erkennen wir durch das Wahrnehmen „der Welt" und dass es dafür unendlich viele unterschiedliche Möglichkeiten bei anderen Team-Mitgliedern oder anderen Menschen in unserer Umgebung gibt, dass es offenbar nicht DIE eine Wahrheit gibt. Wir spüren zunehmend, dass wir alle unsere Sicht der Dinge selbst konstruieren, dass wir ständig individuell bewerten und einschätzen. Ob etwas „gut" oder „schlecht" ist, ist kein Ergebnis einer objektiven Wahrheit, sondern das Ergebnis unseres eigenen höchst subjektiven Empfindens.

In unserer Führungs-Praxis können Menschen, die ein gut entwickeltes Bewusstsein für die Existenz des Konstruktivismus haben, die Komplexität von Problemstellungen gedanklich in zwei Komponenten zerlegen. Und zwar einerseits in die Fakten und andererseits in die durch das Gehirn konstruierten und hinderlichen Bewertungen (Interpretationen, Befürchtungen, Unterstellungen, unterschwelligen Abwertungen, Wut, usw.). Konflikte zwischen den Führungskräften oder Mitarbeitenden, die auf genau diesen individuellen Verstrickungen beruhen, werden mit diesem veränderten Bewusstsein erkannt und mit zunehmender Gelassenheit gelöst.

Praxis-Beispiel

Ein teilnehmender Manager in einem Team-Coaching, das durch intensive Meditations-Einheiten unterstützt wurde, stellte verblüfft fest: „Das Konzept in der Kombination mit Meditation und psychologischer Unterstützung war für mich eine einzigartige Erfahrung, nämlich ein emotionales Thema über drei Tage hinweg hochkonzentriert und fokussiert zu behandeln, und dann noch ein gutes Ergebnis zu bekommen. Und das ganz ohne Kaffee!" ◄

2.7   Achtsamkeit im Alltag als Unternehmer und Führungskraft

2.7.1   Was ist Achtsamkeit?

Es gibt verschiedene Interpretationen, was Achtsamkeit ist. Manche glauben, dass es in Richtung „nett sein und andere Menschen nicht brüskieren" ginge, oder darum, aufmerksam zu sein, um im Alltag keine Fehler zu machen, und nicht über das am Boden liegende Kabel zu stolpern. Dass das „esoterischer Kram" sei, ist ebenfalls ein häufiger Kommentar. Doch all dies ist es nicht.

▶ **Definition** Achtsamkeit ist

- die vollständige Wahrnehmung der aktuellen Situation im Hier und Jetzt, außen wie innen – also von allem, was jetzt gerade ist,
- ohne Bewertung.

Achtsamkeit bedeutet nicht, wie gar nicht selten angenommen, dass man versunken in seinen Gedanken auf einer Matte sitzt und sich den Rest der Woche schön träumt. Achtsamkeit hat auch nichts damit zu tun, dass das Leben oder die Menschen ab sofort „lieb sind" oder wir nur noch lächelnd durch die Gegend laufen und keine Konflikte mehr lösen müssen. Aus meiner Zusammenarbeit mit Führungskräften weiß ich um all diese Vorurteile und darf Ihnen versichern, dass nichts davon der Wirklichkeit entspricht. Da Achtsamkeit konkret etwas mit der wachen Selbstwahrnehmung zu tun hat, ist es eben keine Flucht aus der Wirklichkeit. Dadurch, dass während der Meditation alles wahrnehmbar wird, was gerade „ist", also z. B. die Wahrnehmung der Schmerzen im Rücken oder die Wut von gestern, die als körperliche Erregung an einer ganz bestimmten Stelle in meinem Körper als Emotion spürbar wird, ist Achtsamkeit eine intensive Berührung mit der Wirklichkeit.

Achtsamkeit bzw. Bewusstheit im Alltag bedeutet, präsent und offen für die tatsächlichen konkreten Wahrnehmungen zu sein (und nicht für die Interpretationen, Bewertungen oder eigenen Glaubenssätze). Es entstehen Klarheit und Fokussierung, eine wache Intuition. Ganz besonders in den turbulenten Momenten, besonders in Konfliktsituationen, sehr sicher in den Zeiten, in denen Emotionen und Gefühle uns sonst verleitet hätten, unbedacht und nicht heilsam aus dem Effekt heraus zu agieren. Mit Achtsamkeit handeln Sie zunehmend gesund, Ihr Ego tritt in den Hintergrund und Sie erkennen den Unterschied zwischen einer unangemessenen Handlung aus dem Effekt und einer klaren und kraftvollen Handlung aus der intuitiven Klarheit heraus.

2.7.2   Wirkung von Achtsamkeit im Alltag

Dadurch, dass Achtsamkeit sich ausschließlich auf die vollständige Wahrnehmung bezieht, kann sie sehr hilfreich sein, um gute Führung aufrecht zu halten, sowohl die eigene als auch die der Mitarbeiter. Denn sie kann vor der klassischen Überforderungssituation schützen, dem Stress und der Arbeit im roten Bereich. Wenn wir spüren, dass wir uns in einem ungesunden Bereich der Belastung unseres Nervensystems aufhalten, können wir das – theoretisch – beenden. Ich schreibe „theoretisch", weil zum Beenden eines überlastenden Zustands zusätzlich der Wille und eine entsprechende Entscheidung erforderlich sind. Insofern ist Achtsamkeit keine hinreichende Bedingung, aber zunächst einmal eine notwendige.

In vielen erfolgreichen Unternehmen wird Meditation als Achtsamkeitstraining bereits umgesetzt. Achtsamkeitsübungen sind eine gute Methode, negativem Umgang mit Stress vorzubeugen und ihm zu begegnen, also unter der analogen und digitalen Informationsflut nicht zusammenzubrechen. Aber auch im täglichen Miteinander mit Arbeitskollegen und Geschäftspartnern werden Achtsamkeitsübungen schnell ihre Wirkung entfalten.

Der Alltag eines Unternehmers bzw. einer Führungskraft erfordert Konzentration und Ausdauer. Reizüberflutung, Hektik und der Leistungsdruck in vielen Unternehmen und Projekten, bewirken jedoch das Gegenteil: Aufgrund der oft nicht mehr, oder nur unter großem Druck und Stress, zu bewältigenden Aufgaben, plagen die Betroffenen oft Schuldgefühle, dass sie ihren diversen Aufgaben nicht gerecht werden, ganz zu schweigen von einem überfüllten Privatleben. Viele werden immer nervöser, angespannter, unkonzentrierter und unter Umständen auch aggressiver. Insofern kann der Beginn der eigenen Meditationspraxis ein wichtiger Schritt im Leben sein – und später auch für das Team und die Organisation – um nach und nach die Zufriedenheit durch Klarheit, Fokus und Stärke zu verbessern.

Zahlreiche Studien haben gezeigt, dass Achtsamkeitsübungen, wie z. B. Meditation, sehr gute Methoden sind, um Stress abzubauen und Konzentration zu steigern. Viele Führungskräfte integrieren bereits Meditation in ihrem Alltag, um innere Balance sicherzustellen. Darüber hinaus haben Forscher festgestellt, dass Achtsamkeit auch insgesamt die Leistungsfähigkeit von Führungskräften steigert.

Alles, was Sie für sich persönlich tun, wird sich spürbar und nachhaltig in Ihrer Außenwelt transformieren. Sie werden anders führen, worauf ich in den nächsten Kapiteln eingehen werde. Sie werden bewusster kommunizieren und klarer handeln. Und wer weiß: Vielleicht wird es eines Tages in Ihrem Team den Moment geben, indem alle zusammen für einige Minuten zur Ruhe kommen und nur ihren Atem betrachten. Was glauben Sie, welche Wirkung hätte dies auf die gesamte Stimmung? Wenn Sie es wissen wollen, probieren Sie es aus!

Zen sorgt bei Ihnen im Zuge der Praxis dafür, dass Ihre Wirklichkeit eine andere wird. Sie werden bemerken, dass Sie sich des bisher subjektiven Blickwinkels bewusst sind und zu einer anderen Perspektive geführt werden. Ihre Bewertungen, erlernten Wahrnehmungs-Filter, sorgenvolle Zukunftsgedanken oder kompliziert erscheinende Glaubens- und Gedankenkonstruktionen nehmen kontinuierlich ab. Sie erkennen die Dinge immer klarer in ihrer Substanz und Wirkung. Irgendwann erkennen Sie: Sie stehen nicht im Stau, Sie sind der Stau. Sie haben keinen Streit mehr mit Ihrem Partner, Sie sind der Streit. Es gibt keine Ausreden mehr.

Sie werden den Wert der Konzentration auf das Wesentliche zu schätzen lernen: Konzentrieren Sie sich, genau eine einzige Aktivität in einem Moment auszuführen. Wenn Sie eine Mail schreiben, schreiben Sie eine Mail, wenn Sie ein Gespräch führen, führen Sie ein Gespräch. Und nichts Anderes. Versuchen Sie, nicht schon über den nächsten Termin nachzudenken, solange Sie noch in diesem Gespräch sind. Verzichten Sie darauf, parallel ein Telefonat anzunehmen, während Sie noch diese E-Mail schreiben, usw. Seien Sie in der Mitte dieser aktuellen Aktivität, als Ausdruck Ihrer eigenen inneren Mitte. In Zeiten des Smartphones und der ständigen Präsenz ist dies eine zusätzliche Herausforderung. Die Ruhe des Geistes und die Konzentration, die Sie durch die Meditation gewinnen, in den Alltag zu tragen, das ist die große Herausforderung. Das ist die Übung, die es gilt zu meistern. Aber die Klarheit des Moments und das daraus entstehende Erkennen, wie reichhaltig und wertvoll jeder einzelne Moment ist, werden Ihrem Leben eine ganz neue Qualität schenken.

Jeder Anlass im Alltag gibt Grund, die eigene Übung zu verbessern, zu erfahren, zu leben. Der Alltag wird so zum Maßstab für den eigenen Grad der Übung. Dabei geht es nicht um „gut, besser, optimal", sondern um das Leben im Hier und Jetzt. Es gibt nichts zu bewerkstelligen, nicht besser zu sitzen als andere, nicht öfter ein Zen-Seminar

(„Sesshin") zu besuchen. Es geht um das eigene Leben, den Alltag und die Verbindung von Geist und Körper.

2.7.3   Zen, ganz praktisch: Der Atem

In allen gängigen Selbstbetrachtungen, z. B. in Meditation, autogenem Training oder der Hypnose, wird sich der Atem zu Nutzen gemacht. Er ist quasi der direkte und unmittelbare Einstieg in die Meditation und anschließend in die Versenkung. Und wie wunderbar, dass er Ihnen in jeder Sekunde, in jedem Moment zur Verfügung steht!

Vergleichen Sie die Atemzüge mit den Wellen am Meer: sie kommen und gehen, Ebbe und Flut benötigen unser Tun nicht. Und so ist es mit dem Atem, er kommt und geht, mehr oder weniger unbewusst. In Stresssituation halten wir den Atem an, manchmal wird sie auch sehr flach. Das Gegenteil tritt ein, wenn wir entspannt sind, der innere Raum weitet sich aus. Die Japaner sagen: „Tiefe Atmung im Hara, langes Leben." Hara wird von den Japanern der Bereich unseres Unterbauches, unterhalb unseres Nabels, genannt.

Das Befinden ist im Atem. Spätestens, wenn Sie Ihren Atem unter Stress betrachten, werden Sie merken, wie sehr sich äußere und innere Haltung ähneln, gar bedingen. Und so ist die tägliche Zen-Übung weitaus mehr als das einfache Sitzen auf der Bank. Es ist die persönliche Tankstelle für besonders stressige Momente oder wenn die Gelassenheit zu schwinden droht. Die Beachtung Ihres Atems kann Sie sofort in eine stärkere Haltung bringen, die man Ihnen nicht nur ansieht, sondern in der Sie auch kraftvoller, bewusster und konzentrierter handeln werden.

Viele Menschen klagen am Anfang, dass es zu anstrengend ist, sie zu unruhig seien und brechen die Übungen wieder ab. Doch Meditation kann man erlernen, das Hilfsmittel ist jedem Menschen gegeben, der Atem. Die Grundübung in der Zen-Meditation heißt „Zazen". Eine konkrete Übung dafür finden Sie hier:

> **Zazen-Übung (Grundübung im Zen)**
> Zen ist etwas, über das Sie viel lesen können, aber Sie werden es erst wirklich wissen, was es für Sie bedeuten kann, wenn Sie es praktizieren. Fangen Sie damit morgen früh an, planen Sie am Anfang 10 min direkt nach dem Aufstehen ein. Setzen Sie sich auf eine Bank oder ein Kissen und betrachten Sie Ihren Atem. Und wenn Sie nun vielleicht denken, dass Sie keine 10 min am Tag für sich haben, dann empfehle ich Ihnen, sich 25 min, die normale Übungsdauer für eine „Runde" Zazen, einzuplanen. Ja, Sie haben richtig gelesen. Wenn Sie wirklich bereit sind, sich und langfristig Ihr Unternehmen zu entwickeln, dann ist es erforderlich, dass Sie Zeit in den wichtigsten Menschen Ihres Lebens investieren: in sich!
>
> Setzen Sie sich aufrecht auf ein Meditationsbänkchen oder ein Meditationskissen. Beim Meditationsbänkchen sitzen sie so, dass Sie Unterschenkel unter

das Bänkchen legen. Ihre Knie, Schienbeine und Ihre Füße ruhen auf einer Matte unter dem Bänkchen. Beim Meditationskissen sitzen Sie im Schneidersitz oder im Idealfall in dem sog. „Lotus-Sitz", Ihre Beine sind auf der Matte unter dem Kissen abgelegt. In beiden Fällen ist Ihr Rücken vollkommen aufrecht. Ihr Gesäß gibt das Körpergewicht an die Sitzunterlage ab. Der Oberkörper ruht entspannt auf dem Becken, der Kopf ist aufrecht und ruht entspannt auf dem Hals. Ihre Hände legen Sie locker übereinander und legen Sie sanft mit den Handinnenflächen gegen Ihre untere Bauchdecke. Die Schultern lassen Sie dabei fallen, sie bleiben entspannt, bitte nicht zum Nacken hochziehen.

Beobachten Sie nun mit geschlossenen Augen entspannt Ihren Atem. Lassen Sie den Atem in aller Ruhe fließen, ohne damit etwas zu „machen". Einfach nur ruhig fließen lassen. Zählen Sie nun Ihre Atemzüge: Einatmen – eins, Ausatmen – eins. Einatmen – zwei, Ausatmen – zwei, und so weiter. Versuchen Sie dabei, zwischen den Atemzügen, nicht über etwas nachzudenken. Nur Atembetrachtung. Falls Sie einen Gedanken bemerken, unterdrücken Sie ihn nicht, sondern lassen ihn „hindurchziehen", wie eine kleine Wolke am Sommerhimmel, ohne sich weiter mit ihm zu beschäftigen. Sobald Sie den Gedanken bemerkt haben, konzentrieren Sie sich sofort wieder auf Ihren Atem. Das gleiche gilt für ein Geräusch von außen, das Sie vielleicht ablenkt. Sobald Sie das Geräusch bemerkt haben, wenden Sie sich sofort wieder entspannt Ihrem Atem zu.

Nach einer Weile der Atembetrachtung lenken Sie Ihre Aufmerksamkeit nur noch dem Ausatmen zu. Vielleicht gelingt es Ihnen, den Atem in Ihrer Vorstellung innerhalb Ihres Körpers nach unten sinken zu lassen. Jeder Ausatem-Zug darf etwas weiter in Ihrem Körper nach unten sinken. Unter Umständen haben Sie nach einer Weile das Gefühl, Ihr Atem, den Sie in Ihrem Innern fallengelassen haben, könne Ihren Unterbauch und den Bereich im Becken berühren oder sogar ausfüllen. Vielleicht kann es Sie dabei unterstützen, wenn Sie sich vorstellen, Ihr Ausatem würde jedes Mal die Innenflächen Ihrer Hände, die auf dem Unterbauch ruhen, berühren.

Einfach nur sitzen. Wie wunderbar. Einfach nur sitzen. Einfach nur atmen. Hier und jetzt. Es gibt nichts zu tun.

Als Anregung und zur Verfeinerung können Sie sich dazu auch eines der zahlreichen Videos im Internet ansehen. Es wird u.U. einige Monate dauern, bis Sie ohne Gedanken und Unterbrechung zur Ruhe kommen. Doch schon nach kurzer Zeit wird Sie diese Übung in innere Ruhe und gleichzeitig Wachheit versetzen. Sie werden sehr schnell bemerken, dass es eine unerwartet starke und angenehme Unterbrechung von Mustern in Ihrem normalen Alltag sein kann.

Es gibt bei der Übung – und generell in der Mediation – nicht „gut" oder „schlecht", nicht besser, nicht höher. Es gibt auch keinen Wettbewerb zu gewinnen oder gar zu verlieren. Einfach nur sitzen. Einfach nur atmen. Hier und jetzt. Verfluchen Sie sich nicht für Ihre Gedanken, kehren Sie stattdessen einfach nur ruhig zu Ihrem Atem zurück, falls Sie in Ihrer Konzentration von Gedanken oder Geräuschen abgelenkt werden sollten. Glauben Sie nicht, Sie seien am Ziel, weil Ihnen 25 min auf der Bank oder dem Kissen irgendwann leichtfallen. Bleiben Sie nur bei sich, nur Ihrem Atem, bleiben Sie bei Ihrer persönlichen Praxis.

Um die eigene Übung weiter zu vertiefen, empfehle ich Ihnen, dass Sie sich bald bei einem Veranstalter für Zen-Meditation anmelden. In vielen Städten in Deutschland gibt es Übungsgruppen, die in der Regel einmal pro Woche gemeinsam sitzen und üben. Wenn Sie Ihre Meditationspraxis noch gezielter angehen wollen, melden Sie sich für ein mehrtägiges Seminar in einem Zen-Kloster an. Dort haben Sie die Gelegenheit, sich in aller Ruhe und Tiefe in die Zen-Meditationspraxis von Zen- und Meditations-Lehrerinnen und -Lehrern einführen zu lassen. Außerdem haben Sie dort unter Umständen die Gelegenheit, sich sogar von einem Zen-Meister direkt inspirieren zu lassen. Ich selbst bin mehrmals im Jahr im „Daishin Zen" Kloster des deutschen Zen-Meisters Hinnerk Syobu Polenski in Buchenberg/Allgäu.

▶ **Praxis-Tipp**
Die oben beschriebene Atem-Übung können Sie mit ein Bisschen Übung auch problemlos in Ihrem Alltag anwenden. Schließen Sie beispielsweise Ihre Bürotür, setzen sich aufrecht auf Ihren Stuhl, stellen die Füße locker und parallel flach auf den Boden. Beim Sitzen lehnen Sie sich nicht an die Rückenlehne, sondern sitzen ähnlich aufrecht und gerade, wie in der Zazen-Grundübung. Gehen Sie nun für wenige Minuten in die Atem-Übung.

Ich persönlich mache die Erfahrung, dass bereits drei bis fünf Minuten, ausreichen, um „herunter" zu kommen, um sich beispielsweise vom Ärger aus einem eben erlebten Gespräch zu verabschieden, und sich danach wieder frisch und fokussiert auf die nächste Aufgabe konzentrieren zu können. Für mehr innere Ruhe und damit ich nicht regelmäßig auf die Uhr schauen muss, stelle ich mir einen Timer in meinem Handy.

Auch andere Gelegenheiten bieten sich immer wieder an, um die Atem-Übung zu nutzen. Nutzen Sie eine längere Stauphase, oder nehmen Sie sich bewusst 2 min Zeit zwischen Ihren Terminen. Oder trinken Sie Ihren Kaffee im Büro für eine Minute sehr präsent, ohne über etwas anders nachzudenken – nur Kaffee trinken, sonst nichts. Üben Sie für wenige Minuten, wann immer es Ihnen möglich ist, einfach nur bewusst zu atmen und wahrzunehmen, was gerade ist.

Zusammenfassung des Kapitels

Unser Gehirn und somit unser „Ich" werden durch unsere Erfahrungen und Interaktionen mit der Welt geprägt. Es entstehen Meta-Erfahrungen, die unsere Haltungen und somit unser Verhalten bestimmen. Erfahrungen können nicht durch kognitive Entscheidungen von uns verändert werden. Stattdessen benötigen wir intensive neue Erfahrungen, um bisherige Erfahrungen „überschreiben" zu können. Diese neuen Erfahrungen können wir in der Meditation machen. Meditation ist ein kraftvolles, wirkungsvolles „Instrument", um unser Ich zu verändern.

Veränderung findet immer von Innen nach Außen statt. Als Mensch und Führungskraft wissen Sie das theoretisch auch, praktisch ist das nicht immer leicht umsetzen. Das Wissen allein reicht auf Dauer nicht aus. Es bedarf der regelmäßigen und ehrlichen Auseinandersetzung mit sich selbst, der Reflexion, der Überprüfung mit der Außenwelt, des Neusetzens, des Sich-Bewusstmachens, wie Sie selbst funktionieren und warum Sie wie reagieren.

Um Veränderungen in Ihrer Führung und in Ihrem Unternehmen herbeiführen zu können, fangen Sie sinnvollerweise bei Ihrer persönlichen Veränderung an, indem Sie – als tiefste Quelle – zunächst beginnen, sich selbst zu spüren und wahrzunehmen. Von dort aus können Sie jede weitere Veränderung bewusst entwickeln.

Der persönliche Weg ist der herausforderndste, doch auch sicher der spannendste. Sie arbeiten täglich mit Ihrem persönlichen Tagebuch, Sie nehmen sich Zeit für den wichtigsten Menschen in Ihrem Leben: Sie selbst. Ihr Bewusstsein wird sich entwickeln, ob Sie dies direkt merken oder eher Ihre Umwelt, werden Sie schnell feststellen, denn meistens lässt eine Reaktion nicht lange auf sich warten. Der Grundstein ist gelegt, willkommen auf Ihrem Weg!

Selbstreflexion – Fragen

- Kann ich es schaffen, mich in einem Moment der Stille einfach nur auf meinen natürlich fließenden Atem zu konzentrieren?
- Was ist mit jetzt, hier in diesem Augenblick, wirklich-wirklich wichtig?
- Was nehme ich gerade alles wahr – im Innen und Außen?
- Gelingt es mir, diese Dinge, Gefühle, Geräusche, Empfindungen, usw. lediglich als gegebenen Teil der Wirklichkeit wahrzunehmen, ohne sie zu bewerten, also ohne mich darüber zu ärgern oder sie mit anderen Bewertungen zu belegen?
- Kann ich alles, was gerade ist, einfach nur annehmen, ohne mich problem- oder lösungsorientiert damit zu befassen? Kann ich es aushalten, etwas einfach nur wahrzunehmen, ohne Druck zu verspüren, ohne damit aktiv etwas „machen" zu müssen?

- Kann ich – offen für meinen Körper und mein tiefes Inneres – wahrnehmen,
  ob und inwiefern ich in meinem Leben immer wieder von bestimmten Überzeugungen („Identifikationen") getrieben oder von Ängsten gehemmt bin? Falls ja:
  Wie fühlen sich diese Überzeugungen oder Ängste an? Kann ich sie irgendwo in
  meinem Körper lokalisieren?
- Wie gelingt es mir, auf diese Stelle(n) im Körper eine Zeit lang meine stille und
  gelassene Aufmerksamkeit zu legen?

Literatur

Anderssen-Reuster, U., Meibert, P., & Meck, S. (Hrsg.). (2013). *Psychotherapie und buddhistisches Geistestraining: Methoden einer achtsamen Bewusstseinskultur.* Stuttgart: Schattauer Verlag.

Heller, L., & Lapierre, A. (2013). *Entwicklungstrauma heilen – Alte Überlebensstrategien lösen, Selbstregulierung und Beziehungsfähigkeit stärken.* Übersetzung: Silvia Autenrieth. München: Kösel Verlag

Phase 2: Selbstführung – Der Raum zwischen Reiz und Reaktion

Am Ende des Kapitels werden Sie verstehen, wie unser Körper, und unser emotionales Innerstes sowie unser daraus entstehendes Verhalten zusammenhängen. Sie werden erkannt haben, dass viele Situationen zwischen Menschen natürlicherweise so sind, wie sie sind, wie was zusammenhängt, dass daran oder gar an Ihnen nichts „falsch" ist, und welche Wege es gibt, Impulse, Erfahrungen und Erinnerungen anders zu verarbeiten

In diesem Kapitel geht es vor allem darum, worauf Sie Ihr weiter entwickeltes Bewusstsein und Ihre erlernte Fähigkeit, sich selbst besser wahrzunehmen, lenken können. Ihnen wird klar geworden sein, wie Sie eine verbesserte Selbstwahrnehmung gewissermaßen „anwenden" können, um zwischen einem Reiz (z. B. einer Ihnen unangenehmen Situation mit einem Mitarbeiter) und Ihrer Reaktion (unangemessenes oder nicht-hilfreiches Verhalten) einen kleinen bewussten Raum der Entwicklung und Veränderung gegenüber Ihrem bisherigen Verhalten bringen können. Sie werden verstanden haben, welche typischen Ursachen es für „Trigger" in Ihrem eigenen Verhalten geben kann – und in dem Verhalten anderer Menschen

Mit dieser Einsicht haben Sie die Möglichkeit, anstelle einer impulsiven, vielleicht nicht-hilfreichen Reaktion auf eigene Gefühle oder auf die Handlungen anderer Menschen Ihr Verhalten oder Ihre Entscheidungen bewusster und angemessen steuern zu können. Dabei geht es keineswegs darum, Ihre „Authentizität" zu verbergen oder sich hinter einer kontrollierten Maske zu verschanzen. Vielmehr geht es darum, dass Sie Ihre Fähigkeit, natürliche Zusammenhänge zu verstehen, ausbauen, und somit das Ihnen bewusst zur Verfügung stehende Handlungsspektrum erweitern. Sie werden dadurch Hindernissen in Ihrem Führungsalltag oder Ängsten, z. B. in Bezug auf Überforderung oder Abwertung durch andere, ihre Macht nehmen können. Sie haben durch Ihr wesentlich klareres Bewusstsein die Möglichkeit, mutiger und gelassener zu führen. Durch diese verbesserte Selbstführung entwickeln Sie gleichzeitig die Grundlagen für eine wesentlich wirkungsvollere Führung anderer Menschen

J. Nickelsen, *Mit Mut, Freude und Gelassenheit führen*,
https://doi.org/10.1007/978-3-662-62074-8_3

3.1 Führung in Zeiten der Veränderung fängt bei Selbstführung an

Führung fängt immer innen an, also bei der Selbstführung. Eine Führungskraft, die sich selbst kennt, die weiß, was sie benötigt, fühlt und kann, ist daher in der Lage, auf sich selbst zu achten. Vorgesetzte, die auf sich selbst achten, können sich selbst führen und können mit ihrer Angst vor Fehlern, Scheitern oder negativer Kritik durch andere bewusst umgehen. Sie können klare Entscheidungen für sich selbst und das eigene Verhalten treffen. Wer sich auf diese Weise selbst führt, kann dies auch gegenüber seinen Mitarbeitenden. Mit Ruhe, Klarheit, Gelassenheit und Mitgefühl.

Nur durch echte Selbstführung des Unternehmers oder der Führungskräfte kann eine langfriste und nachhaltige Veränderung der Kultur in einem Unternehmen stattfinden. Die Veränderung beginnt innen, beim Unternehmer und den Top-Führungskräften, und wirkt nach außen, auf die Mitarbeitenden und das gesamte Unternehmen. Ein Unternehmen kann in komplexer und zunehmend schnelllebiger Umgebung nur dann erfolgreich am Markt bestehen, wenn die Mitarbeitenden selbst kreativ und selbstverantwortlich im Sinne der gemeinsamen Sache handeln. Das gelingt, wenn sich der Einzelne entwickelt, was als Voraussetzung unbedingt die Initiative und das „Vor-Bild" der sich verändernden Führungskräfte benötigt. Veränderung muss Top-down gewollt sein und auch erfolgen. Denn die Auswirkungen der eigenen Haltung und des eigenen Handelns von Ihnen als Unternehmer oder Führungskraft sind untrennbar und kausal mit der Umgebung verbunden.

Wenn der Unternehmer oder das Top-Management sich selbst in Bezug auf Haltung und Verhalten wirklich und ehrlich verändern, wirkt sich das – als obligatorische Voraussetzung – auf das eigene Team und im Weiteren auf die Organisation aus. Nachhaltige Veränderung eines Unternehmens als Ganzes oder wesentlicher Teile einer Organisation können wirksam nur top-down initiiert werden. Dafür gibt es etliche erfolgreiche Beispiele aus amerikanischen Unternehmen und inzwischen auch in Deutschland, wie z. B. der OTTO-Versand oder Unilever als bekannte Beispiele. Aber auch bei Familien-Unternehmern findet diese Einsicht immer mehr Raum.

Auch wenn sich Kommunikation, Verhalten und Zufriedenheit innerhalb eines Teams ändern sollen oder wollen, gilt Entsprechendes: von innen nach außen. Die Änderung der Team-Performance und des „Team-Spirit" können sich nur einstellen, wenn zuvor jeder Einzelne des Teams – oder zumindest die signifikante Mehrheit im Team – begonnen hat, sich spürbar selbst zu verändern. In diesem Fall wirkt jeder Einzelne wie ein Fraktal des Ganzen, also des Teams oder sogar des Unternehmens. Übertragen auf größere Organisationen kann es außerdem bedeuten: Jedes nachhaltig veränderte Team wirkt seinerseits wie ein Fraktal der Veränderung auf die gesamte Organisation. Im weiteren Verlauf des Buches werde ich noch ausführlicher auf das Thema Führung eingehen, aber die Grundlage schaffen Sie, in dem Sie zunächst selbst die Veränderung sind.

Leider stellen sich für Menschen beim Versuch, sich selbst in Bezug auf Haltung und Verhalten zu verändern und selbst zum Vorbild zu werden, oft ungeahnte Fallen und

Hindernisse. Über die Jahre unseres Aufwachsens und unserer Sozialisierung haben sich zahlreiche Hürden aufgebaut, bei denen es sich lohnt, genauer hinzuschauen. Nur wenn wir unsere inneren Trigger kennen, können wir damit – im Sinne von Selbstführung – bewusst umgehen.

Alle in diesem Kapitel vorgestellten Modelle unterstützen die Annahme, dass jeder Mensch sich ändern kann, wenn er es möchte. Wenn er sich seiner selbst bewusst wird, wenn er aufmerksam und achtsam ist, wenn er bereit ist, sich selbst zu erkennen, sich nicht zu ver- oder zu beurteilen und gewillt ist, die volle Verantwortung zu übernehmen.

Den Ist-Zustand des eigenen „Ich" zu erkennen ist der erste Schritt. Sie werden sich bewusst, was gerade gespielt wird, sie erkennen das Muster. Die Verbindung von Körper, Geist und Herz wird Ihnen, vielleicht zum ersten Mal in Ihrem Leben, wirklich bewusst. Es geht hier selbstverständlich nicht um einen religiösen Hintergrund, sondern um die simple Tatsache, dass wir Menschen sehr viel mehr sind als das, was wir bisher glaubten.

Ein ganzheitlich denkender und fühlender Mensch ist sich bewusst, dass er für alle Aspekte – Körper, Geist und Herz – zu sorgen hat, sie nährt und verbindet. Dafür gibt es unterschiedliche Möglichkeiten, die ich Ihnen in aller Kürze gerne vorstellen möchte. Achten Sie auf Ihre Impulse, vielleicht entdecken Sie schnell, worauf Sie Lust haben, was Sie inspiriert, was Sie benötigen.

3.2 Emotionen und Gefühle unterscheiden können

Die für Sie vielleicht unerwartete Nachricht ist:

▶ Einhundert Prozent unseres Verhaltens, generell als Mensch oder spezifisch in unserer Rolle als Führungskraft oder Unternehmer, beruht auf unseren Emotionen.

Zu „Verhalten" gehört alles, was wir tun, lassen oder entscheiden. Zu unserem Verhalten gehört außerdem, wie wir uns selbst führen, wie wir in kritischen oder angenehmen Situationen reagieren, wie wir Mitarbeitende führen und wie wir uns in unserem Unternehmen verhalten, bewegen und es entwickeln oder nicht-entwickeln. Gerade im Geschäftsleben ist die Überzeugung verbreitet, dass Entscheidungen und „Führung" typischerweise auf logischem Denken oder rein „rationalen" Überlegungen basiert. Aber was ist denn eine rationale Überlegung? Es ist das Kombinieren von Fakten, tatsächlichem oder vermeintlichem Wissen, von Erfahrungen oder von Einschätzungen über die Zukunft, zu einer Entscheidung oder einem Verhalten, um – und jetzt kommt der entscheidende Punkt – etwas Bestimmtes zu erreichen, was uns persönlich angenehm ist.

Angenehm ist etwas für uns, wenn wir zum Beispiel Sicherheit, Ruhe oder Freude empfinden, oder wenn wir unangenehme Gefühle vermeiden. Wenn also eine Entscheidung oder ein bestimmtes Verhalten von Ihnen dazu führt, dass Sie persönlich entlastet sind, dann geschieht das, weil Sie zuvor Entscheidungen getroffen haben, die Sie zu diesem Punkt bringen sollten. Das kann z. B. ein Projekt sein, das verkauft wurde und Sie dafür Anerkennung oder Tantieme erhalten. Das kann sein, wenn Ihr Team effektiv arbeitet, wenn Ihnen kein Widerstand oder Ärger entgegen schlägt, wenn Sie in einem Konflikt scheinbar „gewonnen" haben, wenn Sie auf der nächsten Unternehmensfeier als erfolgreich oder gar als Held gefeiert werden, usw. Spielen Sie ruhig beliebige Situationen in Ihrem Alltag gedanklich durch und fahnden Sie nach den tieferen emotionalen Beweggründen, nach Ihrem Bedürfnis, das befriedigt wurde, was dazu geführt hat, das Ergebnis als angenehm oder zumindest als nicht-unangenehm zu empfinden. Sie werden fündig werden. Sie können – und sollten – wirklich ehrlich mit sich sein, Sie sind hier gerade nur „unter sich".

Es lohnt sich also, die Emotionen und ihre tieferen Quellen näher zu betrachten. Emotionen und Gefühle sind in meiner Definition nicht dasselbe. Oft nutzen Menschen diese beiden Begriffe als Synonym. Stattdessen ist aber das Gefühl das nachfolgende Erleben der vorherigen Emotion. Eine Emotion ist eine körperliche Reaktion, die auf archaischen, uralten Instinkten beruht. Sie können Sie nicht beeinflussen, Ihr Körper, Stimme, Gestik und Mimik reagieren, ohne dass Sie etwas tun müssen. Ihre körperliche Reaktion erfolgt winzige Momente vor dem Erkennen und Spüren des zugehörigen Gefühls, auch wenn Sie glauben, es würde gleichzeitig passieren.

Übersicht
Unsere Grundemotionen sind:

1. Ärger/Wut
2. Angst
3. Ekel
4. Trauer
5. Liebe
6. Scham
7. Traurigkeit

Die Grundemotionen sind Urinstinkte. Sie hatten in grauer Vorzeit eine wichtige, überlebensnotwendige Funktion. Und sie spielten – und spielen immer noch – sich praktischerweise im Unterbewusstsein ab. Sie sind wichtig, denn sie sollen eine sofortige körperliche Reaktion auslösen, die für unseren Körper wichtig sind. Dabei soll unser Körper aus reinem Selbsterhaltungstrieb nicht durch längeres Nachdenken abgelenkt werden.

Beispiel

Wenn Sie sich z. B. vor etwas ekeln, werden Ihr Körper und Gehirn mit Abwehr reagieren, sodass Sie sich zum Beispiel abwenden, also eine körperliche Reaktion zeigen. Das Gefühl dazu – z. B. Ärger oder Abneigung – wird Ihnen anschließend bewusst, dringt also im Anschluss an die körperliche Reaktion an die „Oberfläche". Sie können Ihr Gefühl jetzt bewusst wahrnehmen und es sprachlich zum Ausdruck bringen. ◄

▶   Gefühle sind also das intellektuelle bzw. bewusste Wahrnehmen und Umsetzen
     der körperlichen Reaktionen, also der Emotion, auf eine bestimmte Situation.

Lassen Sie uns diese Erkenntnis auf Ihren Führungsalltag übertragen. Wenn Sie in einer Alltagssituation kritisch sagen würden, dass Sie „Konflikte zu emotional" führen, dann meinen Sie damit vermutlich, dass Sie viele Gefühle in der Situation haben, die Sie daran gehindert haben, hilfreich oder konstruktiv zu reagieren und stattdessen z. B. laut und ungerecht geworden sind. Allerdings verkennt diese Ausdrucksweise, dass es unmöglich ist, nicht emotional zu reagieren. Unsere Emotionen sind immer da. Die Emotion auf eine Situation, auf einen Reiz, können Sie nicht abschalten oder bewusst vermeiden. Aber sich Ihrer Emotionen und Gefühle bewusst zu werden und zu lernen, wie Sie mit Ihren Gefühlen besser umgehen bzw. sie in eine angemessene, erwachsene Reaktion umsetzen zu können, das können Sie lernen. „Angemessen" heißt in diesem Fall, dass Sie zwischen Ihre Wahrnehmung von Emotion und Gefühl einen kleinen Raum bringen, der Sie dazu bringen kann, erwünscht, hilfreich oder angemessen zu reagieren.

Damit sind wir bei einem elementaren Punkt für Ihre persönliche Entwicklung. Wenn Sie verstanden haben, welche Emotionen hinter Ihren Gefühlen – und somit hinter Ihrem Verhalten – stehen, verstehen sich selbst und Ihr Denken und Fühlen – und haben somit ein sehr viel besseres Verständnis für sich selbst. Dessen können Sie sich bewusst werden durch Achtsamkeit und Meditation. Konkret trainieren Sie in der Meditations-Praxis z. B. das Innehalten, also das Herstellen und Aushalten des kleinen Raums zwischen Reiz und Reaktion. Sie können außerdem zunehmend erkennen, wie dies in Zusammenhang mit Motiven, Werten oder hinderlichen Glaubenssätzen steht. Sie kommen sich auf diesem Weg immer näher. Dieses erweiterte, aufgeklärte Verständnis ermöglicht Ihnen, Ihr Verhalten konkret und spürbar zu verändern – und somit Ihre Führung und Wirksamkeit als Unternehmer. Sie werden sich als Mensch und Führungskraft entwickeln, Sie werden wachsen und auf die Weise wirksam werden, wie es für Ihr Leben, Ihre Umgebung und Ihr Unternehmen zu subjektiv empfundenem Erfolg führt. Unbewusstes bewusstmachen, nicht bewerten, nur ansehen und der Spur folgen: Das ist der Weg.

3.3   Was ist Stress?

Persönliches Beispiel: Stress durch Angst

Ich kann mich aus meiner Zeit als Manager in einer Unternehmensberatung an eine Situation vor einigen Jahren erinnern, die ich nie vergessen werde. In der Rolle als externer Projektleiter bei einem Kunden habe ich nach langer, engagierter – teils bis spät in die Abende hineinreichender – Arbeit dem Geschäftsführer eines Kunden-Unternehmens ein Projekt-Konzept präsentiert. In der mehrwöchigen Zeit der Konzept-Erarbeitung darf ich sogenannten „Stress" in allen erdenklichen Variationen erleben. Bevor die Präsentation fertig gestellt werden kann, empfinde ich enormen Druck und permanente innere Eile, bin teilweise schon tagsüber extrem müde und gleichzeitig innerlich unruhig. Körperliche Reaktionen sind zu der Zeit starke Rückenschmerzen, wiederkehrende Übelkeit, und ich habe große Mühe, nachts erholsam durchzuschlafen. Meinen Körper versuche ich tagsüber durch einen enormen Konsum des furchtbar schmeckenden Kaffees im Kunden-Unternehmen am Leben zu halten und abends an der Hotelbar durch ungesund erhöhten Wein-Konsum „herunter zu fahren". Dass unter den Schwierigkeiten meine Konzentrationsfähigkeit leidet, liegt auf der Hand. Um trotzdem ein fachlich und systematisch gutes und schlüssiges Konzept entwickeln zu können, diszipliniere ich mich immer stärker und „reiße mich zusammen", was das Vorankommen mit dem Konzept aufrechterhält, die körperlichen Symptome aber eher verschärft.

Nachdem ich die Präsentation vor einem Kunden-Gremium gehalten hatte, kommt vom Geschäftsführer vor der gesamten versammelten Führungsebene eine für mein persönliches Empfinden sehr ungerechte und von mir als heftig empfundene Kritik am Inhalt des Konzeptes. Obwohl der Geschäftsführer den Ruf hat, im Umgang mit anderen Menschen oft einen ruppigen Umgang zu pflegen und in seiner Kommunikation als „sozial schwierig" gilt, trifft es mich hart. Zu dem Stress der gesamten Vorbereitung kommt nun eine ganz neue Art von Stress hinzu: Ich fühle mich persönlich angegriffen. Der Geschäftsführer hat seine Kritik zwar inhaltlich begründet, aber trotzdem fühle ich mich abgewertet. Als ich den Konferenzraum konsterniert verlasse, fühle ich mich schlecht. Vielleicht kann ein Dritter sogar hängende Schultern und einen schweren Gang erkennen. Außerdem fühle ich eine Mischung aus Scham, Wut und Angst. Was mich ab dem Moment umtreibt, sind Fragen wie: „Welche Auswirkungen hat das auf meinen Auftrag? Wird er mich, den externen Berater, aus dem Projekt werfen?" Oder auch „Welche Folgen hat das für mein Ansehen bei den Kollegen?" und „Was wird meine eigene Geschäftsleitung dazu sagen, welche Folgen hat das für meine generelle Reputation in unserem Beratungsunternehmen?" Ich fühle mich und meine Position bedroht. In dem Moment und den Tagen danach bin ich kaum in der Lage, mich angemessen selbst zu regulieren und steuere mich durch „Funktionieren" im Projekt. Besser geht es mir dadurch allerdings nicht. ◄

Was war da passiert? Kennen Sie solche Situationen vielleicht auch? Haben Sie so etwas Ähnliches vielleicht schon einmal selbst erlebt? Lassen Sie uns die Grundlagen ansehen, um die Zusammenhänge besser verstehen zu können.

Auf dem Weg zu einer verbesserten Selbst-Steuerung ist es wichtig zu verstehen, was uns unfrei macht und uns von innerer Ausgeglichenheit abhält. Ein zentraler Faktor ist

Stress. Wie im eben geschilderten Beispiel geschrieben, kann er auf unterschiedliche Art in Erscheinung treten. Aber was ist das eigentlich – Stress? Das Wort benutzen wir jeden Tag, es dient sogar als Small-Talk-Thema und als Entschuldigung, wenn wir private Termine nicht wahrnehmen oder eine Aufgabe nicht in der vorgegebenen Zeit erledigen können.

◆ **Stress und Angst** Stress ist in der Regel eine körperliche und seelische Reaktion auf Angst. Umgekehrt heißt das: Wenn ich keine Angst habe, habe ich (meistens) auch keinen Stress. Zumindest keinen negativen Stress, „Distress" genannt. Wenn Sie sich das bewusstmachen können, obwohl das Wort „Angst" im Geschäftsleben ein tabuisierter Begriff ist, wäre das ein fundamental wichtiger Schritt zur Veränderung Ihres eigenen Lebens – und damit Ihrer Selbst- und Unternehmensführung.

Grundsätzlich dient Stress dem Körper, um in schwierigen Situationen angemessen reagieren zu können, also zum Beispiel dann, wenn uns ein Tiger bedroht. Stress schärft das Denkvermögen und die Konzentration, der Körper wird eingestellt, um die Herausforderung zu bewältigen. Kampf oder Flucht, darauf sind Menschen bis heute programmiert. Das Gehirn sendet Botenstoffe über das Blut in die Nebennierenrinde, wodurch das Stresshormon Cortisol im Überfluss produziert wird. Adrenalin und Noradrenalin werden in der Zeit im Nebennierenmark produziert. Der Körper kann blitzschnell reagieren, das Herz schlägt schneller, die Atemfrequenz erhöht sich, die Leber stellt Zucker zur Verfügung, die Muskeln und das Gehirn können so mehr Energie freisetzen, vor Überhitzung wird der Körper durch angeregte Schweißdrüsen geschützt. Hormone zur Sinnesschärfung werden ausgeschüttet. Derart hochgepusht sind wir nun in der Lage, zu fliehen oder zu kämpfen.

Unterdrückt, weil im Stressmoment völlig überflüssig, werden z. B. der Sexualtrieb, Müdigkeit und Hungergefühl. Wenn der Tiger verschwunden ist und damit die bedrohliche Situation, wird durch entsprechende Botensignale die Cortisol-Produktion gestoppt, der Stress klingt ab, der Körper entspannt sich. Es sollte eine Entspannungsphase stattfinden und bis zur nächsten Stresssituation dauert es hoffentlich sehr lange. Zugute kommt uns diese Reaktion des Körpers bei einem Unfall, in dem wir schnell reagieren müssen oder wenn es wirklich gilt, auf eine unvorhergesehene Situation schnell zu reagieren. Stress an sich ist also gut und versetzt unseren Körper in eine angemessene Lage, schnell zu reagieren und sich danach wieder „herunterzufahren", um neue Kraft zu schöpfen.

In unserem beruflichen – oder oft auch privaten – Leben sieht es aber meist anders aus, der Stress lässt nicht nach oder geht in echte Entspannung über. Wir leben in einem Dauerstress, der beim Öffnen der Augen beginnt. Arbeiten und Pflichten rufen, der Tag ist voller Termine und Entscheidungen. Und leider hört der Stress nicht auf, wenn wir abends im Bett liegen – und eine schlaflose Nacht führt den Zustand fort. Denn ausschlaggebend ist nicht, ob wirklich jetzt in diesem Moment etwas passiert, sondern wie wir eine Situation wahrnehmen. Das bedeutet: Wer nachts seine Ängste und Befürchtungen über Rechnungen, Projekte und Konflikte durchlebt, erlebt Stress. Das zentrale Nervensystem unterscheidet nicht, ob Sie gerade einen Unfall erleben, also wirklich erleben – oder ob Sie gerade daran denken, wie Sie vor einigen Jahren bei einem Unfall fast ums Leben gekommen wären. Dieses gilt auch für schwierige Trennungen, den Tod eines Angehörigen oder andere Krisen und schwierige Zeiten. Stress kann also allein durch unsere Gedanken, Ängste und Befürchtungen entstehen, selbst, wenn wir ruhig im Bett liegen.

Dauerstress wirkt sich nicht nur auf das Gedächtnis aus. Die Hälfte der Aufgaben wird vergessen, beim Einkauf sind wir froh, wenn wir den Zettel immerhin dabeihaben, Termine werden nicht eingehalten. Der erhöhte Cortisolspiegel – der durch den dauerhaften Stresspegel entsteht, sorgt aber auch für weitere, nicht gewollte, Tatsachen: die Kreativität bleibt aus, man greift in jeder Hinsicht auf Bewährtes zurück, Neues kann nicht entstehen. Und das Immunsystem kommt auch ins Schwanken. Der Mensch wird somit anfälliger für Autoimmunkrankheiten, Allergien und Viren. Stress kann also auf vielen Ebenen krankmachen. Wir sind nicht für anhaltenden Stress geschaffen, was auf Dauer Krankheit für Körper und Geist, die sich bedingen, bedeuten.

Was aber ist der Schlüssel zum Abbau von Stress, um die beschriebenen negativen Effekte zu vermeiden?

▶ **Ein Schlüssel für den Stressabbau** Wenn wir erkennen, woher unser Stress kommt, haben wir den Schlüssel in der Hand. Um zu erkennen, wo die Quelle für unseren Stress liegt, lohnt es, im Zuge einer vertieften Selbstwahrnehmung, siehe vorheriges Kapitel, sich mit den Ansatzpunkten für den Abbau oder der Vermeidung von Ängsten auseinanderzusetzen. Ängste entstehen in der Regel, wenn wir uns von außen bedroht fühlen. Bewusst oder unbewusst.

Wir haben Angst nicht schnell genug zu sein, nicht gut genug zu sein, oder für Fehler sozial „bestraft", also abgewertet zu werden. Genauso war es auch in dem eigenen Beispiel, als ich mich damals durch den Geschäftsführer kritisiert und abgewertet fühlte. Mein „System" fühlte sich unbewusst existenziell bedroht, insbesondere führte die vermeintliche Bedrohung in eine unbewusste und tiefe Angst, nicht mehr dazu zu gehören, nicht gemocht, nicht geliebt zu werden. In Kap. 2 haben wir uns mit den archaischen Ur-Instinkten auseinandergesetzt. Die Angst vor Nicht-Zugehörigkeit (vor 50.000 Jahren zur Sippe – was damals tendenziell tödlich war) ist eine unserer tiefsten Ur-Ängste.

Wenn wir aber erkennen, dass die Bedrohung in aller Regel nicht von außen, sondern selbstgemacht von innen kommt, und in aller Regel im Geschäftsleben keinem Reality-Check ernsthaft standhalten würde, sind wir schon auf einem guten Weg zu einer verbesserten Selbststeuerung. Wenn uns Ängste antreiben oder behindern, findet das oft auf Basis von Werten, Motiven, Glaubenssätzen oder auch Ur-Ängsten statt. Diese Ursachen liegen teilweise tief in alten Instinkten begründet, teilweise aber auf in unserem Leben erlernten, tatsächlichen oder scheinbaren Erfahrungen. Heutzutage werden wir nur noch äußerst selten von einem Tiger bedroht, sodass ein gigantischer Anteil unserer Ur-Ängste nicht mehr angemessen ist, also auch als Stress-Quelle überflüssig ist. Unsere Ängste beruhen auf verschiedenen Ursachen, die im Folgenden weiter untersucht werden: neben den Ur-Instinkten sind es unsere Motive, Werte und Glaubenssätze.

3.4 Hier bin ich nun: Was treibt mich an, was macht mich aus?

Lassen Sie uns zunächst über zwei wichtige Faktoren sprechen, die Ihre Gefühle und Ihr Verhalten intensiv beeinflussen, und die Sie (er-)kennen sollten, damit Sie sich und Ihr Verhalten in bestimmten Situationen besser verstehen und noch bewusster steuern können. In diesem Buch nenne ich sie „Motive" und „Werte".

3.4.1 Motive

Motive sind im Unbewussten „arbeitende" Triebfedern oder Beweggründe zu Haltung, Sichtweise und somit indirekt für das Verhalten zuständig. Die Wissenschaft weiß inzwischen, dass sie als unveränderliche Persönlichkeitsmerkmale auf tiefen emotionalen Prägungen beruhen, teilweise schon über Generationen hinweg. Auf dieser Erkenntnis basieren inzwischen auch Forschungs- und Therapieformen, die die Ahnenforschung ganz bewusst einbeziehen. Unsere Motive sind also fest verwurzelt und wir können sie nicht bewusst beeinflussen.

Unser Verhalten ist unbewusst darauf angelegt, diese inneren Triebfedern zu befriedigen, ihnen nachzukommen. Wenn wir Kraft unseres Willens, z. B. gelenkt durch „Vernunft", ein Verhalten zeigen, dass gegen unsere Motive ausgelegt ist, erzeugt es in uns Unzufriedenheit. Bei Wiederholungen oder einem längerfristigen Erleben, welches die eigenen Motive nicht befriedigt, bekommen Menschen das Gefühl, dass sie unglücklich sind.

Einzelne Motive wirken allerdings nicht als alleinige Beweggründe für Verhalten. Da wir eine ganze Reihe von Motiven in uns tragen – mehr oder weniger stark spürbar – wirkt in der Regel *das eine* spezielle Motiv nicht auf unser Verhalten, sondern ein Cocktail aus mehreren.

Wenn Sie aus der Abb. 3.1: „Übersicht über die Motive aus der „Motivations-PotenzialAnalyse" (MPA, Lapenat, Janßen 2012) beispielsweise einerseits das Motiv „Streben nach Freiheit" und andererseits das „Streben nach Sicherheit" in sich tragen, so wie es z. B. bei mir selbst ist, kann das – unschwer erkennbar – in einigen Situationen zu unterschiedlichem Verhalten und sogar zu inneren Konflikten führen.

Außerdem ist es auch nicht so, dass ein Motiv immer linear zu dem gleichen Verhalten führt. Vielmehr kann es in Abhängigkeit von der Situation, von dem Kontext, in der oder dem wir uns befinden, zu unterschiedlichem Verhalten führen.

Motive der Motivations Potenzial Analyse (MPA)

Wagnis	Auswirkung	Vorsicht
Streben nach Nervenkitzel		Streben nach der Gewissheit von Folgen
Distanz	**Beziehung**	**Kontakt**
Streben nach emotionalem Abstand zu anderen		Streben nach emotionaler Nähe zu anderen
Status	**Einordnung**	**Natürlichkeit**
Streben nach öffentlicher Achtung der eigenen Person		Streben nach bodenständigem Verhalten
Mitentscheidung	**Freiheit**	**Selbstentscheidung**
Streben nach gemeinschaftlichen Entscheidungen		Streben nach Selbstbestimmung
Prinzip	**Grundsatz**	**Auslegung**
Streben nach Orientierung an vorhandenen Regeln und Normen		Streben nach zweckorientierter Auslegung von Regeln und Normen
Pragmatik	**Komplexität**	**Erkenntnis**
Streben nach direktem Handeln		Streben nach dem Verstehen von Zusammenhängen und Hintergründen
Aktivität	**Körper**	**Ruhe**
Streben nach körperlicher Bewegung		Streben nach körperlicher Entspannung
Routine	**Offenheit**	**Abwechslung**
Streben nach gewohntem Verhalten		Streben nach neuen Erfahrungen
Ordnung	**Struktur**	**Flexibilität**
Streben nach geordnetem Vorgehen		Streben nach flexiblem Vorgehen
Selbstorientierung	**Unterstützung**	**Selbstlosigkeit**
Streben nach eigenen Vorteilen		Streben danach, für andere da zu sein
Einfluss	**Verantwortung**	**Durchführung**
Streben nach Verantwortung und Gestaltung		Streben nach der Umsetzung von Vorgaben
Fremdanerkennung	**Wertschätzung**	**Selbstanerkennung**
Streben nach persönlicher Rückmeldung von anderen		Streben nach persönlicher Rückmeldung durch sich selbst
Dominanz	**Wettbewerb**	**Balance**
Streben nach dem Gewinnen		Streben nach dem Ausgleich von Interessen

Abb. 3.1 Übersicht über die Motive aus der „MotivationsPotenzialAnalyse MPA". (Quelle: motivation analytics UG (haftungsbeschränkt), Stefan Lapenat, Tabelle aufbereitet von Axel Janßen, Hamburg, 2012; mit freundlicher Genehmigung von Stefan Lapenat, © motivation analytics UG (haftungsbeschränkt) und © Axel Janßen)

> **Beispiel: Motiv-geleitetes Verhalten**

Nehmen wir als Beispiel das Motiv „Streben nach Fremdanerkennung". Sie trinken vielleicht nicht gerne Wein, dennoch kann das Motiv dazu führen, dass Sie beim Abendessen mit Freunden ein Glas Rotwein trinken, weil jemand die Flasche bereits geordert hat und Sie jetzt nicht „ungemütlich" wirken möchten.

Am nächsten Abend sitzen Sie vielleicht mit einem Geschäftsfreund beim Abendessen. Ihnen fällt der Rotwein von gestern ein, der Ihnen überraschend gut geschmeckt hat – und haben nun doch Appetit auf den guten Roten. Weil Sie aber das Gefühl haben, in dieser halb-dienstlichen Situation könne das einen „falschen" Eindruck machen, verzichten Sie darauf und bestellen – genau wie er – ein Glas Mineralwasser.

In diesen beiden Fällen führt dasselbe Motiv „Fremdanerkennung" in unterschiedlichen Kontexten zu unterschiedlichem Verhalten bei Ihnen. ◄

Um unser „ICH" also besser kennen zu lernen, kennen wir idealerweise unsere wichtigsten Motive, um unsere dadurch ausgelösten Bedürfnisse und Gefühle besser verstehen zu können. Somit können Sie sie bewusst „bedienen" oder zumindest darauf achten, dass Sie sich nicht regelmäßig unbewusst missachten.

▶   Grob zusammengefasst können wir sagen: Aus unseren Motiven entstehen
     Bedürfnisse. Wenn wir ihnen nachkommen (können), geht es uns tendenziell
     gut, wenn nicht, geht es uns eher nicht gut.

Die Motive bedeuten das „Streben nach etwas". Eine Schlüsselfrage ist z. B.: „Was treibt mich an?" Wenn ich sie kenne, also z. B. weiß, dass ich von einem starken „Streben nach Selbstentscheidung" oder „Streben nach Freiheit" angetriggert werde, kann ich dieses bewusst als Kraft und Stärke nutzen – vorausgesetzt, Sie kennen sie.

Ihre Motive, die Sie antreiben und Grundlage für bewusste und unbewusste Entscheidungen sind, können Sie in einem wissenschaftlich fundierten Testverfahren mit dem Namen „Motivationspotenzialanalyse" ermitteln.

3.4.2   Werte

Werte haben wir uns im Laufe der Kindheit und des Lebens auf Basis wiederholter Erfahrungen angeeignet, wir haben sie als Folge von angenehmen oder unangenehmen Erfahrungen erworben und im Gehirn gespeichert.

▶   **Wichtig** Unsere wesentlichen Werte sind in einem Alter entstanden, in dem
     wir sehr genau auf die Reaktionen unserer Umwelt geachtet haben, um zu
     lernen, was anscheinend „richtig" und was „falsch" ist. Hierbei handelt es
     sich in der Regel um das Alter zwischen etwa fünf und zwölf Jahren.

Bitte betrachten Sie die genannte Alters-Bandbreite als grobe Richtschnur, sie kann individuell etwas variieren. In diesem Alter nehmen wir unsere Umwelt und das Verhalten der anderen Menschen bewusst wahr und wir können unser eigenes Verhalten, und die damit ausgelösten Reaktionen, bewusst reflektieren. Das „Abspeichern" der Werte als Folge der Reflexion ist unbewusst geschehen und somit haben sie sich auch tief in unserem Unbewussten eingegraben.

Jüngere Kinder, z. B. im Alter von 1 bis 4 Jahren sind dazu in der Regel noch nicht in der Lage. Als Kind mit z. B. 6, 8 oder 10 Jahren jedoch, haben wir sehr genau wahrgenommen, womit wir wiederholt Lob und Anerkennung einerseits, oder Strafe und Abwertung andererseits ausgelöst haben. Entweder von den Eltern, Lehrern oder im Freundeskreis. Mit unserem Verhalten haben wir uns an das angepasst, was „richtig", „falsch", „wichtig" oder „unwichtig" war. Nach und nach hat es sich von der bewussten Wahrnehmung in einen automatisierten, unbewussten Vorgang verwandelt – im Laufe der Zeit waren uns bestimmtes Verhalten oder bestimmte Eigenschaften ebenfalls wichtig oder wertvoll – unsere „Werte" sind entstanden. Werte sind – in gewissem Umfang – im Laufe des Lebens veränderlich. Im Laufe des Teenager-Alters oder Berufslebens im Erwachsenen-Alter entfallen als nicht mehr zutreffend erkannte Werte. Manchmal kommen andere hinzu.

In jedem Fall ist es jedoch so, dass wir – ähnlich wie bei unseren Motiven – stets versuchen, unsere Werte zu befriedigen. In aller Regel passiert das auch hier völlig unbewusst.

Wenn Sie sich Ihre persönlichen wichtigsten Werte bewusstmachen möchten, können Sie sie aufschreiben, wenn Sie für sich die Schlüsselfragen beantworten „Was ist mir besonders wichtig?" oder „Was ist mir besonders Wert-voll?". Zur Inspiration und Unterstützung finden Sie hier eine Liste möglicher Werte, die Sie dabei unterstützend nutzen können: Abb. 3.2. Sie dient nur der Inspiration und kann von Ihnen beliebig individuell erweitert werden:

Übung

Zum Erkennen Ihrer Werte führen Sie folgende Aufgabe aus:

Schreiben Sie sich mithilfe der oben genannten Fragen oder aus der folgenden Liste die Werte auf kleinen Zetteln heraus, die bei Ihnen eine starke positive innere Reaktion auslösen, mit denen Sie sich intuitiv verbunden fühlen. Immer ein Zettel pro Wert. Diese „Verbundenheit" werden Sie möglicherweise an einer körperlichen Reaktion spüren. Vielleicht im Solar-Plexus, oder im Bauch, oder an einer anderen Stelle Ihres Körpers. Vertrauen Sie hierbei also im wahrsten Sinne Ihrem Bauch-Gefühl.

Und eines ist hierbei noch wichtig: Seien Sie ehrlich. Es nützt Ihnen nichts, wenn Sie sich für Werte entscheiden, die möglicherweise anderen Menschen wichtig sind, oder die „man" haben sollte, die Ihrer Vermutung nach sozial erwünscht sind. Wählen Sie die Begriffe, die Ihnen ganz persönlich wichtig sind.

Liste von Werten – Beispiele, nur zur Inspiration

Abenteuerlust	Fairness	Kreativität	Selbstmotivation
Abgrenzung	Familie	Kundenorientierung	Selbstverantwortung
Abwechslung	Fitness	Kunst	Selbstwert
Achtsamkeit	Fleiß	Leidenschaft	Seriosität
Achtung	Fortschritt	Leistungsfähigkeit	Service
Aktualität	Freiheit	Lernen	Sicherheit
Akzeptanz	Freizeit	Liebe	Sinnhaftigkeit
Anerkennung	Freude	Loyalität	Sinnlichkeit
Anspruch	Freundschaft	Lust	Solidarität
Aufmerksamkeit	Frieden	Luxus	Sparsamkeit
Ausdauer	Führung	Macht	Spaß
Authentizität	Fürsorge	Marktführerschaft	Spiritualität
Ästhetik	Geborgenheit	Menschlichkeit	Stabilität
Balance	Geduld	Mitgefühl	Stärke
Begeisterung	Gehorsam	Muße	Stil
Beharrlichkeit	Gelassenheit	Mobilität	Stille
Berechenbarkeit	Geld	Mode	Strebsamkeit
Bequemlichkeit	Genauigkeit / Präzision	Moral	Struktur
Beruf	Genuss	Musik	System
Bescheidenheit	Gerechtigkeit	Mut	Tatkraft
Bildung	Gestaltungsfreiheit	Nachhaltigkeit	Teamgeist
Chancenorientierung	Gesundheit	Nachsicht	Tiefe
Dankbarkeit	Gewinnen	Nächstenliebe	Toleranz
Demut	Glaube	Natur	Tradition
Dienstbereitschaft	Gleichheit	Neugierde	Transparenz
Dienen	Großmut	Offenheit	Treue
Diplomatie	Großzügigkeit	Optimismus	Unabhängigkeit
Distanz halten	Harmonie	Ordnung	Unbekümmertheit
Disziplin	Hilfe geben / helfen	Originalität	Unterhaltung
Durchsetzungsvermögen	Hingabe	Partnerschaft	Unterstützung
Dynamik	Humor	Perfektion	Veränderung
Effektivität	Idealismus	Persönliche Entwicklung	Verantwortung
Effizienz	Identität	Pflichtbewusstsein	Verbesserung
Ehre	Innovation	Phantasie	Vergnügen
Ehrgeiz	Integrität	Prestige	Verhältnismäßigkeit
Ehrlichkeit	Intelligenz	Profit	Verständnis
Einfachheit	Kampf	Pünktlichkeit	Vertrauen
Eitelkeit	Klarheit	Qualität	Vertrautheit
Emotionalität	Kollegialität	Rationalität	Vitalität
Empathie	Komfort	Religion	Wachstum
Einfühlungsvermögen	Kompetenz	Respekt	Wertschätzung
Energie	Kompromissfähigkeit	Risikobereitschaft	Wettbewerb
Engagement	Kongruenz	Rücksichtnahme	Wissen
Entscheiden	Konkurrenzfähigkeit	Ruhe	Wirksamkeit
Entspannung	Konsens	Ruhm	Wohlstand
Erfolg	Konsequenz	Sachverstand	Zielstrebigkeit
Ergebnisorientierung	Konstanz	Schnelligkeit	Zugehörigkeit
Erkenntlichkeit	Kontinuität	Schönheit	Zurückhaltung
Exklusivität	Kontrolle	Selbständigkeit	Zusammenarbeit
Experimentierfreude	Körperbewusstsein	Selbstdisziplin	Zuverlässigkeit
	Kraft		…

Abb. 3.2 Liste möglicher Werte zur Inspiration. (mit freundlicher Genehmigung von © Axel Janßen, Hamburg, 2012)

Sie sind mit der Übung allein und müssen niemandem in Ihrer Umgebung mit Ihrer Auswahl gefallen.

Sie werden dadurch bald ein kleines „Häufchen" an Zetteln haben. Nun bringen Sie diese Zettel in eine Reihenfolge, indem Sie immer zwei der Werte nebeneinanderlegen. Der Wert, der bei Ihnen stärker wirkt bzw. zu dem Sie sich stärker hingezogen fühlen, kommt nach oben. Mit dem nächsten Wert verfahren Sie ähnlich, vergleichen diesen Wert mit beiden Werte-Zetteln, die dort schon in einer ersten Rangfolge liegen und legen ihn entweder ganz nach oben, ganz nach unten oder zwischen die beiden ersten Werte. Das gleiche machen Sie mit allen Zetteln aus Ihrem Werte-Häufchen. Jeden Werte-Zettel vergleichen Sie mit den schon vorhandenen. Sie werden genau spüren, wo in diesem Ranking der jeweils neue Wert seinen Platz findet. Nach und nach ist so eine Reihenfolge entstanden.

Die fünf obenliegenden Werte, scheinen Ihre „Top-5"-Werte zu sein. Diese haben eine besondere Bedeutung für das, was Ihnen bei sich selbst und anderen Menschen wichtig ist. Sie beeinflussen Ihr Verhalten regelmäßig und spürbar. Vielleicht vergegenwärtigen Sie sich beliebige Situationen aus Ihrem Arbeits- und Privat-Leben: Es wird nicht immer eindeutig sein, aber Sie werden wahrscheinlich feststellen, dass sich Ihr Verhalten regelmäßig auf diese Top-5 zurückführen lasst. Wenn Sie auf diese Weise Ihre fünf wichtigsten Werte identifiziert haben, haben Sie schon einen ersten wichtigen Beitrag zu Ihrer Selbst-Erkenntnis geleistet.

Zusammenfassung für Motive und Werte

Werte und Motive wirken immer gemeinsam auf Ihr Verhalten in der jeweiligen Situation, im jeweiligen Kontext. Wenn Sie Ihr Verhalten bewusst lenken möchten, ist es erforderlich, Ihre Leitsterne zu kennen. Wenn Sie also Ihre eigenen Motive und Werte sowie Ihr dadurch ausgelöstes, eigenes Verhalten in vielen Situationen besser verstehen, haben Sie in einem weiteren Schritt die Möglichkeit, anstelle einer reflexhaften, unbewussten Reaktion, sich für ein bewusstes Verhalten zu entscheiden. Mithilfe dieses Bewusstseins können Sie Ihre Ziele nicht nur fokussierter, sondern mit sehr viel Leichtigkeit und Klarheit erreichen. Im weiteren Verlauf des Buches werde ich noch näher auf die Bedeutung dieser Erkenntnis in konkreten Situationen Ihres Führungsalltags oder in der Team-Arbeit eingehen.

3.5   Glaubenssätze: Zuckerbrot und Peitsche!

3.5.1   Innere Antreiber

Die Verhaltensforschung kennt weitere wichtige Faktoren, die unsere Gefühle und Reaktionen intensiv beeinflussen. Es handelt sich um die „Inneren Antreiber", die eine stark imperative Wirkung haben:

> **Übersicht**
> - Sei gefällig
> - Sei stark
> - Sei perfekt
> - Beeil dich
> - Streng dich an

Welche Aussage(n) kommen Ihnen bekannt vor? Und was passiert, wenn Sie diese Imperative denken bzw. Sie innerlich Kontakt zu ihnen aufnehmen? Kommen Ihnen einige oder gar alle davon aus Ihrer eigenen kindlichen Entwicklung bekannt vor?

Unsere inneren Antreiber können auf zwei Wegen wirken: als Verbieter/Blockierer oder als Antreiber/Erlauber.

▶   Die explizite oder implizite Aufforderung „Sei perfekt!" kann Sie besonders stark antreiben, wenn es um die Verbesserung der Qualität Ihrer Arbeit geht. Sie kann Sie aber in gleichem Maße bis zur Blockade in einem Projekt bringen, weil Sie das Gefühl haben, „perfekt" schaffen Sie sowieso nicht, daher lassen Sie lieber ganz, um nicht am Ende für Ihren Nicht-Perfektionismus von anderen Menschen durch Abwertung bestraft zu werden.

Aber: es muss alles nichts mit der Realität zu tun haben. Bei den inneren Antreibern und ihre vermeintlichen Wirkungen handelt es sich um Konstruktionen unseres Gehirns, basierend auf früheren tatsächlichen oder vermeintlichen Erfahrungen im Laufe unseres Aufwachsens.

Persönliches Beispiel: Innere Antreiber

Mein ganzes Leben, bevor ich im März 2009 zum ersten Mal durch das mächtige Kloster-Tor schreite, hat mich im Umgang mit Menschen immer ein Faktor begleitet, der mir sehr lange nicht bewusst war: und das war Angst.

Auch jetzt wieder – wo ich im Kloster angekommen bin, spüre ich diese Enge. Es ist meine Ur-Angst davor, vielleicht nicht dazu zu gehören und von der Gruppe der anderen Seminarteilnehmer abgelehnt zu werden. Und ich spüre die Angst davor, nicht zu wissen, was in den nächsten Tagen auf mich zukommt, und dass ich es vielleicht nicht kontrollieren kann.

Meine persönliche Kompensations-Strategie besteht damals aus zwei Elementen: Zum einen versuche ich privat, mich und meine Emotionen oder Gedanken hinter einer möglichst glatten Fassade zu verstecken. Ich mute mich niemandem zu, und mein Verhalten ist in der Zeit vor allem eines: nett. Sei gefällig!

Der zweite Teil meiner Strategie besteht aus beruflichem Perfektionismus. Wichtig ist mir vor allem, wasserdichte Arbeit abzuliefern. PowerPoint-Folien, Projektpläne, Berichte – alles tadellos. Und lehrbuchmäßige Konzepte sind mir wichtig. Mit den Menschen in den Unternehmen, die von meinen Konzepten betroffen sind, mit ihren eigenen Bedürfnissen oder Lösungs-Ideen, beschäftige ich mich damals eher nicht. Dafür reicht meine Kraft nicht. Und ehrlich gesagt auch mein Mut nicht. Sei perfekt!

Unsere inneren Antreiber wurden uns – ähnlich wie unsere Werte – im Laufe unserer Kindheit und Erwachsen-Werdens in unserem Unterbewusstsein „eingebrannt". Meistens hörten wir diese Sätze von Eltern und Lehrern, und was im besten Fall als positiver Schubs gemeint war, kann sich als tiefe Blockade festsetzen.

Denn wer

- immer gefällig sein möchte, kümmert sich zu wenig um sich selbst,
- stets stark sein will, verleugnet seine Schwächen,
- perfekt sein möchte, hat nicht verinnerlicht, dass er gut ist wie er ist,
- sich immer beeilt, nimmt sich zu wenig Zeit,
- sich immer anstrengt, ist selten entspannt.

Und so kann man die Liste dieser Sätze noch fortsetzen, die wahlweise in die eine oder andere Richtung wirken. Vielleicht kennen Sie auch diese inneren Bremsen, die ebenso 2 Seiten haben können. Nutzen oder schaden sie Ihnen?

- Ordne Dich unter.
- Zeige keine Gefühle.
- Sei nicht erwachsen.
- Denke nicht. Mache.
- Mit dir hat man nur Scherereien.
- Du kannst es nicht.
- Du taugst nichts.
- Aus dir wird nie etwas werden.
- Mit dir muss man sich nur ärgern.
- Du bist so faul.

Mit den inneren Antreibern ist das so eine Sache. Auch hier ist es jedenfalls hilfreich, sie zu kennen und sich bewusst zu machen, welche Antreiber wie in uns wirken. Gleichzeitig ist es schwer, sie zu verändern. In unserem Leben waren sie jahrzehntelang äußerst wichtige Helferlein, um unser Leben zu ordnen, um uns in unserer Umwelt anzupassen und uns zu sozialisieren. Sie haben uns Orientierung und in gewisser Weise auch Sicherheit gegeben.

Wenn wir nun im Erwachsenen-Leben einerseits erkennen, dass sie sich überholt haben und überflüssig oder sogar schädlich geworden sind, z. B. weil wir ihnen hinterherhetzen, schlimmstenfalls bis in den Burn-out, können wir sie andererseits nicht „einfach" bewusst ausschalten oder innerlich ignorieren. Das funktioniert so leider nicht, denn die Inneren Antreiber einerseits und das Erkennen und Darüber-Reflektieren andererseits finden in unterschiedlichen Gehirn-Regionen statt. Aber – und damit beschäftigt sich dieses Buch – es gibt einen Weg über die Selbstentwicklung, in dessen Verlauf die tieferen Gehirn-Regionen, in den z. B. die Inneren Antreiber „liegen", angesprochen werden: Meditation.

Die inneren Antreiber reichen tief in die Vergangenheit und die Persönlichkeitsstrukturen eines Menschen. Der Blick zurück ist nicht immer nur leicht, selbst wenn die Kindheit eigentlich ganz schön war. Es sind die prägendsten Jahre eines Menschen, so oder so. Und auch hier gilt im ersten Schritt: Nehmen Sie alles wahr. Beobachten Sie sich. Setzen Sie sich in einem stillen Moment hin, meditieren Sie und schauen Sie hin. Vielleicht möchten Sie etwas aufschreiben, vielleicht aber auch nur den Gedanken freien Lauf lassen. Egal, wie Sie es machen, vielleicht ist hier an dieser Stelle ein guter Platz, um sich die Antreiber noch einmal anzusehen. Und für einige Minuten zur Ruhe zu kommen. Nur im Moment sein. Gelassen ein – und ausatmen. Geschehen lassen.

3.5.2   Glauben ist nicht Wissen!

Persönliches Beispiel: Glaubenssätze

Vor ein paar Jahren bin ich an einem milden Frühlings-Nachmittag auf dem Weg zu einem für mich sehr wichtigen Termin. Ich bin nervös, die Straßen sind stark befahren und trotz meiner perfekten Vorbereitung fühlte ich mich unsicher. Ich stehe an der hundertsten roten Ampel, als ich am Straßenrand zwei Schulkinder beobachtete, wie sie nebeneinander auf dem Bürgersteig gehen, vielleicht auf dem Nachhauseweg sind. Ich kann erkennen, dass die beiden sich miteinander streiten und sich dabei maulig ansehen. Ich erinnere mich plötzlich an den Satz meines Vaters, wenn es wieder mal Streit zwischen meinen Schwestern und mir gab: „Joachim, du bist doch der Vernünftigere von euch allen. Streite dich nicht mit deinen Schwestern, nimm Dich zurück." Ich bekomme bei der Erinnerung – trotz der milden Luft – eine Gänsehaut, weil ich immer noch die Erwartungshaltung spüre, die mit diesem Satz verbunden ist. Immer noch merke ich, wie sehr ich immer meinem Vater gefallen wollte, indem ich der „Vernünftige" bin. Lange Zeit hat mich dieser Satz verfolgt, von meinem Vater vielleicht nur gesagt, um mit drei Kindern endlich mal nach einem langen Tag Ruhe zu haben. Von mir gehört, als Glaubenssatz verinnerlicht, übernommen, gelebt: „Vernunft leben und das Zurückstellen der eigenen Emotionen ist etwas Gutes, um vom Vater Anerkennung zu erhalten." ◄

Solche Glaubenssätze verankern sich tief in unserem Unterbewusstsein. Das kann ganz wunderbar sein, wenn sie positiv sind. Ein „Du bist großartig!" der Mutter, kann noch Jahre später Wunder bewirken. Wir glauben als Kinder, was man uns sagt. Jedes Wort der Eltern, der Familie und später der Lehrer, wird fast ungefragt übernommen. Genau hier liegt die Herausforderung bei den Sätzen, die uns nicht guttun:

- „Du bist nichts wert",
- „Du musst erst etwas leisten, bevor du mitreden darfst",
- „Du bist ein dummes Kind",
- „Du solltest den Mund halten, solange du deine Füße unter meinem Tisch hast",
- „Du machst immer alles falsch".

Welche Sätze fallen Ihnen ein, die Sie heute noch hören, die Sie womöglich so tief in Ihrem Inneren verankert haben, dass Sie sich diese immer und immer wieder selbst sagen? Ihr Weg wird eine neue Qualität erhalten, wenn Sie diese Sätze genau wahrnehmen und sich ihrer bewusstwerden. Schreiben Sie die Sätze auf, mit denen Sie sich (heimlich) be- oder abwerten. Beobachten Sie Ihre Gedanken, was Ihnen im Laufe der Zeit immer leichter fallen wird, ich komme im nächsten Abschnitt ausführlich darauf zurück. Wenn Sie diese Sätze notiert haben, fragen Sie sich, ob Sie, jetzt und heute, als erwachsener Mensch, diesen Worten noch Glauben schenken wollen. Es ist Ihre freie Entscheidung, dies zu tun. Machen Sie den Realitäts-Check. Prüfen Sie mit wachem Blick, anhand ganz konkreter Situationen des Alltags, ob diese Sätze wirklich (noch) stimmen, oder ob Sie nicht doch reichlich Beispiele dafür finden, dass sie mit der Realität objektiv nichts (mehr) zu tun haben.

Niemand von außen zwingt Sie, diese Sätze aufrecht und wach zu erhalten, niemand zwingt Sie, diese Sätze zu sagen, zu denken oder zu glauben. So einleuchtend sich das auch auf den ersten Blick liest, so anstrengend kann es vielleicht sein, diese Sätze nicht mehr zu denken. Seien Sie also nachgiebig und tolerant mit sich selbst. Für den Anfang reicht es vollkommen aus, wenn Sie die negativen Glaubenssätze erkennen. Bewerten Sie sie nicht, verurteilen Sie niemanden, nehmen Sie sie einfach nur wahr. Es sind nicht Ihre Gedanken, es sind Sätze und Aussagen, die andere Menschen in Ihnen eingepflanzt haben. Die Saat ging auf und wurde stark. Sie werden diese mittlerweile großen Pflanzen nicht von heute auf morgen ausreißen können, aber Sie werden mit der Zeit immer besser darin werden, sich selbst auf die Schliche zu kommen und um nicht mehr geht es am Anfang: erkennen, was ist.

3.5.3   Das Gefängnis erkennen und verlassen

Woher kommen unsere negativen Glaubenssätze und Blockaden? Lassen Sie uns einen Blick auf die Erklärungen werfen. Das Verständnis sorgt bei vielen Menschen für wahre Erleichterung, wenn sie verstehen, dass das Vorhandensein solcher Glaubenssätze „völlig normal" ist. Es ist normal, dass wir nicht nur gut von uns denken, es ist normal, dass wir Blockaden haben. Und auch hier wird im Laufe unseres Lebens nicht entscheidend sein, ob wir all dies in uns tragen, sondern wie wir damit umgehen. Sie als Führungskraft haben somit die große Chance, zunächst sich, dann die Art ihrer Führung und schließlich das gesamte Unternehmen nach und nach zu verändern.

Glaubenssätze entstehen, nahezu egal, ob wir eine glückliche Kindheit hatten oder nicht. Es ist ein großer Trugschluss zu glauben, dass nur Erwachsene mit einer unglücklichen Kindheit belastende Glaubenssätze mit sich tragen, dem ist ganz und gar nicht so. Glaubenssätze sind Resultate einer Zeit, in der wir unseren Eltern und Bezugspersonen anvertraut und letztlich auch ausgeliefert waren. Wir hätten ohne sie keine Überlebenschance gehabt. Wir wurden in ein System hineingeboren und haben uns angepasst, auf welche Art und Weise auch immer. Und die in diesem Kontext entstandenen Glaubenssätze verankern sich im Körper, Denken, Handeln und Fühlen.

Grundsätzlich gibt es drei Grundüberzeugungen in Form von Glaubenssätzen, denen wir folgen: Gedanken über uns selbst, andere Menschen und das Leben – und alle werden in der Kindheit manifestiert.

> **Glaubenssätze über uns selbst**
> Ihre Eltern, die Familie, Lehrer und weitere Personen gaben Ihnen ein Gefühl davon, wer Sie sind.
>
> 1. Ihr Aussehen, ganz allgemein: Süß, hässlich, niedlich, markant, der ewige Sonnenschein. Aussagen wie diese prägen Sie.
> 2. Körperliche Besonderheiten: Das kann zum Beispiel Ihr Körper sein, der wahlweise klein oder lang ist – und somit immer wieder für Kommentare sorgte. Vielleicht hatten Sie auch Sommersprossen, trugen eine Brille oder waren schlaksiger oder pummeliger als andere Kinder.
> 3. Ihr Handeln, Intelligenz und Anpassungsfähigkeit: Legastheniker, Mathegenie, Streber, faule Socke.

Allen Bewertungen, Aussagen und Erfahrungen konnten Sie nicht aus dem Weg gehen. Sie waren Ihnen ausgeliefert, konnten nicht ausweichen, sondern entwickelten eine Strategie, mit ihnen umzugehen. Vielleicht eine von dieser kleinen Liste:

1. Angriff: Rebellion, verbale Konfrontationen, körperliche Auseinandersetzungen.
2. Rückzug: Ausweichen, sich zurücknehmen, nicht auffallen, funktionieren, Traumwelten erschaffen.
3. Kompensation: Sie nutzen Aussagen und Eigenschaften über sich zu Ihrem Vorteil. Aus dem Sonnenschein der Eltern wird der angepasste Mensch, der es allen recht macht, aus dem „Zwerg" wird oft der Pausenclown der Klasse.

Welche kommt Ihnen persönlich bekannt vor? Es gibt in der Tat zusammengefasst nur diese drei Hauptfelder des Umgangs mit unseren Erfahrungen. Alles andere sind abgeleitete „Unter-Strategien" von einer dieser drei Optionen. Und egal, für welche Sie sich entschieden haben: Die erlernte Strategie wird Ihr Verhalten und Ihre Kommunikation bis heute stark prägen.

Glaubenssätze über andere Menschen

… sind die zweite Grundüberzeugung, die Sie in Ihrer Kindheit lernen. Nicht nur Ihre Herkunftsfamilie, sondern auch Freunde, Lehrer, das gesamte soziale Umfeld sorgt für Ihre Prägung. Wenn Sie lernen, dass Menschen hilfsbereit sind, dass man ihnen vertrauen kann, dann werden Sie diesen Glauben mit in Ihr weiteres Leben nehmen. Aber auch die Annahme, dass Menschen nicht vertrauenswürdig seien, dass Ihnen nicht geholfen werde, dass Sie allein auf der Welt seien, dass Sie es nicht wert seien, hier zu sein, dass Sie es nicht verdienen, glücklich zu sein, dass Sie nicht gewollt seien.

Nun mag man mit einem erwachsenen Denken meinen, dass man das doch „ausbügeln" könne. Aber das schafft man als Kind nicht. Man kann sich nicht in die Ecke setzen und sagen: „O. K., das sind meine Eltern, mein Umfeld, aber ich weiß, dass es Millionen von Menschen gibt, die anders sind."

Glaubenssätze über die Welt

Sie erfahren als Kind, ob die Welt ein sicherer Ort ist. In einem behüteten Umfeld wird Ihnen dies leichtfallen. Wachsen Sie jedoch unter schwierigen Bedingungen auf, dann werden Sie zu dem Glauben kommen, dass die Welt unsicher sei. Es gibt nur die eine Realität, die wir als Kind erleben. Wir können uns nicht vorstellen, dass es eine andere Welt gibt, wissen nichts vom Wechseln der Perspektive oder Möglichkeiten, einen anderen Ort aufzusuchen.

Und so sind wir schon bei der selbsterfüllenden Prophezeiung, die Sie auf die eine oder andere Art sicher kennen: Sie glauben, ein Mathegenie zu sein und das Resultat ist, dass Sie Mathematik lieben. Sie glauben, dass Sie es nicht wert sind, geliebt zu werden, haben daher Hemmungen auf andere Menschen zuzugehen, wirken aggressiv oder verschüchtert – und machen es durch Ihr Verhalten damit anderen Menschen schwer, Sie zu sehen und zu erkennen, geschweige denn zu lieben.

Umgang mit Glaubenssätzen

Das pure Erkennen der Glaubenssätze, möglichst ohne Bewertung, ist ein enormer Schritt in der Selbstentwicklung. Sie werden so immer mehr Beobachter Ihrer selbst sein und können zunehmend verstehen, wann Sie durch welches Verhalten angetriggert wurden und werden. Es wird Ihnen glasklar erscheinen, wieso andere Menschen auf Sie in gewisser Art reagieren, weshalb Sie immer – noch – an denselben Themen scheitern. Wichtig ist, dass Sie verstehen, dass es normal ist, dass Sie hinderliche Glaubenssätze haben und nicht Sie ein schwieriger Mensch seien. Glaubenssätze sind keine Wahrheiten, sondern Entscheidungen, die Sie aus unterschiedlichen Gründen getroffen haben. Sie sind Ihr persönliches Fazit aus Erlebnissen und Erfahrungen, das nicht in Stein gemeißelt ist und sich daher auch verändern kann, wenn nicht sogar muss, damit Sie sich, Ihre Selbstführung und langfristig Ihr Unternehmen verändern können.

Übung
Ein konkreter Weg, um einen hilfreichen Weg mit den eigenen Glaubenssätzen zu beginnen, ist die Meditation. Wie in Kap. 2: beschrieben, haben Sie die Möglichkeit, in der Stille sich selbst in diesem Moment „leer" zu machen, alles loszulassen, was Sie jetzt gerade in diesem Moment im Außen beschäftigt und von der Beschäftigung mit sich selbst abhält. Und nach einer Weile, wenn Sie nicht mehr unruhig an das Meeting gestern oder an die ToDo-Liste von heute denken, stellen Sie sich möglichst konkret und plastisch typische Beispiele aus Ihrem Unternehmer- oder Führungs-Leben vor, die Sie als unangenehm oder störend empfinden. Spüren Sie – immer noch in Stille sitzend –, ob und wo sich Überzeugungen oder Glaubenssätze zeigen, die Sie in diesen Momenten behindert haben könnten. Seien Sie ehrlich mit sich selbst, niemand anderes erfährt von dem, was Sie gerade innerlich zulassen.

Wenn Ihnen etwas aufgefallen ist, nehmen Sie einfach nur wahr, welcher Glaubenssatz es ist. Versuchen Sie nicht, ihn zu bewerten, innerlich zu diskutieren oder gar vor sich selbst zu rechtfertigen. Bleiben Sie fokussiert, nur wahrnehmen – vielleicht mit einem inneren, wohlwollenden „Ach, das ist ja interessant!". Schauen Sie gelassen hin. Betrachten Sie die Stelle in Ihrem Körper, die sich beim inneren Vorstellen des Glaubenssatzes regt. Tun Sie nichts. Nur hinsehen und wahrnehmen. In aller Ruhe. Lassen Sie nun das „Bild" der vorgestellten Situation fallen oder lassen Sie es nach und nach verblassen oder immer kleiner werdend in den Hintergrund treten. Probieren Sie aus, welche der drei Varianten bei Ihnen am besten funktioniert. Das Ziel ist in diesem Moment nur, dass Sie das Bild der Situation, an dem der Glaubenssatz „hängt" und das in Ihrem Körper ausgelöste Gefühl voneinander trennen. Falls es Ihnen gelungen sein sollte, das Bild fallen oder verschwinden zu lassen, betrachten Sie nur noch in aller Ruhe die identifizierte Körperstelle und das Gefühl dort. Lassen Sie es dort sein, versuchen Sie nicht, es „abzustellen" oder zu verdrängen, betrachten Sie es gelassen und akzeptierend, es ist ein Teil von Ihnen und gehört zu Ihnen. Aber es braucht sich nicht mehr in den Vordergrund zu drängen, um Aufmerksamkeit zu erlangen. Denn nun hat es Ihre volle wertschätzende Aufmerksamkeit. Manchmal recht schnell, manchmal nach mehreren Übungseinheiten im Laufe einiger Tage, kann es sein, dass sich das Gefühl auflöst oder sich nicht mehr abrufen lässt – und dass dadurch auch der zugehörige Glaubenssatz seine Bedeutung verliert.

Wenn Sie diese Übung regelmäßig wiederholen, werden Ihnen Ihre Glaubenssätze mehr und mehr bewusst. Dieses Bewusstsein bereichert Ihr Wissen über sich selbst enorm. Das bedeutet noch nicht zwangsläufig, dass Sie in der nächsten Situation sofort anders handeln. Aber je mehr Sie durch das Sitzen in Stille über sich erfahren, je bewusster Ihnen Ursachen und Zusammenhänge werden, desto größer ist die Wahrscheinlichkeit, dass Sie in der Art von Situationen, die Sie als Beispiele herangezogen haben, Ihre Handlungsmöglichkeiten dadurch ändern, dass Sie nicht mehr impulsiv und unbewusst handeln. Stattdessen haben Sie die Möglichkeit, andere Entscheidungen zu treffen, neue oder abweichende Verhaltensweisen auszuprobieren und ihre Wirkung auf Ihr eigenes Empfinden sowie auf andere durch das Testen einem Wirklichkeits-Check zu unterziehen. Die Ergebnisse sind oft erstaunlich und überraschend.

3.6   Transaktionsanalyse: Sprich nicht mit mir, als wäre ich 6 Jahre alt!

Persönliches Beispiel: Unfreiwilliges Kindheits-Ich

Vor etwa 15 Jahren als Führungskraft eines Teams von acht Personen habe ich einen Vorgesetzten, mit dem kein Dialog verging, ohne dass ich mir im Anschluss vorkomme, wie der kleine Joachim, der vom Vater ausgeschimpft oder gelobt wird.

Wenn ich sein Büro verlasse, fühle ich mich jedes Mal schlecht. Entweder, weil ich mich ärgere, dass er meinen Vorschlag oder meine Leistung nicht anerkennt, oder weil er mich von oben herab für etwas gelobt hat, indem er mich verbal getätschelt hat. Im Falle von Kritik spüre ich oft so etwas wie „der kann mich mal." Ich bin im Trotz und Widerstand. Selbst nach Lob fühlt es sich irgendwie „nicht richtig" an. Ich kann die Gründe dafür in dem Moment gar nicht beschreiben, ich merke nur, dass der Kontakt mit ihm für mich immer unangenehm ist und ich versuche, ihn zu vermeiden.

Mich ärgert damals sehr, dass ich mich regelmäßig ungewollt wie ein kleines Kind fühle. Das kostet mich Energie und ich spüre, wie ich dadurch oft ineffektiv bin. Ich fürchte seine Reaktionen und verwende großen Aufwand dafür, mich so zu verhalten, dass ich keine abfällige Kritik oder süß-saures Lob ernte, statt die Energie in gute und erfüllende Arbeit zu stecken.

Erst Jahre später verstehe ich, wieso das so war. ◄

Kennen Sie so etwas oder solche Menschen und Situationen in Ihrer Umgebung auch? Diese Gefühle und Reaktionen können von einem Modell, das ich persönlich sehr eingängig empfinde, gut erklärt werden: durch die Transaktionsanalyse.

Die Transaktionsanalyse (TA) wurde Mitte des 20. Jahrhunderts von dem US-amerikanischen Psychiater Eric Berne (1961) begründet und bringt es einfach und klar auf den Punkt, was vielen Menschen im Berufs- und Privatleben tagtäglich auffällt: ein sehr altes Rollenmodell, in dem wir angetriggert werden, in dem wir uns wie üblich verhalten und reagieren, um dann, ebenso wie üblich, beleidigt zu sein, zu rebellieren oder die Flucht zu ergreifen.

Und als sei das nicht genug, gibt es ebenso Konstellationen, in denen wir all dies bei anderen Menschen auslösen. Überlegen Sie, wie oft Sie von Ihren nahestehenden Menschen, z. B. Mitarbeitern, zu hören bekommen, oder es vielleicht auch nur spüren, Sie würden sich gerade wie ein kleines Kind fühlen. Und noch einen Schritt weiter: Überlegen Sie, welche Auswirkungen dieses Modell und die Sichtweise auf Ihre Kommunikation mit Ihren eigenen Kindern haben könnte – besonders spannend, wenn sie in der Pubertät sind!

Die Transaktionsanalyse, auch TA abgekürzt, beschreibt verschiedene ICH-Zustände, in denen wir uns während der Kommunikation mit anderen regelmäßig und wechselnd befinden. Die ICH-Zustände befinden sich imaginär auf drei unterschiedlichen Ebenen: Dem „Eltern-ICH", dem „Erwachsenen-Ich" und dem „Kindheits-ICH" (Berne 1961).

Auf der ersten und der dritten Ebene können wir innerlich unterschiedliche Zustände einnehmen. So kann unser Zustand nach diesem Modell auf der Eltern-ICH-Ebene entweder „fürsorglich" oder „kritisch" sein, auf der Kindheits-ICH-Ebene entweder „angepasst", „frei" oder „rebellisch". Eine Übersicht sehen Sie in der Abb. 3.3.

Das Modell geht davon aus, dass wir im Laufe unserer Kindheit und Jugend, mehr oder weniger unbewusst, die Kommunikation unserer Eltern oder anderer Bezugspersonen übernehmen. Wir beobachten täglich, wie sich unsere Bezugspersonen verhalten und gehen selbstverständlich davon aus, dass die Welt der Erwachsenen genau so funktioniert, wie wir sie wahrnehmen – und nicht anders sein kann. Wie sollten wir das als Kind auch überprüfen können?

Je nach Situation in unserem heutigen Leben übernehmen wir demnach unbewusst die offensichtliche Haltung und Art der Kommunikation unserer Eltern oder Bezugspersonen, wenn wir unsererseits mit anderen kommunizieren. Sie werden auf der Ebene des „Eltern-ICH" in der Regel entweder kritische oder fürsorgliche Eltern sein. Wie Kinder diese Ebenen früh lernen und verinnerlichen, können Sie wunderbar beobachten, wenn Kinder mit Puppen oder Figuren spielen. Da wird geschimpft, gelobt, umsorgt, getadelt und fürsorglich geschützt, was das Zeug hält. Spannenderweise findet das oft in einem Tonfall statt, der der eigenen Mutter oder dem Vater auffallend ähnelt.

**Die Ich-Zustände während der
Kommunikation lt. Transaktionsanalyse (TA)**

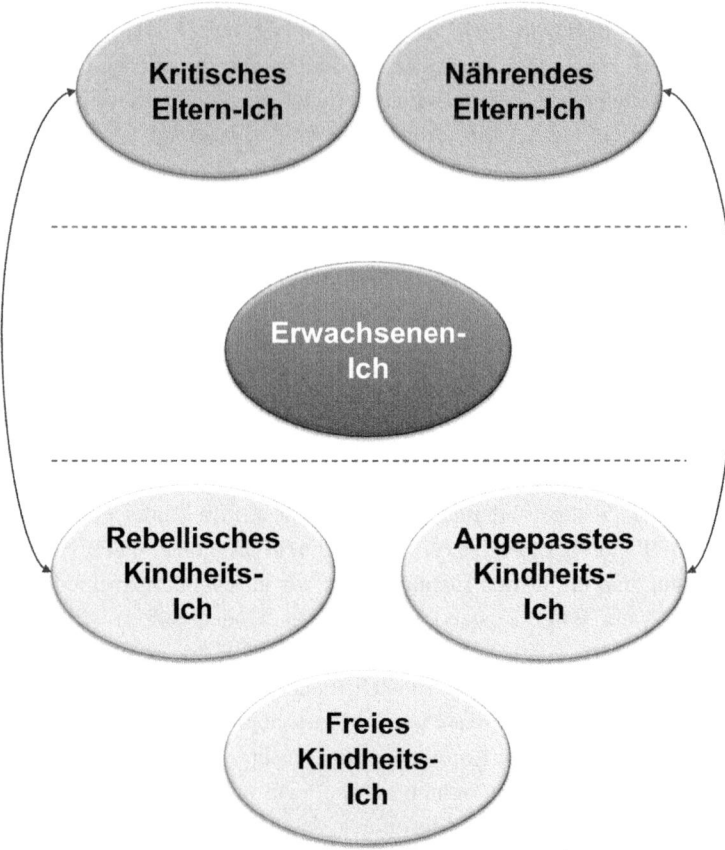

Abb. 3.3 Ich-Zustände während der Kommunikation lt. TA

Übersicht

Kritisches Eltern-Ich: Die kritische Eltern-Ich-Kommunikation lässt sich zum Beispiel erkennen an Aussagen wie „Du musst…", „Du sollst…", „Du darfst nicht…", „Man hat drauf zu achten, dass…" oder „Es geht nicht, dass Du…".

  Nährendes Eltern-Ich: Aus der fürsorglichen Perspektive sagen Eltern so etwas wie „Du darfst ruhig…", „Du hast es verdient…", „Ich belohne Dich…", „Es ist gut für Dich, wenn Du…", „Es ist für Dich wichtig, dass…" oder „Achte darauf, dass Du…".

> Wenn wir früher so etwas gehört haben, haben wir uns automatisch in einer Situation des Kindheits-Ich wiedergefunden – und das tun wir heute noch. Wenn wir Sätze wie die oben genannten Beispiele hören, wechseln wir in das uns von früher bekannte und vertraute angepasste, freie oder rebellische Kindheits-Ich.
>
> Die Kindheits-Ich-Haltungen erkennen wir z. B. an folgenden Sätzen:
>
> *Angepasstes Kindheits-Ich:* „Ich traue mich nicht, …", „Wie soll ich nur…", „Das ist für mich viel zu…", „Am Ende wird bestimmt wieder…" oder „Die anderen denken dann bestimmt über mich…"
>
> *Rebellisches Kindheits-Ich:* „Ich lasse mir auf keinen Fall gefallen…", „Ich denke nicht im Traum daran…", „Ich habe keinen Bock darauf…", „Das werden wir ja sehen…" oder auch „Ich muss mich auf jeden Fall dagegen wehren…".

Die Transaktionsanalyse analysiert und beschreibt kurzgefasst, welche Reaktionen eine „Transaktion", also eine Kommunikation zwischen Menschen, automatisiert auslöst. Demnach wechseln wir unbewusst und sofort in den gegenteiligen ICH-Zustand, von dem, den unser Gegenüber – ebenfalls unbewusst – eingenommen hat. Wenn uns unser Gegenüber kritisch oder lobend (fürsorglich) aus der Ebene des Eltern-Ichs begegnet, finden wir uns in unerwünschter Weise und reflexhaft sofort im Kindheits-Ich wieder. Wenn wir umgekehrt unseren Gesprächspartner als rebellisch oder angepasst empfinden, können wir aus uralter Gewohnheit heraus kaum anders, als aus dem Eltern-Ich heraus zu agieren und zu kritisieren oder zu helfen bzw. zu loben. Diese Wirkungen und Verhaltensweisen werden ausgelöst, unabhängig davon, ob wir gerade in einer privaten Situation sind, oder im Zusammenspiel mit Mitarbeitenden oder im Team.

Dieser Wechsel zwischen den Ebenen geschieht unwillkürlich und unbewusst – und löst in aller Regel Gefühle und Verhaltensweisen aus, die nicht konstruktiv oder lösungsorientiert sind. An den oben genannten Satz-Beispielen erkennen wir schnell, dass diese Haltungen nicht in einer gemeinsamen, emotional für alle angenehmen Lösung münden, sondern eher zu Verwicklung, Stagnation oder Kampf führen.

Die Transaktionsanalyse weist nach, dass die Kommunikation aus einer der beiden Ebenen Eltern-Ich oder Kindheits-Ich heraus nicht hilfreich ist, um eine optimale und konstruktive Kommunikation sicherzustellen. Stattdessen werden Gefühle und Reaktionen erzeugt, wie ich sie – wie eingangs im Beispiel beschrieben – auch als Erwachsener im Beruf selbst erfahren habe. Aus vielen Jahren Führungskräfte- und Unternehmer-Coaching weiß ich, dass ich damit „in bester Gesellschaft" bin. Wir kennen das alle.

Was ist der mögliche Ausweg? Verhindern können wir das nur, wenn wir uns als entwickelte Persönlichkeit bewusst an der Erwachsenen-ICH-Ebene orientieren können. Diese mittlere Ebene in dem Modell, das Erwachsenen–Ich, kommuniziert reflektiert, ist sich über die unterschiedlichen Positionen bewusst ist und kommuniziert autonom. Insbesondere agieren wir auf der Ebene des Erwachsenen-Ichs in einer Haltung, die uns und unsere Gegenüber als völlig gleichwertig betrachtet, unabhängig von einer möglichen formalen Hierarchie-Ebene. Das gilt auch, wenn wir in Kommunikation mit einem Mitarbeiter oder einem Team-Mitglied sind, egal in welcher Funktion. Es gibt kein „oben" oder „unten", es gibt keinen von beiden, der für den anderen sorgen oder ihn tadeln müsste. Stattdessen bedeutet dies, dass sich jeder der eigenen Emotionen und des eigenen damit zusammenhängenden Verhaltens bewusst ist. Die Haltung des Erwachsenen-Ich erkennen wir z. B. an Äußerungen wie „Es ist sinnvoll, wenn Du…", „Realistisch betrachtet, ist es…", „Mein Eindruck ist…", „Hinsichtlich der Machbarkeit ist aus meiner Sicht zu sagen…", „Erfahrungen haben gezeigt…", „Voraussetzung für die Entscheidung ist…"oder „Sehr wahrscheinlich wird die Folge sein…"

▶   **Tipp** Um auf die Ebene des Erwachsenen–Ichs zu gelangen, ist es wichtig, sich im ersten Schritt bewusst zu werden, welche Rolle von mir und meinem Gegenüber in einer konkreten Situation ursprünglich eingenommen wird. Wir haben dann die Möglichkeit, dieses bewusst zu verändern, indem wir unsere innere Haltung bewusst verändern – und wenn dies auf Dauer gewünscht ist, besonders in eingefahrenen und schwierigen Dialogen die Rolle gar nicht mehr einnehmen. Hierfür ist Selbst-Bewusst-Sein außerordentlich hilfreich. Sie erinnern sich an Kap. 2.

Wie können Sie diese Transformation schaffen? Sie wird sich nahezu von selbst einstellen, wenn Sie zum Beispiel in schwierigen Dialogen, die sich mehr oder weniger regelmäßig zwischen Ihnen und einer anderen Person abspielen, sich selbst für 2 s aus dem Spiel nehmen und: atmen. Nehmen Sie nur zwei oder drei tiefe Atemzüge, das reicht vollkommen aus, um sich selbst kurz zu beobachten und zu erkennen: Aha, hier läuft immer und immer wieder ein Muster ab, das ich so nicht mehr will. Was wird gerade angetriggert, wie verhalte ich mich, wie möchte ich wirklich sprechen, was ist mir wichtig?

Das sind ziemlich viele Fragen für wenige Sekunden, aber auch so entsteht nach und nach Bewusstsein. Insbesondere, wenn Sie durch regelmäßige Meditation trainiert haben, sich selbst und Ihre Gefühle wahrzunehmen, werden Sie bemerken, dass sich Ihre Aufmerksamkeit neu orientiert: von dem „bösen" Gegenüber, das Sie gerade zwingt, sich auf die eine oder andere Art zu verhalten, hin zu dem Menschen, der jetzt stattdessen Ihre gesamte Energie und Aufmerksamkeit verdient: Sie selbst. Sie können das Kommunikationsspiel jetzt verändern. Sie selbst haben es in der Hand, sich bewusst zu steuern, zu entscheiden, aus welcher Haltung Sie jetzt sprechen wollen, wie Sie jetzt fühlen möchten, was Sie jetzt wirklich ansprechen möchten.

Das Bewusstseins-Training aus dem Zen-Weg hilft und unterstützt dabei ganz automatisch. Erinnern Sie sich: Es gibt nichts zu erreichen, das Sein reicht vollkommen aus.

3.7   Loslassen – woran halte ich mich dann aber fest?

Wenn das gewohnte Spiel unterbrochen wird, dann verändert sich das System. Jedes. Ihr eigenes, das in der Familie, in Beziehungen, mit ihrem Team, in Ihrem Unternehmen. Es ist wichtig, diesen Satz in seiner vollen Bedeutung zu verstehen und ihn wirklich in das eigene Leben zu integrieren, wenn Sie bewusste Selbststeuerung beginnen bzw. praktizieren möchten. Jede Trennung, jeder Neuanfang, nahezu jede Veränderung verändert das gewohnte Muster.

Wenn Sie aus erlernten Verhaltens- und Dialogmustern aussteigen, weil Sie auf Ihrem persönlichen Weg erkannt haben, dass es Zeit ist, anders über sich zu denken, Leitplanken neu zu stellen oder einfach eine andere Richtung einschlagen zu wollen, dann werden Sie damit nicht nur auf Befürworter treffen.

Veränderung kann Angst machen, weil wir scheinbar gewohntes, vertrautes Terrain verlassen. Es kann uns das Gefühl vermitteln, dass wir ganz am Anfang eines unsicheren Weges stehen, wobei genau das Gegenteil der Fall ist. Sie sind an einem Punkt in Ihrer persönlichen Entwicklung angelangt, an dem Sie wissen, dass Sie keine Schuld mehr delegieren können, dass Sie allein verantwortlich sind. Und das kann gleichermaßen anstrengend wie möglicherweise traurig oder herausfordernd sein.

Weiter oben im Kapitel hatte ich Ihnen das Wort Entwicklung schon einmal in dieser Schreibweise angeboten: „Ent-Wicklung". Tatsächlich wirkt „Ent-Wicklung" manchmal wie eine Häutung, wie ein Herausschlüpfen aus alten Mustern und das kann unter Umständen vorübergehend anstrengend sein. Und es kann auch die Verabschiedung von alten, jahrzehntelang gewohnten Mustern sein, in denen wir uns wohlig eingerichtet haben, die nun aber wie ein zu klein gewordener Anzug kneifen und scheuern. Veränderung kann auch das Loslassen von alten Gewohnheiten oder einem Geländer bedeuten, dass uns einerseits Halt, andererseits aber auch Begrenzung gegeben hat. Wenn wir das Geländer plötzlich loslassen, kann es Angst auslösen, dass wir fallen – oder es kann auch das beflügelnde Gefühl von Freiheit auslösen.

Warum ich dies hier so betone? Weil ich es für elementar wichtig halte, anzuerkennen, dass Veränderung nicht per se leicht ist. Nur weil man eine gute Absicht verfolgt, sich um sich selbst kümmert, die Verantwortung für sein Leben übernimmt, bedeutet das nicht, dass ein Mensch dafür kurzfristig belohnt wird. Und gleichzeitig bedeutet das nicht im Umkehrschluss, dass man eine falsche Entscheidung getroffen hätte. Ich möchte Ihnen gerne den gelben Textmarker für diesen Absatz reichen, damit Sie diesen Punkt wirklich nicht vergessen. Im Laufe meiner Coachings mit Unternehmern und Führungskräften habe ich immer wieder bemerkt, dass in der indifferenten, lähmenden Angst vor Veränderung eine der größten Hürden für Menschen steht. Um dieser Angst beikommen zu können, damit sie nicht mehr „indifferent" erscheinen muss, lohn es sich, die inneren Hindernisse konkreter anzusehen:

Risiken bei einer Veränderung – mögliche Verlustarten

Sich zu entwickeln heißt, wie oben beschrieben, Schalen abzuwerfen und sich auf den eigenen Kern, das eigene Wesen zu besinnen. Ihr System kennt die gewohnte Umgangsform der letzten Jahrzehnte, weiß um die eigenen Abwehrmechanismen, um das eigene Konfliktverhalten. Sie wissen, wie Sie wann handeln wollen und scheinbar müssen, was Sie lieber verbergen, und was Sie schützen möchten. Sie kennen Ihre Ängste und Befürchtungen, aber Sie wissen auch, dass Sie als Mensch und als Führungskraft weitere Schritte gehen möchten. Dass das auch Angst machen kann, verunsichernd wirkt, gar beängstigend, ist normal.

Falls Sie es schaffen, sich Ihrer Veränderungs-Ängste oder -Vorbehalte bewusst zu werden, und sie benennen können, sehen Sie es als positives Zeichen. Das ist ein enorm wichtiger Schritt. Nehmen Sie diese wahr, bewerten oder verurteilen Sie sie nicht und lassen Sie sich von Ihrem Ego nicht einreden, dass das Quatsch sei, was Sie gerade tun. Vielleicht kann es Sie unterstützen, wenn Sie sich anhand der Abb. 3.4. klarmachen, welchen Ängsten Sie sich womöglich stellen werden, wenn Sie Ihre Veränderung in Angriff nehmen. Und vielleicht werden Sie dabei feststellen, dass Sie möglicherweise mit wichtigen Werten in inneren Konflikt geraten. Veränderung kann auch bedeuten, dass wir Dinge oder Gewohnheiten abwerfen müssen, die uns bisher wichtig waren, weil sie uns Sicherheit gegeben haben. Wir haben dann manchmal das Gefühl, etwas zu verlieren und einen Verlust zu erleiden. Typischerweise indem wir bei Veränderung mit eigenen Werten ins Gehege kommen, und das Gefühl haben, sie aufgeben oder verlieren zu müssen. Das kann eine starke, haltende, Veränderung verhindernde Wirkung haben.

Dass Sie sich dieses scheinbare Dilemma überhaupt bewusstmachen und sich mit den möglichen Folgen einer Veränderung auseinandersetzen, stellt bereits einen wichtigen Schritt in Ihrer Entwicklung und Ihrer Fähigkeit zur Selbstführung dar. Dass Sie dabei auf dem besten Wege sind, Ihre Führungsfähigkeit auch anderen Menschen gegenüber erheblich zu stärken, lesen Sie in Kapitel vier.

Übung

Lesen Sie die Kurz-Beschreibungen der möglichen Verlustarten sehr aufmerksam durch, atmen Sie ruhig und tief in Ihren Körper und fühlen Sie dabei in sich hinein, wo bei Ihnen ein Gefühl „anspringt", oder wo Sie einen Impuls spüren. An genau der Stelle wird es sich lohnen, die anstehende Veränderung und vor allem das, was Sie dafür bekommen oder erreichen, mit dem vermeintlichen Nachteil abzuwägen. Das ist allerdings kein Prozess, den Sie über Vernunft oder logisches Denken lösen können. Vielmehr ist es elementar, dass Sie hier Ihrer Intuition folgen.

Auf der linken Seite jedes Tabellen-Kästchens sehen Sie die Verlust-Art, vor der wir im Vorwege einer persönlichen Veränderung ggf. Angst haben könnten, der zweite Begriff, rechts, nennt den Wert, der in uns durch die Veränderung verletzt werden könnte.

AUTONOMIE-Verlust	FREIHEIT
Befürchtung, dass mit einer Veränderung der Verlust der Entscheidungsautonomie einhergeht. „Andere entscheiden über mich hinweg." Der eigene Wert FREIHEIT steht im Konflikt mit dem Geschehen.	

KONTROLL-Verlust	MACHT
Befürchtung, dass sich mit einer Veränderung die Abhängigkeiten anderer zu einem selbst zu eigenen Ungunsten verschieben. Eine Kontrolle ist ohne „Macht" nicht möglich, da Konsequenzen fehlen. Der eigene Wert MACHT ist gefährdet.	

SELBSTWIRKSAMKEITS-Verlust	ERFOLG
Befürchtung, dass das eigene Können (die Qualifikation/ die Kompetenz) zukünftig nicht mehr ausreicht, um den Anforderungen gerecht zu werden. Der eigene Wert ERFOLG ist gefährdet.	

BEZIEHUNGS-Verlust	KONTAKT
Befürchtung, durch eine Veränderung die emotionale Nähe eines vertrauten Personenkreises zu verlieren. Der eigene Wert KONTAKT ist gefährdet.	

KOMFORT-Verlust	BESTÄNDIGKEIT
Befürchtung, dass der eigene Komfort, kurz das, was das Leben bequem macht, gefährdet ist. Z. B. Bürogröße, Anfahrtsweg zur Arbeit, u. v. m. Der eigene Wert BESTÄNDIGKEIT ist gefährdet.	

GESICHTS-Verlust	GLAUBWÜRDIGKEIT
Befürchtung, dass die eigene Glaubwürdigkeit, d. h. das, wofür man steht, mit der eingetretenen Veränderung in Frage gestellt wird. Der eigene Wert GLAUBWÜRDIGKEIT kann nicht gelebt werden.	

SINN-Verlust	SINNHAFTIGKEIT
Befürchtung, dass mit einer Veränderung eine Entfremdung oder Sinnlosigkeit des eigenen Tuns einhergeht. Der eigene Wert SINNHAFTIGKEIT ist gefährdet.	

STATUS-Verlust	KARRIERE
Befürchtung, dass mit einer Veränderung eine Unterbrechung oder Verschiebung der geplanten Karriere einhergeht und der eigene Status im „Bezugssystem" leidet. Der eigene Wert STATUS/ KARRIERE/ ÖFFENTLICHE ACHTUNG ist gefährdet.	

INFORMATIONS-Verlust	WISSEN
Befürchtung, dass mit einer Veränderung ein Verlust an Informationen einhergeht. Informationen können dabei entweder Mittel zum Zweck oder Ausdruck einer emotionalen Vorliebe sein. Der eigene Wert WISSEN ist gefährdet.	

ANERKENNUNGS-Verlust	AKZEPTANZ
Befürchtung, dass mit einer Veränderung die positiven Rückmeldungen und die Akzeptanz von Vorgesetzten, Kollegen oder Mitarbeitenden ausbleibt. Der eigene Wert AKZEPTANZ ist gefährdet.	

UNTERSTÜTZUNGS-Verlust	MITEINANDER
Befürchtung, dass mit einer Veränderung eine Form der Unterstützung durch andere oder das Gefühl von Zugehörigkeit verloren geht. Der eigene Wert MITEINANDER ist gefährdet.	

FREUDE-Verlust	EINKLANG/ FLOW
Befürchtung, dass mit einer Veränderung die Freude an der eigenen Arbeit ausbleibt. Es fehlt das sogenannte FLOW-Erleben – der Einklang mit sich und der Aufgabe. Der eigene Wert EINKLANG/ FLOW ist gefährdet.	

Abb. 3.4 Arten des Verlustes und ihre Werte. (mit freundlicher Genehmigung durch © Axel Janßen, Hamburg, 2015–2019)

Aus dem 2. Kapitel wissen Sie, welchen Weg Sie beispielsweise zur Verfügung haben, mit Hilfe von Meditation die Reise zu sich selbst anzutreten. Auch an dieser Stelle, der Reflexion möglicher Nachteile oder „Kosten" einer persönlichen Veränderung, ist es wertvoll, selbst wahrzunehmen, was Sie mit Blick auf eine mögliche Veränderung spüren oder denken. Falls Sie sich gerade eben die Zeit genommen haben sollten, sich bewusst mit den möglichen Veränderungs-Folgen zu befassen, sind Sie wieder einen wichtigen Schritt gegangen. Lassen Sie die neue Wahrnehmung zunächst im Raum stehen und wirken. Wenn Sie diese Wahrnehmung in späteren Momenten der Meditation oder Stille weiter akzeptieren, achtsam „ansehen" und als gegeben annehmen, werden sich in Ihrem Geiste nach und nach automatisch hilfreiche Antworten entwickeln, welches Gewicht Sie diesen Bedenken und Befürchtungen beimessen möchten und wie Sie damit umgehen werden.

▶ **Praxis-Tipp** Ein pragmatischer, möglicher Umgang kann beispielsweise sein, dass Sie die potenzielle Veränderung in einem kleineren, „ungefährlichen" Kontext einmal ausprobieren und die mögliche Veränderungs-Folge einem Reality-Check unterziehen. Tritt die Befürchtung oder der Veränderungs-Verlust wirklich ein? Oder können Sie erkennen, dass die ausgemalte Folge vor allem eine Konstruktion Ihres Gehirns war, sie aber entweder gar nicht eintritt oder die Folge im Vergleich zu Ihrem Veränderungs-Gewinn nicht so schwer wiegt, wie vermutet?

Diese spekulative Frage, die Sie vor dem Start einer Veränderung unterstützen kann, können Sie sich immer selbst stellen: „Was ist das Schlimmste, was passiert, wenn ich die Veränderung wirklich durchführe?" Oder einen Schritt weiter: „Was ist das Schlimmste, was passiert, wenn die Folgen der Veränderung wirklich eintreten würden?"

Nicht immer lösen die Antworten auf die Fragen die Befürchtungen auf, aber oft sind sie auch ermutigend und motivierend. Sie haben es in der Hand, mit den Folgen der Veränderung umzugehen, ohne von anderen oder von den Umständen abhängig zu sein. Sie müssen mit Ihrem Veränderungsschritt auf nichts Äußeres warten, sondern können ihn kraft eigener Willensregung und Entscheidung setzen.

Zusammenfassung des Kapitels
Sie kennen nun Ihre Werte und Motive und Glaubenssätze, Sie haben sich mit möglichen Nachteilen einer Veränderung auseinandergesetzt. Sie wissen jetzt vielleicht, wovon Sie weg möchten.

Dies ist die Stelle, an der es konkret wird, an der Sie arbeiten können in den nächsten Tagen und Wochen. Gönnen Sie sich immer wieder bewusst Momente der Stille. Legen Sie ein Notizbuch griffbereit, schreiben Sie ungefiltert auf, was Sie bewegt. Ihre Antworten auf die Fragen können Ihnen in Zukunft wichtige Hinweise geben. Manchmal sind diese Momente des Erkennens und der Ideen auch Momente, in denen Sie nicht unbedingt damit rechnen, z. B. unter der Dusche oder beim Autofahren. Dann notieren Sie es sich bei nächster Gelegenheit, wenn Sie wieder trocken sind oder rechts angehalten haben.

Dies ist nichts, was von jetzt auf gleich bearbeitet werden kann, geschweige denn muss. Dieses Bild, Ihre persönliche Mission, steht vermutlich auf noch nicht sehr stabilen Beinen und wird vielleicht durch die eine oder andere Begebenheit noch einmal geprüft werden. Lassen Sie sich davon nicht erschüttern, sehen Sie es als Prozess, als Weg, nicht als etwas, das gleich in Stein gemeißelt ist. In 5 Jahren denken Sie vielleicht wieder ein bisschen anders, aber die Grundlage, auf der Sie aufbauen können und sollten, die ist Ihnen sicher.

Sie müssen nichts Besonderes tun, außer achtsam zu sein, sich mit einigen Punkten in Ruhe auseinanderzusetzen, mit sich und der Umwelt abzugleichen, zu hinterfragen und diesen Weg mit größtmöglicher Freude zu gehen. Schritt für Schritt, manchmal auch einen zurück. Denn: Umwege erhöhen die Ortskenntnis.

Selbstreflexion – Fragen und Übungen

Fragen zum Start der Veränderung, hin zu einer guten Selbstführung:

1. Was sind Ihre Werte? Unterstützend können Sie sich fragen: Was ist mir wichtig/ wertvoll, wofür stehe ich ein?
2. Was sind Ihre Motive? Was treibt Sie an? Nach welchem inneren Gefühl oder Zustand streben Sie?
3. Wann leben Sie bereits nach Ihren Werten und Motiven? Woran oder in welchen Situationen haben Sie am meisten Freude?
4. Notieren Sie sich Ihre 3 hinderlichsten Glaubenssätze. Seien Sie achtsam mit sich. Nehmen Sie zur Kenntnis und wenn möglich, bewerten und verurteilen nicht.
5. Was möchten Sie stattdessen denken? Was würden Sie Ihrem besten Freund raten?
6. Was blockiert Sie? Was fällt Ihnen alles spontan ein, von dem Sie glauben, dass es eine Blockade ist? Was können Sie konkret tun, um diese Blockade aufzuheben, haben Sie spontane Ideen?
7. Welche Befürchtungen halten Sie von einer Veränderung ab – und würden diese Befürchtungen überhaupt einem Reality-Check standhalten?
8. Was können Sie besonders gut, in welchen Situationen haben Sie sich bewiesen? Auf welche positiven Erfahrungen können Sie zurückgreifen?
9. Von welchen Einsichten oder Erkenntnisse profitieren Sie sonst noch? Wer kann Ihnen unterstützend zur Seite stehen?

Wann und wodurch geht es mir wirklich gut? Fragen zu Weg und Ziel:
Sie wissen vielleicht schon, wovon Sie weg möchten und wann und wie Sie starten werden. Aber wissen Sie auch, wohin Sie stattdessen möchten? Kennen Sie Ihr

Ziel? Ohne ein klares, motivierendes Ziel vor Augen entsteht keine Bewegung. Die sogenannte Weg-Von-Energie führt in der Regel zu Unzufriedenheit, Stress und Frust. Aber echte Veränderung, also die Bewegung hin zu etwas anderem, Attraktiverem, entsteht erst, wenn die Hin-Zu-Energie auch eine konkrete Richtung erhalten hat. Vielleicht können in diesem Zusammenhang folgende Fragen unterstützend sein:

1. Woran werde ich merken, dass ich auf meinem Weg bin?
2. Wann bin ich „erfolgreich" und wirklich glücklich?
3. Was bedeutet das konkret für mich? Wie definiere ich Erfolg?
4. Wann und bei welchen Ereignissen in der Vergangenheit fühlte ich mich besonders stolz, erfolgreich oder glücklich?
5. Welchen Beitrag habe ich persönlich in diesen Momenten geleistet und wer außer mir hatte sonst noch etwas davon?
6. Was konnte ich mir, oder was konnten andere sich in diesen Momenten erlauben zu sein oder zu fühlen – und was erkenne ich daraus beim Blick nach vorn für meine eigene Veränderung und Zukunft?
7. Wer bin ich als Mensch, mit all den alten und neu zu entdeckenden Facetten, wie möchte ich wirken?
8. Was möchte ich bewirken, was ist meine persönliche Mission?
9. Was möchten Sie, dass Menschen über Sie sagen, wenn Sie nicht im Raum sind? Was möchten Sie hinterlassen, wofür stehen Sie jeden Tag auf?

Fangen Sie an! Dieses Buch zu lesen, das reicht nicht. Ihre Reise beginnt JETZT. Lassen Sie sich Zeit, aber kommen Sie ins Tun. Vielleicht schreiben Sie täglich einige Sätze in ein Veränderungs-Tagebuch. Sie werden sehen: selbst, wenn es anfangs ungewohnt ist, werden Sie es als Routine nach einiger Zeit sicher nicht mehr missen wollen. Besonders aber sehen Sie Ihre Fortschritte auf Ihrem Weg und werden bemerken, wenn Sie Sätze und Aussagen immer wieder wiederholen. Sie sind wertvolle Wegweiser, die Ihnen zeigen, was wichtig ist oder was demnächst gehen darf.

Literatur

Berne, E. (1961). *Transactional Analysis in Psychotherapie*. Auckland, New Zealand: Pickle Partners Publishing.
Lapenat, S. „motivation analytics UG (haftungsbeschränkt)". Freiburg i. Br. https://www.motivation-analytics.com. Zugegriffen: 26. Mai 2020, 17.31 Uhr.
Janßen, A. „CorporateWork". Hamburg. https://www.systemische-coachausbildung.de. Zugegriffen: 25. Mai 2020, 14.22 Uhr.

Phase 3: Führung gegenüber anderen

4

Am Ende dieses Kapitels werden Sie verstanden haben, inwiefern die im vorherigen Kapitel beschriebene Fähigkeit zur Selbstführung für Ihre Führung gegenüber anderen Menschen besonders wichtig und hilfreich ist, und welche Wirkungen und Vorteile dies für Sie hat: als Unternehmer, als Führungskraft, als Teamplayer, ganz besonders aber als führender und inspirierender Mensch.

Dieses Kapitel wird Sie zunächst einladen, darüber zu reflektieren, was Führung ist, worauf sie sich bezieht, was sie bewirken soll, und wie Sie selbst führen möchten. Sie werden außerdem die tiefen Voraussetzungen für wirksame Führung im Kontakt mit anderen Menschen kennen. Es sind nicht die aus typischen Führungsseminaren hinlänglich bekannten „Führungsstile" oder „Techniken".

Nach dem Lesen dieses Kapitels können Sie zuversichtlich sein und das Bewusstsein haben, über neue Grundlagen Ihres Handelns zu verfügen. Sie werden die Basis für Ihre eigene Klarheit, Kraft, Mut und Selbstwirksamkeit in ihrem geschäftlichen Führungsalltag erkennen.

Der Draht zwischen den Erfahrungen und Einsichten aus der Zen-Meditation mit der Selbst-Wahrnehmung einerseits, und Ihren wesentlichen Führungs- und Management-Fähigkeiten andererseits, ist sehr kurz. Woran liegt das?

4.1   Ich führe. Will ich das wirklich?

Vielleicht werden Sie sich wundern, warum ich diese Frage stelle, vielleicht aber auch nicht. Führung macht Freude, bringt Erfolg, ist sinnvoll. Und: Führung ist anstrengend, ist manchmal zeitraubend, aufwendig, lästig, einschränkend.

© Der/die Herausgeber bzw. der/die Autor(en), exklusiv lizenziert durch Springer-Verlag GmbH, DE, ein Teil von Springer Nature 2020
J. Nickelsen, *Mit Mut, Freude und Gelassenheit führen*,
https://doi.org/10.1007/978-3-662-62074-8_4

Übung

Was bedeutet Führung für Sie?

Nehmen Sie diese Frage bewusst mit in die nächste Meditation oder auf den nächsten Spaziergang. Glauben Sie nicht Ihren ersten Gedanken, denn dort sitzt so viel, das Ihnen eingetrichtert wurde, das unter Umständen nichts mit Ihnen zu tun hat. Erlauben Sie sich, offen zu sein für das, was Ihrem Innersten, Ihrem jetzigen Ich entspricht.

Was auch immer Führung für Sie bedeutet: es ist Ihre Wirklichkeit, es ist Ihre Wahrheit und entsprechend werden Sie führen – oder tun es bereits. Vielleicht finden Sie es anstrengend, haben keine oder wenig Erfahrung und Ängste. Oder Sie haben schlechte Erfahrungen gemacht, z. B. indem Sie das Gefühl hatten „meine Mitarbeiter folgen mir nicht mehr" – und sind jetzt verunsichert, weil Sie glauben, Sie könnten nicht gut oder motivierend führen.

Auf dieser Basis können Sie nicht führen, würden vermutlich viele Menschen sagen. Man würde Ihnen gut zureden, dieses Training oder jene Ausbildung zu absolvieren – beides schadet selten, doch ich möchte mit Ihnen aufgrund unseres gemeinsamen Weges in diesem Buch einen Schritt tiefer gehen:

Erlauben Sie sich, Ängste oder Verunsicherung zu spüren. Auch mangelnde Erfahrung dürfen Sie haben. Seien Sie sich im ersten Schritt dessen einfach nur bewusst. Unser Gehirn möchte an dieser Stelle Bewertungen von sich geben, über uns urteilen, uns in Schach halten und uns zwingen, uns zu kontrollieren. Lassen Sie Ihren Kopf nur machen, Sie wissen, dass Sie ihm nicht alles glauben sollten. Probieren Sie im ersten Schritt einfach nur, sich bewusst zu sein, was Sie unter Führung verstehen.

Wie geht es Ihnen mit diesem Thema? Was keimt auf, woran erinnern Sie sich, was geht spontan in Ihnen vor? Nur bewusst wahrnehmen. Nicht bewerten. Nur atmen. So leicht, so schwierig, so vielfältig.

Das Resultat oder die Erkenntnisse nehmen Sie mit auf Ihre Reise. Wenn Sie mögen, notieren Sie sich Ihre Gedanken, denn sie können noch wertvoll für Sie sein. Sie haben so den Vorteil, dass Sie erkennen, welche Schritte Sie gerade gehen, welche Sie noch machen möchten. Sie sehen, dass Sie gerade auf dem Weg sind – und wenn er die Wurzeln in Ihrem Wesenskern hat, dann ist der Weg automatisch richtig. Mit allen hilfreichen und weniger hilfreichen Seiten. Es ist Ihr eigener, individueller Weg.

Ich wünsche Ihnen weiterhin eine gute Reise und möchte Sie mit Leitplanken bekanntmachen, die Sie unterstützen können. Die Ihnen Halt und Sicherheit geben – ja, auch dem Gehirn. Leitplanken, die aber auch schützen: vor eigenen Erwartungen, vor zu viel Euphorie, vor zu viel Tun. Leitplanken, die Ihnen Schutz geben. Ihnen ganz persönlich, und den Menschen, die Sie führen. Denn Sie als Führungskraft führen immer. Ob Sie wollen oder nicht. Selbst wenn Sie sich entscheiden, es nicht zu tun.

Sie haben in diesem Buch bereits viel über Selbstführung gelesen. Was sie bedeutet, wie Sie mit ihr umgehen, wie sie Ihnen nutzt. Nun setzen wir also den nächsten Hebel an, und genau hier wird es wieder einmal sehr spannend. Die einzelnen Kapitel lesen Sie vielleicht nacheinander, doch es gibt keine wirklich lineare Entwicklung. Diese findet zwar von innen nach außen statt, doch sobald Sie stark im Außen sind, werden Sie bemerken, dass Sie wieder nach Innen gehen sollten. Wenn Sie sich später mit der Teamführung beschäftigen, werden Sie bemerken, dass Sie noch einmal neue Fragen ins Spielfeld gelegt bekommen. Ich wiederhole mich, weil das Verständnis für diesen Punkt ungemein wichtig ist: Dieser Weg ist normal! Immer wieder werden Sie dazu gebracht, sich mit sich selbst zu beschäftigen. Sie sind der Kern, Sie sind die Veränderung, Sie sind der Impuls. Und dies gilt später ebenso für alle Teammitglieder, für alle Projektpartner und Abteilungen, für Ihre gesamte Organisation. Deshalb ist es wichtig, dass nicht nur Sie sich selbst entwickeln, sondern das gesamte Team, die Abteilung und zwangsläufig auch Ihre Organisation, Ihr Unternehmen. Unerheblich ist dafür, ob dieses nun aus fünf oder 500 Mitarbeitenden besteht.

4.2 Gute Führung, schlechte Führung: Wissen umsetzen Erfahrungen machen

Veränderung von innen nach außen bedeutet, dass Sie zunächst bei sich selbst beginnen und sich darüber klar sind, was Sie selbst unter Führung verstehen. Erfahrungsgemäß haben viele Führungskräfte noch nie systematisch darüber nachgedacht, weil sie im Laufe Ihres Berufslebens „einfach" befördert wurden, oder weil sie als Unternehmer inhaltlich ein bestimmtes Ziel erreichen wollen. Die Führung von Mitarbeitenden kommt als Faktor oft später hinzu, was dazu führen kann, dass manche Führungskräfte nach dem Prinzip Versuch und Irrtum in ihre Führungskarriere stolpern, halb andere Führungskräfte nachahmend, halb sich selbst ausprobierend.

> **Reflexions-Übung zu Führung**
> Vielleicht haben Sie gerade die Möglichkeit, sich einen Moment Ruhe zu gönnen, um sich mit den folgenden Fragen auseinanderzusetzen?
>
> Dieses sind die Fragen, die ich Ihnen anbiete, die Sie alle oder selektiv beantworten können:
>
> - Wie wollen Sie führen?
> - Wie möchten Sie, dass Mitarbeitende über Sie reden?
> - Was möchten Sie bewirken?
> - Wo sind Ihre Grenzen?
> - Was bedeutet Verantwortung?
> - Wo liegen Ihre Stärken und in diesem Zusammenhang, und wo wollen Sie noch lernen?

Falls es Ihnen dabei gelingen sollte, nicht zu sehr aus dem Intellekt oder aus der Vernunft heraus nachzudenken, sondern mehr ins Visualisieren und Fühlen zu kommen, wäre es außerordentlich hilfreich. Dafür setzen Sie sich jetzt bitte gerade und bequem auf Ihrem Stuhl auf, stellen die Füße entspannt und bequem nebeneinander auf den Boden, schließen – wenn Sie mögen – die Augen und beginnen, ruhig und tief zu atmen. Oder Sie begeben sich zu Ihrem Meditationsplatz und kommen in einen von Ihnen zuvor schon geübten Zustand von Stille.

Vielleicht haben Sie Lust, dabei die Methode des „Journaling" anzuwenden? Dafür legen Sie direkt neben sich einen Schreibblock und einen Stift, lesen die nächste Frage – z. B. zu Beginn gleich die erste – und begeben sich dann in die Stille. Bitte probieren Sie dabei nicht mit aller Macht, über die Antwort nachzudenken, sondern versuchen Sie, während der ruhigen Atmung nur mit der Frage zu „sein", lassen Sie sie sozusagen im Raum stehen, bleiben aber mit ihr im Kontakt. Stellen Sie einen Timer auf z. B. fünf oder acht Minuten. Sobald Ihre Stille-Zeit abgelaufen ist und sich der Timer mit einem Klingeln oder einem Gong meldet, beginnen Sie sofort – und ohne weiteres Nachdenken – mit dem Schreiben Ihrer Antwort. Lassen Sie die Antwort möglichst aus Ihrer Hand auf das Blatt fließen. Dabei kann es vorkommen, dass Sie ähnliche Aspekte oder Teil-Antworten mehrfach in leicht abgewandelter Form oder teilweise sogar in scheinbar gegensätzlicher Form auf Ihrem Blatt wiederfinden. Das gehört zu dieser Übung dazu – und die Ableitung oder Erkenntnisse bilden Sie erst am Ende des kleinen Prozesses.

Wie sehr ist das Fremdbild, das Sie über sich wahrnehmen – oder glauben, wahrzunehmen – vom Ihrem Selbstbild entfernt? Viele Fragen, die Antworten sind zahlreich. Viel mehr noch: Es gibt nicht die eine, scheinbar objektiv richtige Antwort, sondern nur Ihre eigene. Denn nur so können Sie authentisch Ihren persönlichen Weg gehen, Ihr Team und Ihre Organisation entwickeln.

Ich weiß, dass allein die vorangegangen sieben Fragen in ihrer Tiefe selten leicht zu beantworten sind, doch wenn Sie sich mit Ihnen wirklich beschäftigen, werden Sie in Ihrer persönlichen Entwicklung noch einen Schritt vorwärtsgehen.

Im Jahr 2020 ist das Führungsbild ein anderes als noch vor 30 Jahren: weg von der transaktionalen Führung, hin zum Netzwerk und zu selbststeuernden Teams. Ob dies immer sinnvoll ist, und welche Fallen es gibt, dazu komme ich später ausführlich. Simple Theorie liest sich leicht, an der Umsetzung hapert es manchmal. In diesem Zusammenhang dauert es oft nicht sehr lange, bis wir bei einem elementaren Punkt für Führungskräfte sind: den eigenen Ängsten.

Angst vor Verlust, vor Versagen, vor Veränderung. Irgendeine Angst schlummert in den meisten Menschen, nicht selten auch mehrere. Wichtig ist, dass Sie das erkennen. Ihre persönliche Angst. Versuchen Sie sie nicht zu verdrängen, nicht zu bewerten, nicht zu verurteilen. Zunächst sollen Sie nur erkennen. Auch hierbei wird Ihnen die Meditation nutzen. In den stillen Momenten ist es zwar außen still, aber innen rumort es oft heftig – und Sie haben die Möglichkeit, dies zu hören. Wahrzunehmen. Und – mit einiger Übung – anzunehmen, ohne Bewertung: Es ist wie es ist.

Wenn Sie sich regelmäßig in die Stille begeben und sich selbst wahrnehmen, sind Sie auf Ihrem Weg, entwickeln sich, lösen sich vielleicht aus Verstrickungen und lassen so ein neues Bild entstehen. Von sich, Ihrem Leben, Ihrem Unternehmen. Ihre Führung verändert sich ganz automatisch. Und trifft nun auf Ihr Team. Und schon stehen die nächsten Herausforderungen vor der Tür. Ihre engsten Mitarbeitenden konnten sich in den vergangenen Jahren ein Bild von Ihnen machen. Sie wissen, was von Ihnen erwartet wird, welchen Handlungsspielraum Sie haben, wissen um Entscheidungen, Abläufe und Routinen. Und ja, Ihr engster Kreis weiß selbstverständlich auch Ihre Emotionen zu lesen und nimmt sie wahr. Nun verändern Sie sich, erschaffen eine neue Realität, gehen neue Wege und: verunsichern unter Umständen damit Ihre Mitarbeitenden. Sie ändern Ihre Art zu kommunizieren, verändern Ihr Verhalten, schaffen neue Spielregeln. Es ist normal, dass jetzt Verunsicherung eintritt. Es ist normal, dass Ihr engstes Team nun manchmal ratlos ist. Es ist normal, dass sich die Menschen in Ihrer Umgebung jetzt neu orientieren müssen.

Zurück zur Ihnen selbst und Ihrer Führung bedeutet das konkret: Die Art, wie Sie zukünftig und ab jetzt führen möchten, muss nicht zwangsläufig überall auf Gegenliebe stoßen. Das Gegenteil wird bei dem einen oder der anderen Mitarbeitenden vielleicht auch der Fall sein.

Dies wird zu unterschiedlichen Wirkungen bei Ihren Mitarbeitenden führen:

Übersicht
1. Die angenehme Seite: Einen Teil Ihrer Mitarbeitenden werden Sie direkt im Boot haben. Sie werden begeistert sein, direkt mitziehen, können verstehen, was Sie bewegt. Diese Mitarbeitenden nehmen Ihre Impulse auf, gehen mit Ihnen in Resonanz, das Feuerwerk startet.
2. Die – auf den ersten Blick – schwierige Alternative: Ein Teil Ihres Teams fällt in eine Art Schockstarre, bekommt Angst, findet alles „sehr merkwürdig", verliert die Orientierung, muss Anstrengungen unternehmen, um mithalten zu können, aber: sie gehen Ihren Weg mit.
3. Die – ebenfalls nur auf den ersten Blick – schlechteste Alternative: Einige Mitarbeitende werden Ihre neue Art zu führen, nicht akzeptieren und das Unternehmen verlassen.

Sowohl Wirkung 2 als auch 3 sind nur auf den ersten Blick problematisch und erzeugen nur kurzfristig Schmerzen, denn langfristig – und auf nichts anderes ist Ihre Entwicklung ausgelegt – führt es zu einer natürlichen Anpassung oder Trennung. Die Spreu wird vom Weizen getrennt, und wenn Sie selbst auf Ihrem Entwicklungsweg sind, dann wissen Sie, dass das Ziel nur durch Veränderung zu erreichen ist, in deren Natur es liegt, dass Sie sich von Menschen und Dingen trennen.

Sie haben also auf der einen Seite Ihre veränderte Führung, auf der anderen Ihre Mitarbeitenden, die sich neu ausrichten sollen und müssen. Umso wichtiger ist, dass sich das gesamte Führungsteam auf den Entwicklungsweg begibt, damit neue Verhaltensweisen und Visionen synchronisiert, verstanden und gemeinsam entwickelt werden können.

Führung im Jahr 2020, mit der neuen Generation Y, ist ein Unterfangen, das auf einigen wackeligen Säulen steht. Nichts ist in Stein gemeißelt, nichts ist wirklich mehrfach erprobt, nichts ist bereits wirklich bewiesen. Dem Trugschluss, dass ein hipper Kicker-Tisch und der frische Obstkorb ausreichen, um junge und motivierte Menschen ins Unternehmen zu locken, erliegen Sie sicher nicht. Aber was genau erwartet die nächste Generation von Ihnen? Es ist die Sinnhaftigkeit der Arbeit und der Führung durch ihre Vorgesetzten, die diese Generation, die vielleicht als Erste, hinterfragt: Was ist der Sinn meiner Arbeit, was kann ich dazu beitragen, was nutzt es mir? Der Lohn am Ende des Monats ist nicht mehr das alleinige Ziel, Obst und Kicker sind längst überbewertet. Was heißt das also für Ihre Führung? Was erwarten die Mitarbeitenden von Ihnen, wann fühlen sie sich gut geführt?

Wie Sie gemeinsam mit Ihrem Team und sogar Ihrem gesamten Unternehmen Ihren Sinn finden und entwickeln, lesen Sie im Abschn. 6.3.

4.3   Neue Ansprüche, andere Führung

Die klassische Form der Führung, im Sinne von Top-down, wird auch weiterhin in Teilbereichen notwendig sein, auf einzelne Aspekte in dem Zusammenhang gehe ich in Kap. 6 ein. Kurz zusammengefasst: Ein Unternehmen hat nach wie vor ein wirtschaftliches Interesse und Sie streben nicht an, aus einem Beton-Betrieb eine Apfelplantage werden zu lassen, nur weil Mitarbeitende das vielleicht ganz nett fänden.

Auch – oder eben besonders diese – selbstorganisierten Teams benötigen meiner Erfahrung nach eine gewisse Führung, auch dazu später mehr.

Doch grundsätzlich wird sich die Führung verändern und ändert sich bereits. Während es in vergangen Zeiten schon mit simplen Feedbackregeln und einem Gespräch pro Jahr getan war, stellt die nächste Generation ganz andere Erwartungen an ein Unternehmen und eine Führungskraft:

▶   **Wichtig** Führen heißt demnach befähigen und ist verbunden mit Respekt, Menschlichkeit und Miteinander.

Und das sind nicht nur als Floskeln, sondern im Rahmen von wirksamer, motivierender Führung sind das gelebte Werte.

Spätestens die neue Generation erwartet Handlungsspielräume, Freiheiten und Sinnhaftigkeit. Und im Übrigen nicht nur „die neue Generation", sondern durch einen fortschreitenden Wertewandel in der Gesellschaft auch ein großer Teil von Mitarbeitenden im mittleren Alter. Diese Mitarbeitenden wollen durch werteorientierte und sinnstiftende Motivation geführt werden, wünschen sich zeitnahes Feedback, sind teamorientiert und sehen in der Führungskraft eher den fördernden Partner als einen Ersatz-Vater, der strenge Anweisungen gibt. Wenn wir allein nur diese Tatsachen zugrunde legen, ist auf einen Blick klar und ersichtlich, dass Führung sich verändern muss, dass Organisationen und Unternehmen einen neuen Weg einschlagen müssen und dass die Zeit längst reif ist, neue Wege zu gehen. Die Verunsicherung der Unternehmer und Führungskräfte liegt also in Hinblick auf das weitere Bestehen der Organisationen auf der Hand.

Nach zwei Generationen, für die zunächst Krieg, Unsicherheit und Armut eine übergeordnete Rolle spielte, für die später eiserne Disziplin und Fleiß unentbehrlich waren, und am Ende für den wirtschaftlichen Erfolg standen, kommt nun die nächste Generation: gut behütet, meistens in relativem Wohlstand aufgewachsen und mit einem hohen Bildungsgrad.

Weitere Merkmale dieser Generation sind zum Beispiel:

- Das Suchen von Sinn im Leben und in der Arbeit,
- starker Drang zu Gleichberechtigung und Gerechtigkeit,
- weg von materiellen, hin zu immateriellen Werten,
- persönliche Freiheit und Selbstbestimmung werden großgeschrieben,
- Ablehnung von starren Hierarchien,
- hin zu starker Teamorientierung und Vernetzung,
- Selbstverständnis von ausgeglichenen Lebensbereichen zwischen „Arbeit" und „Freizeit",
- geringe Opferbereitschaft für den Beruf,
- Streben nach Familie und dazu unabdingbar berufliche Flexibilität.

Falls das nicht oder nur teilweise Ihre eigenen Werte und Bestrebungen sind, kann das bei Ihnen eventuell Unsicherheit auslösen. Sie sehen auch jetzt wieder, wie wichtig es ist, dass Sie selbst als Unternehmer oder Führungskraft in dieser Zeit der Veränderung für Ihre persönliche innere Sicherheit sorgen sollten. Vielleicht ist es sogar so, dass Sie jetzt, in diesem Kapitel, die Zusammenhänge wirklich zunehmend verstehen, sie nicht mehr nur Theorie sind, sondern ganz praktisch gelebter Alltag. Die Veränderung der Führung ist unabdingbar. Und die Führung Ihrer Mitarbeitenden steht und fällt mit Ihrer eigenen Selbstführung.

Nur für den Fall, dass Sie glauben, die aktuelle Generation sei aber sehr anspruchsvoll und dass das vielleicht doch alles ein bisschen anders sei: Jeder Generationenwechsel bringt Veränderung mit sich. Es ist nicht neu, nur anders. Denn vermutlich werden auch Sie schon nicht mehr so führen, wie es die Generation vor Ihnen tat. Es wäre also ein Trugschluss, dass dies eine neue Komponente sei. Lediglich das Tempo ist ein anderes, denn in Zeiten von Social-Media, Vernetzung und „open source"-Projekten, ist die Schnelligkeit für die nächste Generation völlig normal. Mehr noch: sie ist damit aufgewachsen und hat damit vermutlich sehr viel weniger Probleme als vielleicht Sie und ich. Hinzu kommt, dass die nächste Generation sehr wenig Angst hat. Das System wird hinterfragt, es werden neue Anforderung gestellt. Und wenn Sie heute schon Probleme haben, Fachkräfte zu finden, dann haben Sie vermutlich einen Verdacht, wie das in 5 Jahren aussehen könnte. Bereits in diesem Jahr 2020 werden etwa 50 % aller Stellen von der Generation Y besetzt.

Übung

Und falls Sie jetzt ein kleiner Schauer durchlief, weil Sie bemerkt haben, dass Ihnen all diese Gedanken Angst einflößen, sie unter Druck setzen oder Sie den Eindruck haben, dass diese Hürde nur schwer zu nehmen ist: Legen Sie das Buch einfach für einen Augenblick zur Seite. Stellen Sie sich an das geöffnete Fenster, atmen Sie bewusst. Einige Minuten nur, und erleben Sie, was all diese Gedanken mit Ihnen machen. Denn zu Ihrer persönlichen Entwicklung gehört, dass Sie diese Momente bewusst wahrnehmen und sich stellen. Im Gegensatz zu einer älteren Generation verdrängen und vertuschen Sie jetzt nicht, sondern gestatten sich, die Emotion und Gefühle einfach im ersten Schritt nur wahrzunehmen. Ohne Bewertung, nur wahrnehmen. Nicht mehr, aber auch nicht weniger.

4.4 Bewusstsein als erfolgskritischer Faktor für die Führung

4.4.1 Entwicklung von Bewusstsein

Durch Zen und Meditation entwickeln wir ein Bewusstsein dafür, dass Gedankenkonstruktionen (z. B. Bewertungen oder Interpretationen) nicht mehr die Oberhand haben und Verstrickungen (z. B. Ängste oder die eigene Motivation in einer Negativ-Spirale) keinen fruchtbaren Boden mehr vorfinden. Zen bringt oft sehr rasch einen Geist hervor, der wach und präsent ist. Und mit ihm öffnet sich zunehmend die Fähigkeit vollkommener Konzentration. Sie erwecken in sich die Fähigkeit, nicht zu zögern, nicht zu zweifeln, nicht zu konstruieren, sondern hellwach Ihr Leben zu führen und anstehende Aufgaben entsprechend zu managen.

Zen gibt Ihnen als Mensch die Möglichkeit, ihre selbst aufgebauten Mauern einfallen zu lassen und zu leben, was bereits in Ihnen steckt und was Ihnen wichtig und wertvoll ist. Zen-Praktizierende lernen sich selbst besser kennen, sehen sich und ihre Welt zunehmend mit klareren Augen und dem Wissen um ihre Verantwortung. Nicht nur gegenüber sich selbst, sondern auch gegenüber Mitmenschen, dem Team und dem Unternehmen.

Durch das auf diese Weise gestärkte Bewusstsein wird Ihnen die Lösung von Konflikt- oder Stresssituationen im Unternehmen erleichtert. Zen wird einen Geist in Ihnen hervorbringen, der wach und präsent ist. Mit ihm die Fähigkeit zum vollkommenen Bewusstsein in Bezug auf das eigene Leben und das, was jetzt, in diesem Moment, um Sie herum gerade ansteht. Das können Bedürfnisse Ihrer Mitarbeitenden sein, das kann das Erkennen sein, in diesem Moment eine Entscheidung „aus dem Bauch heraus" fällen zu dürfen, oder das Spüren eines unterschwelligen Konflikts zwischen Mitarbeitenden und Ihnen.

4.4.2   Echter Kontakt: Das tiefe Geheimnis menschlicher Führung

Dadurch, dass Sie das Atmen vertiefen und trainieren, Geist und Körper in Verbindung miteinander bringen, tritt nach und nach ein weiterer erstaunlicher Effekt ein. Je mehr die Welt durch die Stille des Geistes wahr wird, desto mehr gelangen Sie zu Ihrer eigenen Mitte und erkennen, wer oder was Sie sind. Sie erkennen z. B., dass Sie zwar Emotionen haben, aber nicht diese Emotionen sind. Und Ihnen wird zutiefst bewusst, dass das Gleiche für Ihre Kollegen und Ihre Mitarbeitenden gilt. Sie entwickeln echten, offenen Kontakt zu sich selbst. Und dadurch öffnet sich – wie durch ein Tor zu einem unbekannten Land – auch Ihr echter, offener Kontakt zu anderen Menschen.

Sie lernen vielleicht zum ersten Mal in Ihrem Leben kennen, was wirklich wichtig für Sie ist, was als Folge in einer Konfliktsituation Ihnen Schmerz oder Angst bereitet, wo Sie „angetriggert" werden. Und Sie erkennen, dass nicht Ihr Gegenüber Ihnen diesen Schmerz zufügt, sondern welche Wunde in Ihnen noch nicht geheilt ist. Sie spüren zunehmend, was Ihnen Freude bereitet, was Sie motiviert, wofür Sie zutiefst dankbar sind und was Sie sich im Kontakt mit anderen – und somit auch in der Führung von anderen – wünschen, was Sie erfüllt und zufrieden macht. Und vielen Führungskräften, die diese Erfahrung machen, wird bewusst, dass das in der Regel keine materiellen Dinge sind.

> **Übersicht**
> Der direkte, bewusste, achtsame Kontakt mit sich selbst hat für Sie mindestens zwei positive Effekte in Ihrer Führung:
>
> - **Hilfreiche, angemessene Kommunikation**
>   In einem Gespräch oder einem aufkommenden Konflikt mit einem Mitarbeitenden fällt es Ihnen leichter, nicht durch die aufkommenden Emotionen in ein Reaktions-Muster zu verfallen, das unbewusst und reaktiv dadurch möglicherweise nicht hilfreich ist. Sie können vermeiden, unangenehme Gefühle in unpassende, abwertende oder gar unfaire Kommunikation umzuwandeln, und damit den Konflikt zu verschärfen. Stattdessen ist es Ihnen ein eigenes Bedürfnis, in Gesprächen das Miteinander und konstruktive Lösungen zu finden – und interessanterweise haben Sie durch Ihr verändertes Verhalten intuitiv nun auch die Möglichkeiten dazu.

- **Offener, echter Kontakt**
  Dadurch, dass Sie Ihre eigenen Trigger nicht auf Ihren Mitarbeitenden projizieren, und sich somit nicht „im Außen" verlieren, halten Sie den ehrlichen Kontakt zu sich und somit auch zu Ihren Mitarbeitenden. In diesem Kontakt können Sie neugierig und offen wahrnehmen, was Ihr Gegenüber denkt, fühlt, braucht. Weil Sie diese Wahrnehmung ergänzend zu Ihren eigenen Emotionen zur Verfügung haben, können Sie eine Lösung oder Entscheidung entwickeln, die Ihren Mitarbeitenden einbezieht, statt ihn oder sie vor den Kopf zu stoßen. Sie behalten Ihre Führungsfähigkeit bei.

Zum besseren Verständnis zerlege ich die Aspekte des offenen, echten Kontakts zu sich selbst und zu anderen in drei Komponenten, die sowohl Folge als auch Ursache für diesen Kontakt sind, siehe Abb. 4.1. Diese Bestandteile gehören zum tiefen Geheimnis starker, berührender und somit begeisternder Führung gegenüber anderen Menschen:

Lassen Sie uns die drei Komponenten zum tieferen Verständnis näher betrachten:

4.4.2.1 Mitgefühl und Empathie öffnen

Dadurch, dass Sie Zen-Meditation üben, lernen Sie, was wirklich ist. Und Sie lernen Ihr Denken und Fühlen klar voneinander zu unterscheiden. Dadurch können Sie mit zunehmender Gelassenheit auf Ihre Gedanken und Gefühle schauen. Sie erkennen, dass Sie Gefühlen fühlen können, es aber nicht müssen. Durch diesen betrachtenden

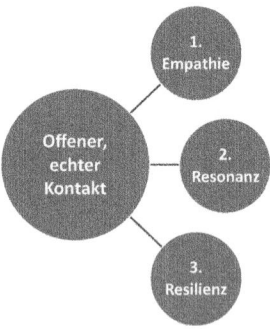

Abb. 4.1 Komponenten für offenen, echten Kontakt in der Führung

Abstand – auch Dissoziation genannt – gelingt es Ihnen zunehmend, mit Gelassenheit auf Ihre Ängste oder Schmerz zu sehen.

Mit zunehmender Gelassenheit und Mitgefühl gegenüber sich selbst, lernen Sie unbewusst und zunehmend, sich selbst als vollständigen Mensch anzunehmen. Sie entdecken dadurch Herz und Liebe zu sich selbst. Und das ist kein geheimnisvoller Vorgang, sondern entwickelt sich nach und nach, fast automatisch, als große innere Freiheit. Das Freiheits-Empfinden entsteht dadurch, dass Sie immer weniger – und später keine mehr – Anstrengung aufwenden müssen, um negative Emotionen, Ärger, Überforderung oder Abwertungen gegen sich selbst abzuwehren, zu negieren oder „zu decken". Sie erkennen stattdessen, was (negative) Emotionen tatsächlich sind, und was nicht.

Durch das Verschwinden der Abwertung gegen sich selbst entsteht echte, und nicht sich eingeredete, Wertschätzung für sich selbst, auch Selbstwert-Gefühl genannt. Dieses ruhige, gelassene – und nicht überhebliche – Selbstwert-Gefühl ist der innere Effekt. Der äußere Effekt ist damit fast untrennbar verbunden: die positive Annahme und die Wertschätzung entwickeln sich unwillkürlich auch „nach außen", gegenüber Ihrer Umgebung.

Ganz konkret entwickeln sich Mitgefühl und Wertschätzung gegenüber Ihren Mitarbeitern, Ihrem Kollegen oder schlicht Menschen in Ihrer Umgebung, z. B. Herrn Maier in der Rechnungsprüfung, den Sie bisher vielleicht achtlos oder gar abwertend übersehen haben.

So entsteht nach und nach ein tiefes Bewusstsein dafür, dass nicht nur Geist und Körper eine Einheit darstellen, sondern Geist, Körper und Herz. Und durch die Wertschätzung sich selbst gegenüber wird es automatisch immer schwieriger, anderen Menschen gegenüber nicht-wertschätzend zu sein.

Dass Sie nicht mehr mit Ihren eigenen Emotionen und Gedanken verstrickt sind, geschieht durch Reflexion und Selbstwahrnehmung, wodurch Sie eine Haltung von Offenheit und Neugier entwickeln.

4.4.2.2 Resonanz auslösen

Durch das zunehmende, bewusste, Mitgefühl gegenüber Ihrer Umgebung wird sich auch Ihre Kommunikation verändern. Aus der mit vielen anderen meditierenden Führungskräften geteilten Erfahrung weiß ich, dass Sie in einem fast unmerklichen Prozess immer mehr Worte für die Beschreibung Ihres eigenen inneren Zustandes finden. Ihre Fähigkeit, auf einer Ebene des Mitgefühls und des „Verstehens" mit zutreffenden und berührenden Worten kommunizieren zu können, erweitern Sie nachhaltig.

Ich stelle mir diese Kommunikationsfähigkeit wie ein harmonisches Pendel vor: Zunächst darf das Pendel sanft in meine Richtung schwingen, hin zu einem offenen, ehrlichen Kontakt zu mir selbst – und zu der Fähigkeit, meine Emotionen in ehrliche Worte zu fassen. Danach kann das Pendel zu meinem Gegenüber schwingen, und dort ebenfalls eine mutige und gelassene Bereitschaft zu Kontakt und Offenheit auslösen. Das geschieht oft weit unterhalb der Wahrnehmungsschwelle. So kann das entstehen, was ich in der Führung für einen der höchsten Qualitäten halte: Resonanz. Sie kommen durch das Mit-Schwingen miteinander in Resonanz. Was in Ihnen schwingt, kann auch bei Ihrem Mitarbeiter ausgelöst werden – und umgekehrt.

Beispiel

Vielleicht kennen Sie beispielsweise das: Ein guter Freund von Ihnen betritt den Raum. Er hat noch nichts gesagt und hat einen neutralen Gesichtsausdruck. Und dennoch kann es ein, dass Sie ihn spontan fragen, ob alles in Ordnung sei. Falls er tatsächlich gerade Traurigkeit oder ein ähnliches Gefühl in sich trägt, hätten Sie es sofort gespürt, unabhängig von einer Kommunikation über Worte. Für Freude oder Liebe gilt ähnliches. ◄

Die drei im Beispiel genannten sind energetisch zwar sehr prägnante Emotionen, aber mit zunehmender Übung im Kontakt mit sich selbst steigern Sie auch Ihre Fähigkeit, sanftere Emotionen oder „Schwingungen" wahrzunehmen oder zur Verfügung zu stellen. Das gilt im Laufe Ihre Zen- oder Meditations-Praxis zunehmend auch im Kontakt mit Menschen, zu denen Sie nicht sowieso eine so gute innere Verbindung haben, wie z. B. zu diesem guten Freund.

Warum ist die Resonanz in der Führung von anderen Menschen so wertvoll? Weil der ehrliche Kontakt auf beiden Seiten, die Bereitschaft, aufeinander zu hören und sich auszutauschen, enorm ansteigt gegenüber von Unverständnis oder gar Ablehnung. So können Sie echte Motivation dafür auslösen, dass Ihr Mitarbeitender Ihnen auf einer menschlichen Ebene folgt – und nicht auf einer disziplinarischen. Disziplinarische Führung „kraft Amtes" ist für beide Seiten auf Dauer eher anstrengend. Eine Führung, die auf Basis von echtem Kontakt – also in Resonanz – erfolgt, mit Begeisterung und Identifikation, löst Zufriedenheit und ein nachhaltiges Arbeiten in eine gemeinsame Richtung aus.

4.4.2.3 Resilienz aufbauen

Dadurch, dass Sie mit Hilfe von Zen und Meditation zunehmend Selbst-Bewusstsein aufbauen (s. Kap. 2) und Ihre Umwelt oder das Verhalten anderer Menschen offener wahrnehmen können, ruhen Sie mehr und mehr in sich selbst. Ihnen ist zunehmend bewusst, dass ausschließlich Sie dafür verantwortlich sind, wie es Ihnen im jeweiligen Moment geht.

Sie erkennen, dass diese Widerstands-Kompetenz, Resilienz genannt, Ihnen folgende Fähigkeiten zur Verfügung stellt:

1. Ihre eigene Klarheit und Konzentrationsfähigkeit für Lösungen,
2. Ihre Offenheit, Situationen anzunehmen, wie sie sind, und angemessen zu reagieren, statt sie zu negieren, abzuwerten oder zu ignorieren,
3. Ihr Bewusstsein dafür, dass alles Eins ist und Sie sich mit anderen Menschen in einem untrennbaren Netzwerk befinden,
4. und Sie im Bedarfsfall den Mut und die Gelassenheit haben, Ihre eigenen Emotionen oder Zweifel zu äußern und andere um Hilfe bitten zu können und zu dürfen.

Diese entwickelten, vier wesentlichen Fähigkeiten geben Ihnen die Kraft und Widerstandsfähigkeit, mit herausfordernden Situationen umzugehen. Das können Veränderungen (z. B. notwendige technische Anpassungen), Druck (z. B. durch veränderte Kundenerwartungen), Unsicherheit (z. B. in Bezug auf Konjunktur oder Klima) oder eine Krise (z. B. die sog. „Corona"-Krise im Jahr 2020) sein.

Die Resilienz gibt Ihnen erstens die Möglichkeit, mit unvorhergesehenen, herausfordernden Situationen umzugehen. Und Sie ist zweitens eine wichtige Fähigkeit, um Ihren Mitarbeitenden in diesen Situationen die notwendige Sicherheit zu verleihen, um sie als Team zu meistern. Im Abschn. 5.3 lesen Sie mehr über den Bedarf an emotionaler Sicherheit bei Ihren Mitarbeitenden. Dort beschreibe ich die enorme Bedeutung Ihrer eigenen resilienten Haltung als Orientierungspunkt für Ihr Team.

4.4.3 Schlechte Führung, gute Führung – situative Führung

Während noch vor einigen Jahren schlechte Führung relativ genau beschrieben werden konnte, ist es aktuell so, dass wir für die Gegenwart und die Zukunft festhalten können: es ist komplex. Teams definieren sich neu, arbeiten selbstorganisiert und relativ autark, Ansprüche an das Führungsteam werden erhöht und der Wandel, u. a. durch die Digitalisierung, beschleunigt den Prozess.

Gleichzeitig ist dies auch nur eine Seite des Bildes. Denn die andere ist geprägt von Sinn, Emotionen und Gefühlen, Teamorientierung und der Bereitschaft, mit anderen zu teilen: das Auto, den Arbeitsplatz, eigene Erkenntnisse, ebenso wie Projekte und echte Kommunikation. Wahrer Austausch. Nicht von Führungskraft zu Mitarbeitenden, sondern von Mensch zu Mensch. Das, wonach Sie und ich uns vielleicht oft gesehnt haben, was wir unterdrückten und uns vielleicht heimlich herbeisehnten, das wird jetzt zunehmend Realität: echte Gemeinschaft, Sinnhaftigkeit des Lebens und der Arbeit, Austausch auf Augenhöhe. Welch ein enormes Potenzial für die Gegenwart und Zukunft. Und Sie tragen jetzt mit Ihrem Unternehmen, Ihrem Team, Ihrer Art zu führen dazu bei, sind Puzzleteil eines Ganzen, des sich weltweit verändernden Arbeitsmarktes.

Die neue Führung ist situativ. Und genau dabei wird Ihnen Ihre eigene Entwicklung der Persönlichkeit immens helfen. Sie ist nicht mehr von „oben herab", sondern auf Augenhöhe – und wer das Wort schon nicht mehr lesen mag, der beginnt mit der Umsetzung. Ein Team zur Selbststeuerung zu führen – ein Satz, der eigentlich paradox ist. Denn es kann nicht geführt werden, es muss sich selbst finden. Um das zu erreichen, Sie ahnen es, benötigt jede einzelne Person eine Entwicklung und ein Bewusstsein für sich selbst. Es geht also nicht darum, dass Mitarbeitende mitgenommen werden müssen. An ihnen gibt es auch nichts zu reparieren, nichts herumzudoktern oder zu übertünchen. Mitarbeitende müssen auch nicht „abgeholt" werden. Sie merken, auch unsere Sprache ändert sich, muss sich verändern, damit das neue Bewusstsein gelebt werden kann. Alle Floskeln, selbst wenn sie positiv besetzt und gut gemeint sind, sind ab sofort zu hinterfragen.

Bei moderner Führung wird eingeladen statt autoritär angesagt, es wird Raum zur Verfügung gestellt, Entwicklung ist erwünscht. Die Fehlerkultur wird mit entwickelten Persönlichkeiten gelebt, nicht per Methode oder Taktik vorgegeben. Die klassische Führungspersönlichkeit wird es nicht mehr geben, dies ist die Zeit, die alles auf den Kopf stellt. Wem dieser Satz Angst einflößt, weil er Veränderungen kritisch gegenübersteht, wird auf lange Sicht sein Unternehmen nicht halten können. Im besten Fall gilt also das, was theoretisch schon immer galt: der Unternehmer – bzw. Sie als Verantwortung tragende Führungskraft – arbeitet *am* Unternehmen, nicht *in* den Projekten und Abteilungen selbst. Und sollte dieser Punkt noch nicht Realität sein, so wird er dieses, am allerbesten sehr bald, sehr bewusst.

Neues wird oft auch mit Irrtum und Ausprobieren begleitet. Natürlich werden Fehler gemacht, natürlich werden Prozesse und Projekte auch mal schiefgehen, natürlich werden Konflikte entstehen. Umso wichtiger ist die Kommunikation, die Art, wie wir miteinander reden, was wir offen wahrnehmen, was wir sagen, welchen Raum und Zeit wir dem Austausch geben.

Und wenn Sie das Gefühl haben, die Veränderung bzw. Weiterentwicklung Ihrer eigenen Führung wird scheinbar zu komplex:

> **Übung**
> Atmen Sie! Zwei Minuten. Jetzt! Lassen Sie den gelesenen Text jetzt sacken, schauen Sie, was er mit Ihnen macht. Und denken Sie bitte daran: Dieses Buch dient der Inspiration. Was nehmen Sie jetzt für sich mit? Was setzen Sie um?

4.5   Kommunikation: Lassen Sie uns reden!

4.5.1   Die Falle: Muster des Egos

Kommunikation ist der Prozess der Übertragung von Nachrichten zwischen einem Sender und einem oder mehreren Empfängern. Was sich so simpel liest, ist die größte Herausforderung im täglichen Miteinander, in der Führung, in der Entwicklung eines Teams und eines Unternehmens.

Und das ist Ihnen nicht neu. Kommunikation war, ist und wird es vielleicht immer bleiben: unsere größte Hürde, unsere größte Falle – und unsere größte Chance. Denn so sehr wir auch technikaffin sind, so sehr wir den technischen Fortschritt herbeisehnen und anfangen, die Digitalisierung für uns zu nutzen, so sehr wird Kommunikation auch das sein, was uns von Maschinen trennt. Selbstverständlich gibt es schon jetzt Apps und Bots, die so großartig programmiert sind, dass sie die ersten Fragen von Kunden bearbeiten – und sie dann an das Team weiterleiten. Schon jetzt kommen Geräte unserer stimmlichen Aufforderung einer Bestellung nach, spielen für uns Songs ab oder suchen uns das beste Urlaubsangebot, wenn wir das wollen. Ja, das ferngesteuerte Haus wird auch nur eine Frage der Zeit sein, bis es sich die Masse an Menschen leisten kann. Aber echte Emotionen und Gefühle werden wir nur von Mensch zu Mensch übertragen. In Hinblick auf die nächste Generation, und ich behaupte, dass wir uns da insgeheim gar nicht so unterscheiden, wird echte Kommunikation immer wichtiger. Ob wir wollen oder nicht, benötigen wir die Fähigkeit der Kommunikation, zu der wir dann auch noch technische Hilfsmittel nutzen, die oft dafür sorgen, dass wir schon in die erste Falle tappen.

Persönliches Beispiel: Ego-Kommunikation

„Ich möchte, dass er abgelöst wird und durch mich als Vorgesetzten ersetzt wird." Diesen Satz – so oder so ähnlich – sprach vor etwa 18 Jahren ein Mitarbeiter von mir aus. Nennen wir ihn Sebastian. Sebastian sagte den Satz aber nicht zu mir, sondern zu meinem Vorgesetzten. Mein Vorgesetzter, damals Geschäftsführer, hat es mir erzählt. Ich wurde nicht abgelöst, aber der Vorgang hat mich damals zutiefst erschüttert und verunsichert. Intuitiv hat er schon damals mein Führungsverhalten verändert, auch wenn ich zu dem Zeitpunkt noch nicht genau verstehen konnte, was die Ursachen und die Wirkung waren. Ich konnte es spüren, hatte aber noch keine Worte dafür.

Dieser Versuch, mich direkt und hinter meinem Rücken abzulösen, stellt die Spitze einer Eskalationsspirale dar, in deren Verlauf ich selbst Kommunikation in der Führung nicht besonders hilfreich angewendet habe, um es milde zu formulieren. Im Kern habe ich mich nämlich von Gefühlen, die tief aus meinem Ego kamen, zu einer Kommunikation hinreißen lassen, die vor allem auf Trennung und Abgrenzung und dem Klein-Halten der Rolle von Sebastian ausgerichtet war.

Sebastian ist zu der Zeit fachlich der mit Abstand beste Kollege im Team. In den Jahren – es ist die Phase, die als „New Economy" bekannt wird – besteht die Aufgabe meines Teams und mir darin, einen neuen Markt umsatzstarker Internet-Produkte für Unternehmenskunden zu erschließen. Sebastian kommt aus einem Unternehmen, das eine ähnliche Aufgabe bereits erfolgreich gelöst hat. Immer wieder – sowohl in Team-Meetings als auch in Vier-Augen-Gesprächen – bringt er Ideen und Verbesserungsvorschläge in Bezug auf unsere Kampagne ein. Ich spüre, dass ich selbst, im Gegensatz zu ihm, fachlich nicht viel einbringen kann. Ich fühle mich zunehmend bedroht. Es ist eine Zeit, in der ich das Bedürfnis habe, erfolgreich zu sein, Karriere zu machen. Es ist zu dem Zeitpunkt scheinbar wichtig für mein Selbstwertgefühl. Wenn Sebastian einen seiner Vorschläge äußert, denke ich „Gute Idee!" und sage aus purer Angst um meine eigene Position stattdessen „Das funktioniert für uns nicht" oder "Ich glaube nicht daran". Sebastian frustriert das und seine Ideen werden nicht mehr als Vorschlag formuliert, sondern zunehmend als Forderung. Als Folge davon verlagert sich unsere Kommunikation auf eine Ebene, auf der es um Gewinnen und Verlieren geht. Schließlich findet sie mehr und mehr in Form von harschen E-Mails statt, obwohl Sebastian im Neben-Büro sitzt.

Mein Gefühl von fachlicher Unterlegenheit führt bei mir zu einem Gefühl der Bedrohung und schließlich zu einer Kommunikation, die irgendwann fast nur noch aus Kampf besteht. Sachliche Inhalte spielen kaum noch eine Rolle. Mein Ego und meine Gefangenheit im Gefühl der Angst lässt die Option völlig in den Hintergrund treten, sich ernsthaft und offen darüber auszutauschen, wie wir gemeinsam am Markt erfolgreich sein könnten.

Am Ende bleibe ich Vorgesetzter der Abteilung. Sebastian verlässt frustriert das Unternehmen, gemeinsam mit seinem Know-How und seiner Dynamik. Und am Markt sind wir nicht erfolgreich. ◄

Kommunikation bedeutet auch, mit Gefühlen gut umzugehen und sie zu kommunizieren. Auch als Führungskraft, denn „emotionslose Gespräche" gehören zunehmend der Vergangenheit an. Noch einen Schritt weiter: Als Führungskraft sind Sie nicht nur in der Rolle, Entscheidungen zu treffen, sondern benötigen auch die Rolle als Coach, Vorbild, Resonanz-Boden und Impulsgeber. All dies können Sie nur sein, wenn Sie Selbstführung übernehmen und gleichzeitig in der Lage sind, dies zu kommunizieren. Es bedarf Ihres vollen Einsatzes, sich selbst klar zu machen, wo Sie bei sich anfangen.

Gefühle und Führung gehören also auch in dieser Hinsicht zusammen bzw. sind der Weg, um das Erlebte, Erfahrene, Visionen und Ideen zu transportieren.

Im oben beschriebenen Beispiel hätte eine Lösung sein können, dass Sebastian und ich auf mehreren Ebenen kommunizieren. Meine Aufgabe als Führungskraft wäre es gewesen, wenn ich eine gute Selbstführung beherrscht hätte, diese unterschiedlichen Ebenen zu öffnen.

Die eine Ebene hätte sich mit seiner Expertise und seinen fachlichen Ideen auseinandergesetzt. Neugierde, Offenheit und Freude darüber, einen so kompetenten Kollegen im Team zu haben, wären mögliche Optionen an Emotionen gewesen. Die zweite Ebene hätte eine sein können, auf der wir uns über unsere persönlichen Werte, unsere Ziele, Bedürfnisse und im Idealfall sogar über unsere Ängste austauschen können. Sebastian und ich haben nie wieder darüber gesprochen, aber heute, im Nachhinein, habe ich die Hypothese, dass auch er möglicherweise Ängste oder Zweifel hatte. Meine Form der Kommunikation war darauf ausgerichtet, ihn in seiner Bedeutung für das Team nicht „zu groß" werden zu lassen. Aber wer mag schon gern klein gehalten werden? Heute weiß ich: Das löst fast zwangsläufig die Angst aus, nicht gesehen und gewürdigt zu werden, sich nicht adäquat verwirklichen zu können, ungerecht behandelt zu werden. Auch bei Sebastian führten seine Gefühle dazu, dass seine Kommunikation destruktiv wurde.

Wenn wir beide es geschafft hätten – ich selbst voran als Führungskraft – diese zweite Ebene durch angemessene Kommunikation ins Spiel zu bringen, wäre ein lösungsorientierter Austausch überhaupt erst möglich geworden. Dann hätten wir die Option zur Verfügung gehabt, nach gemeinsamen Lösungen zu suchen, die sowohl seine als auch meine Emotionen und Bedürfnisse würdigten. Das hätte sowohl unserer jeweiligen emotionalen Gesundheit gedient als auch dem wirtschaftlichen Erfolg des Unternehmens.

Die Führungskraft morgen ist die Person, die vor der eigenen Tür kehrt und aus diesem Prozess kein Geheimnis macht, sondern ihn nutzt, um alle Mitarbeitenden mitzunehmen. Auf eine Reise, die kaum spannender sein könnte. Wer verstanden hat, dass Gefühle einfach nur gefühlt werden wollen, und so mit ihnen angemessen umgehen kann, der hat auch verstanden, dass für das Denken, und somit für angemessene Kommunikation, viel mehr Raum bleibt. Und damit für Kreativität, Projekte und das Setzen von Impulsen.

4.5.2   Die Chance: Gewaltfreie Kommunikation

Eine wichtige Hürde auf der Straße der Kommunikation, die sie oft verschließt, sind Interpretationen. Man glaubt zu wissen, was der andere meint, fragt nicht mehr nach, schießt die Antwort aus der Hüfte und schon reihen sich im schlimmsten Fall Missverständnis an Missverständnis. Und das Ende ist ein handfester Konflikt. Kennen Sie solche Zusammenhänge aus der eigenen Geschichte?

Doch wie können Sie diese freudlose Spirale vermeiden oder durchbrechen? Eine gute Möglichkeit, um möglichst wenig Missverständnisse aufkommen zu lassen, ist die sogenannte „Gewaltfreie Kommunikation" (GFK), ein von Marshall Rosenberg entwickeltes Konzept (Rosenberg 2016). Es ist, richtig angewandt, keine Technik, sondern eine Haltung – und erst die Haltung ermöglicht die daraus entstehende konstruktive Kommunikation. Wie alle Konzepte dieser Art ist auch dieses leider immer wieder in die esoterische Ecke geschoben worden. Diese Assoziation ist aus meiner Sicht völlig unzutreffend, daher möchte ich es hier kurz umreißen und es als mögliche Handlungs-Option in Ihr Blickfeld rücken.

Eine wichtige Ausgangsposition für diese Art der Kommunikation ist achtsame Selbstführung. Sie versetzen sich selbst also in eine Position der wachen Präsenz und Wahrnehmung, ohne die Wahrnehmungen zu bewerten oder sogar abzuwerten. Sie beobachten die Situation zunächst – und aus dieser achtsamen Beobachtung heraus starten Sie eine konstruktive, lösungsorientierte Kommunikation.

Beobachtung bedeutet dabei, eine konkrete Handlung (oder Unterlassung) so präzise wie möglich zu beschreiben, ohne sie mit einer Bewertung oder Interpretation zu vermischen. Es geht im Kern darum, nicht automatisch zu bewerten, sondern die Bewertung von der Beobachtung zu trennen, sodass das Gegenüber Klarheit erhält, worauf Sie sich ganz genau beziehen, und was Sie gern handlungsorientiert erreichen möchten.

> **Übersicht**
> Die Abfolge Ihrer Kommunikationsschritte in der GFK, die sowohl für Feedback als auch für die De-Eskalation eines Konfliktes geeignet sind, kann prinzipiell so zusammengefasst werden:

1. **Ihre Beobachtung,** z. B. eines genau beschriebenen Verhaltens Ihres Gegenübers. Sie beschreiben, aber Sie kommentieren, interpretieren oder bewerten
   nicht.
   Beispiel: „Du hast gerade Deine Stirn gerunzelt, als ich Dir etwas erklärt habe."
   (Nicht: „Immer, wenn ich etwas erkläre, reagierst Du so genervt!")

2. Das, was Sie gerade beschrieben haben, löst bei Ihnen ein **Gefühl** aus,
   das im Körper wahrnehmbar ist – somit ist es ein Zeichen, dass eine
   Grund-Emotion berührt wird, und mit einem – oder mehreren – Bedürfnis in
   Verbindung steht. Gefühle sind laut GFK eine Art Indikator bzw. Ausdruck
   dessen, ob ein Bedürfnis gerade erfüllt ist oder nicht. Auch hier gilt, wie im
   ersten Schritt, dass Sie unbedingt ganz bei sich bleiben. Bitte verwechseln Sie
   Ihr Gefühl keinesfalls mit einer Interpretation oder einer Unterstellung, siehe
   Beispiel unter Nr. 1.
   Beispiel: „Das löst bei mir die Befürchtung aus, dass ich mich nicht so aus-
   drücken konnte, dass es für Dich nachvollziehbar war. Das verunsichert mich."

3. Hieraus entsteht eine lösungsorientierte **Bitte.** Diese Bitte enthält aber keine
   Schuldzuweisung oder Bewertung, sondern eine konkrete, erwünschte Handlung oder Aktivität. Diese Aktivität kann sich auf das Verhalten Ihres Gegenübers beziehen oder auf eine gemeinsame Lösung.
   Beispiel: „Ich wünsche mir, dass Du – wenn ich etwas beschreibe – nicht nur
   die Stirn runzelst, sondern mir sagst, weshalb Du die Stirn runzelst.

4. Ihnen ist in diesem nun folgenden vierten Schritt bewusst, dass Sie gerade
   aus Ihrer subjektiven Brille heraus beschrieben haben und Ihnen ist weiterhin bewusst, dass Ihre Bitte mit Ihren persönlichen Gefühlen und Bedürfnissen zu tun hat. Erstens wissen Sie nicht, warum das Beobachtete tatsächlich
   stattgefunden hat. Und zweitens muss Ihr Gesprächspartner mit Ihrer Bitte
   nicht unbedingt einverstanden sein. Daher machen Sie nun selbst eine Pause.
   Ihr Gegenüber erhält unbedingt die Gelegenheit, sich nun seinerseits dazu zu
   äußern. So könnte es z. B. sein, dass sein Stirnrunzeln nichts mit Ihnen oder
   dem von Ihnen Gesagten zu tun hatte, sondern lediglich mit einem schmerzhaften Ziehen in seinem Rücken, das in dem Moment zufällig aufgetreten
   ist, und ihn leider schon seit gestern plagt. Dann hätte sich das Thema sofort
   erledigt.
   Es könnte aber auch sein, dass er wirklich nicht verstanden hat, was Sie gerade
   zum Ausdruck bringen wollten, sich aber nicht getraut hat, nachzufragen.
   Beispiel: „Ich wollte Dich nicht unterbrechen, aus Sorge, es könnte Dich in
   Deinen Ausführungen in dem Moment stören. Vielleicht hätte ich später nach-
   gefragt."

5. Ab diesem Moment liegen alle Informationen, die zur Deutung der Situation
   notwendig sind, auf dem Tisch. Jetzt haben Sie die Möglichkeit, eine
   gemeinsame Lösung zu verhandeln und zu verabreden.

> *Beispiel:* „Wir machen es also so, dass Du das, was Du im Moment des Stirnrunzeln denkst, mir gegenüber äußerst. Ich werde es nicht als Störung betrachten oder als Anlass zur Kritik nehmen."

Die fünf Schritte werden als schematische Übersicht in der Abb. 4.2 dargestellt.

Rosenberg (2016) fasst die Schritte der GFK in folgendem Satz zusammen:

„Wenn ich *a* sehe, dann fühle ich *b,* weil ich *c* brauche. Deshalb möchte ich jetzt gerne *d*."

Wirklich entscheidend für den Erfolg dieser Struktur, also für die Wahrscheinlichkeit einer de-eskalierenden Wirkung, ist, dass Sie und Ihr Kollege oder Mitarbeitende sich in Ihren Statements immer auf sich selbst beziehen. Pauschalisierungen, wie z. B. „immer", „nie" oder Ähnliches führen genauso in die Sackgasse, wie Unterstellungen, z. B. „Du reagierst genervt" oder „wahrscheinlich denkst Du XY über mich". In beiden Fällen provozieren Sie, dass Ihr Gesprächspartner in eine Rechtfertigungsfalle gerät und versucht, sich zu wehren. Und zwar unabhängig davon, ob Ihre Vermutung „genervt" zutreffend ist, oder nicht. Eine konstruktive Lösungsfindung kann unter diesen Umständen kaum noch stattfinden. Gute Führung sowieso nicht.

Inwiefern Ihr durch Zen oder Meditation gewonnenes Bewusstsein Sie in solchen kritischen Gesprächs-Strukturen unterstützen kann, haben Sie in den beiden vorherigen Kapiteln gelernt:

- Sie verfügen über eine gute Selbst-Wahrnehmung, siehe Kap. 2
- Sie verfügen über eine gute Selbst-Führung, siehe Kap. 3

4.5.3 Führung benötigt Zeit und Raum

Eines der größten Hindernisse für wirksame Führung ist, mit der uns zur Verfügung stehenden Zeit angemessen umzugehen. Das betrifft persönlich unsere Lebenszeit, aber auch die tägliche. Zeit ist das, was keiner hat – dabei nehmen sich die meisten Menschen einfach nur wenig davon für sich selbst. Da ist spontan schnell etwas in die Tastatur gehauen und abgeschickt, während man sich schon einige Minuten später dafür verflucht. Zeit und Aufmerksamkeit sind Zahlungsmittel. Beides sollte man geben, wenn man dafür etwas erhält. Zufriedene Mitarbeiter, zum Beispiel.

Persönliches Beispiel: Führung mit Zeit und Raum

„Bei uns dauern Ziel-Vereinbarungs-Gespräche 15 Minuten!" Diese harsche Ansage erhalte ich aus der Firmenzentrale in Düsseldorf. Zu der Zeit, vor acht Jahren, habe ich die Aufgabe als Interimsmanager einen wirtschaftlich angeschlagenen Standort des Telekommunikationsunternehmens in der Nähe von Hamburg zu führen. Die

Gesprächs-Struktur für lösungsorientierte Gespräche in der Führung und im Konflikt
(Schematisches Modell, frei nach dem Ansatz „Gewaltfreie Kommunikation/ GFK")

Abb. 4.2 De-eskalierende Gesprächs-Struktur, eigene Grafik, sinngemäß angelehnt an die „Gewaltfreie Kommunikation (GFK)"

genannten 15 min erscheinen mir sinnlos kurz, sodass ich mit dem Manager aus der Zentrale das Gespräch suche. Doch er bleibt bei seiner Haltung und setzt sogar noch etwas darauf: „Und wir kontrollieren das auch, dass für Mitarbeitergespräche nicht mehr Zeit verschwendet wird." Da ich erst ein paar Tage im Unternehmen bin, lade ich die Mitarbeitenden über den Outlook-Kalender für jeweils 15 min ein, bitte sie aber persönlich, sich im direkten Anschluss deutlich mehr Zeit einzuplanen.

In den Gesprächen geht es immer wieder um die Frage, wie diese Mitarbeiterin oder dieser Mitarbeiter glaubt, persönlich zum Erfolg des Standortes beitragen zu können und für welche Ergebnisse sie oder er die Verantwortung übernehmen möchte. Die Mitarbeitenden sind diese Vorgehensweise nicht gewohnt, zeigen mir aber, dass sie es schätzen, nach ihrer Sicht und Motivation gefragt zu werden.

Unser gemeinsames Bemühen ist es in allen Gesprächen, so präzise wie möglich zu werden in Bezug auf die anstehenden Aufgaben und Projekte, auf die benötigten Ressourcen und auf die Kriterien für „Erfolg" oder „Misserfolg". Da es sich bei den erforderlichen Projektaufgaben oft um die Sanierung und Weiterentwicklung des Standortes geht, können diese Kriterien keine quantitativen oder monetären Größen sein. Stattdessen müssen wir sorgfältig beschreiben, welche qualitativen Ergebnisse zu welchen Zeitpunkten erreicht werden sollen. Das erfordert für beide Seiten ein hohes Maß an investierter Zeit für die Gespräche. Wie viel Zeit sie tatsächlich erfordern, machen wir gegenüber der Firmenzentrale nicht transparent, wir konzentrieren uns stattdessen auf eine intensive und sehr konkrete Klärung der gemeinsamen Vorstellungen von den zu erreichenden Ergebnissen sowie auf das ehrliche Teilen von Werten, Bedürfnissen und Interessen.

Ich bin mir zunächst selbst nicht sicher, ob diese Vorgehensweise tatsächlich dazu führt, dass wir erfolgreich sein werden. Aber im Laufe der Monate zeigt mir das Team, dass sich die Zeit, die wir uns für das tiefe gegenseitige Verständnis und das Abgleichen der Vorstellungen von Sinn, Erfolg und Zufriedenheit genommen haben, sehr gelohnt hat.

Der persönliche, detaillierte Austausch, hat zunächst sehr viel Zeit „gekostet", nämlich keine 15 min pro Gespräch, sondern jeweils eher einen ganzen Vormittag. Und zwischendurch, über die Monate hinweg, haben wir uns immer wieder die Zeit für den persönlichen, offenen Austausch genommen. Weder ich als Vorgesetzter noch die Mitarbeitenden haben dadurch jemals Zweifel daran, wo wir momentan stehen und was miteinander (noch) erreicht werden soll, weil wir alle Gesprächsergebnisse und Ziele in den Erstgesprächen detailliert aufgeschrieben haben. Gleichzeitig nutzen die Mitarbeitenden den persönlichen Raum, der sich für sie daraus ergibt, weil wir zwar die Ziele beschrieben haben, aber nicht den jeweiligen Weg dahin. Das führt am Ende zu einem enormen Erfolg des Teams. Es arbeitet wieder wirtschaftlich und bekommt große Anerkennung von den Kunden.

Die Identifikation mit den Aufgaben und Projekten wird bei jedem Einzelnen durch das zeitaufwendige Teilen der Werte- und Ergebnisvorstellungen ausgelöst. Begeisterung bei der Ausführung der Aufgaben und dem Management der

Teilprojekte wird dadurch spürbar, dass sich die Kollegen sehr weitgehend selbstorganisieren dürfen. Zeit und Raum – beides führt in diesem Beispiel zu enormer Motivation und gleichzeitig zu großem Erfolg.

Am Ende meiner Zeit als Interimsmanager ist es schließlich ein wunderbares Gefühl, mich bei dem Team für den großen, persönlichen Einsatz bedanken zu können. Und selbst der Manager aus Düsseldorf ist schließlich hoch zufrieden. Einige Wochen später in einem persönlichen Gespräch fragt er mich, wie das gelingen konnte. Ich erzähle ihm von den sehr zeit- und inhaltsintensiven Gesprächen in der Anfangsphase. „Okay, ich werde nie wieder verlangen, dass Zielvereinbarungsgespräche nur 15 Minuten dauern dürfen.", ist sein beeindruckter Kommentar.

Zeit und Raum: Damals, im Sommer 2013, haben wir viel miteinander gelernt, was diese beiden Begriffe mit erfolgreicher Führung zu tun haben, sowohl das Team als auch der Manager aus der Zentrale, sowie ich selbst. ◄

Zeit benötigen wir für Gespräche, für Feedback, für Kritik, für Lob, für Brainstorming, für Differenzierung in einer Welt, in der wir dazu neigen, alles in einen Topf zu werfen. Zeit und Aufmerksamkeit können wir nur begrenzt geben, richtig eingesetzt sind sie aber unser wertvollstes Gut. Bevor Sie nun glauben, dass ich Ihnen aktuelle Zeitmanagement-Tools vorstelle, möchte ich Ihnen nur einen Hinweis auf eine Methode geben, die Ihnen immer und überall zur Verfügung steht, Sie nichts kostet und dennoch unbezahlbar ist: Meditation. Dieses Mittel habe ich in der oben beschriebenen Zeit mit dem neuen Team auch immer wieder genutzt, um zu mir zu kommen, um Zweifel wahrzunehmen und auszuhalten, und um mich in der Zeit, in der unklar war, ob wir miteinander erfolgreich sein würden, zu stabilisieren, und mich immer wieder ins Hier und Jetzt zu bringen.

Immer wieder nur atmen. Zwei Minuten. Und Sie werden zunehmend bemerken, wie sich automatisch das Wesentliche vom Unwesentlichen trennt, Sie intuitiv in die Situationen und zu den Menschen in Ihrem Unternehmen geführt werden, die Sie als Gefährten benötigen. Achtsamkeit lohnt sich jeden Tag. Das liest sich so simpel, dass Sie vielleicht glauben könnten, diese Einladung nicht ganz ernst nehmen zu können. Nun sei Ihnen dies unbenommen, doch es wäre mir eine große Freude, wenn Sie es für zwei Wochen ausprobieren:

Übung
Meditieren Sie jeden Morgen, 15 bis 25 min direkt nach dem Aufstehen. Und während des Tages wiederholt in kleinen Pausen, bei Ihnen im Büro oder auf dem Firmengelände. Sie merken schon, ich lasse nicht locker.

4.6 Exkurs: Was sagt die Wissenschaft über die Wirkung von Meditation für Führungskräfte?

4.6.1 Körperliche Effekte

Wissenschaftler haben in zahlreichen Untersuchungen (Div. Quellen: s. Verzeichnis am Ende dieses Kapitels) herausgefunden, dass bereits wenige Stunden der Meditation ausreichen, um erste Veränderungen im Gehirn und im Körper festzustellen. Menschen fühlen weniger Stressanfälligkeit und ein Gefühl von innerer Ruhe und Ausgeglichenheit, das hat direkte Auswirkungen auf das Immunsystem, den Cholesterinspiegel und den Blutdruck.

Stressgefühle nehmen ab: Cortisol wird in für Menschen stressigen Situationen vom Gehirn ausgeschüttet, die Meditation senkt das Stresshormon. Ebenso wurde wissenschaftlich nachgewiesen, dass die Substanz des rechten Mandelkerns (Amygdala) im Gehirn bei Meditierenden abnimmt, was signifikant mit einem reduzierten Stress- und Angsterleben einhergeht und die Gedächtnisleistung sich ebenso verbessert.

Stabilität und Wohlbefinden nehmen zu: Der linke Frontalkortex reguliert im Gehirn Gefühle und kann für emotionale Ausgeglichenheit sorgen. Meditierende gehen daher konstruktiver und gelassener mit Konfliktsituationen um. Dank der Stressregulation und verminderten Cortisol-Ausschüttung durch Meditation verdichtet sich die Substanz des Hippocampus und die Fähigkeit zur Emotionsregulierung verbessert sich.

Einer Studie (DNP 2020) zufolge könnte Meditation eine mit Antidepressiva und Verhaltenstherapien vergleichbare Alternative für die Behandlung depressiver Erkrankungen darstellen. Die Gedächtnisleistung, Konzentration, Flexibilität, Intuition und Körperwahrnehmung verbessern sich. Meditation sorgt für einen verlangsamten Alterungsprozess. Nicht nur die Haut verändert sich, sondern auch die kognitive Leistungsfähigkeit lässt nach. Durch Meditation können Menschen die Areale des Gehirns, die für die Gedächtnisleistung, Sinneswahrnehmung und emotionale Bewertungen verantwortlich sind, stärken. Normalerweise nimmt die Dichte im präfrontalen Cortex in der Großhirnrinde mit dem Alter ab. Bei Langzeit-Meditierenden wurde festgestellt, dass die Großhirnrinde bis zu fünf Prozent dicker ist. Besonders Menschen zwischen 40 und 50 Jahren profitieren von der Meditation, bei ihnen zeigt die Dicke der Großhirnrinde einen eklatanten Unterschied, denn sie entsprach den von 20-jährigen.

Der Schlaf verbessert sich ebenso, da das tägliche Gedankenspiel abnimmt, aber auch besser reguliert werden kann, somit ist der Körper abends entspannter. Ein erholsamer Schlaf dient dem Menschen zur Erholung von Körper und Geist.

Schmerzareale wie der primäre somatosensorische Cortex werden während der Meditation stark reduziert, die Schmerzintensität wird um 40 % reduziert. Eine weitere Studie hat gezeigt, dass der Blutdruck um bis zu 12 % bei Langzeit- Meditierenden sinkt, da sich verengte Blutgefäße durch den Entspannungseffekt weiten.

Alles in allem ist durch die Meditation das Immunsystem gestärkt. Gestresste Menschen sind sehr viel anfälliger für Krankheiten, doch bei Meditierenden wird die linke Gehirnhälfte aktiviert, die das Immunsystem regelt. Eine Studie (Chu et al. 2014) hat gezeigt, dass der Cholesterinwert nach einem Jahr Meditation um 30 mg/dl sinken kann, was mehr ist, als teilweise mit Medikamenten erreichen werden kann.

4.6.2 Wissenschaftlicher Nachweis der Effekte von Meditation

Bereits Anfang der Siebzigerjahre kam Benson, amerikanischer Wissenschaftler an der Harvard Universität, u. a. mit Meditation und Yoga in Berührung, als er hörte, dass es Mönche gäbe, die aktiv ihre Herzfrequenz, Blutdruck und Körpertemperatur regeln konnten. Das war insofern eine neue Erkenntnis, als dass diese Funktionen bisher nicht als willentlich beeinflussbar galten. Benson gründete nach seiner Begegnung mit Mönchen und dem Dalai-Lama an der Harvard Universität ein Institut und beschäftigte sich von nun an mit der Mind–Body-Medizin. Bis zum Jahr 2001 sollte vergehen, bis weitere Studien abgeschlossen waren und bewiesen werden konnte, welche Auswirkungen Meditation haben kann und das Körper und Geist eine Einheit bilden. Und jetzt schließt sich der Kreis zum Stress. Denn mit der Meditation gibt es einen Gegenpol, der für den Ausgleich sorgt. Sämtliche Körperfunktionen regulieren sich wieder, was bedeutet, der Herzschlag normalisiert sich, der Blutdruck sinkt und Magen und Darm nehmen ihre Tätigkeit wieder auf.

Richard Davidson, ein US-amerikanischer Hirnforscher, hat in seiner Studie bewiesen (Goleman und Davidson 2017), dass sich bereits nach 7 h Meditation das Gehirn strukturell und funktionell verändert. Der Slogan des Institutes wurde daraufhin geändert und heißt: „Ändert den Geist, verändert die Welt." Jeder Mensch kann sich verändern und entwickeln, wenn er das möchte, was sogar Tests mit Kindergartenkindern beweisen. Die Entstehungsgeschichte und die Ergebnisse der Studie beschreibt der Autor Prof. Dr. med. Tobias Esch in seinem Buch „Der Selbstheilungscode" (Esch 2017).

In einem hochproblematischen Viertel in Amerika wurde in einer 12-wöchigen Testphase vor Unterrichtsbeginn an einer Schule 15 min meditiert, ebenso nach Schulschluss. Das Experiment zeigt, dass Ängste abgebaut werden, die Schüler ruhiger sind, um Hilfe bitten und ihre Aufmerksamkeit erhöht ist.

Der Experte für soziales Netzwerken, Nicolas Christakis, machte ein Experiment (Coviello et al. 2014), wie Höflichkeit sich ausbreitet und entdeckte dabei, dass wenn eine Person zur anderen freundlich ist, dies Auswirkungen auf bis zu fünf weitere Personen hat und nannte dies die Kaskade der Freundlichkeit. Und wenn Sie sich nun vorstellen, mit wie vielen Menschen Sie täglich im Kontakt sind, wie könnten Sie Ihre Welt verändern? Sie als Unternehmer und Führungskraft beeinflussen sehr viele Menschen mit Ihrem Verhalten.

Neben vielen anderen Studien und Versuchen der westlichen Welt, sich der Wirkung der Meditation zu nähern, ist außerdem der folgende Ansatz besonders interessant: Seit

2015 wurde eine – nach Eigendarstellung – weltweit einmalige, großangelegte Studie mit dem Titel „Das ReSource Projekt" zur Wirkung von Meditation durchgeführt. Das ReSource Projekt wurde initiiert von Prof. Dr. Tania Singer, Direktorin der Abteilung Soziale Neurowissenschaft am Max-Planck-Institut für Kognitions- und Neurowissenschaften in Leipzig und wird gefördert mit Mitteln des Europäischen Forschungsrats sowie der Max-Planck-Gesellschaft.

Auf der eigenen Website beschreibt sich das Projekt wie folgt: „Das ReSource Projekt ist eine weltweit einzigartige, groß angelegte Studie zum mentalen Training mithilfe westlicher und fernöstlicher Methoden der Geistesschulung. Über einen Zeitraum von elf Monaten wurden interessierte Laien an ein breites Spektrum von mentalen Übungen herangeführt, mit deren Hilfe Fähigkeiten wie Aufmerksamkeit, Körper- und Selbstgewahrsein, eine gesunde Emotionsregulation, Selbstfürsorge, Empathie und Mitgefühl sowie Perspektivübernahme trainiert werden. Insgesamt zielte das Training darauf ab, mentale Gesundheit und soziale Kompetenzen zu verbessern, um z. B. Stress zu reduzieren, mehr geistige Klarheit zu erlangen, die Lebenszufriedenheit zu steigern sowie andere Menschen besser verstehen zu lernen." (Das ReSource Projekt 2020).

Inzwischen wurden zentrale Ergebnisse in einem der angesehensten Wissenschaftsjournale, „Science Advanced", veröffentlicht:

- *„Specific reduction in cortisol stress reactivity after social but not attention-based mental training", von Veronika Engert, Bethany E. Kok, Ioannis Papassotiriou, George P. Chrousos and Tania Singer, „Science Advances", 04. Oktober 2017*
- *„Structural plasticity of the social brain: Differential change after socio-affective and cognitive mental training", von Sofie L. Valk, Boris C. Bernhardt, Fynn-Mathis Trautwein, Anne Böckler, Philipp Kanske, Nicolas Guizard, D. Louis Collins and Tania Singer, „Science Advances", 04. Oktober 2017*

Zusammenfassung des Kapitels
Um wirksame Führung ausüben zu können, benötigen Sie selbst zunächst eine stabile Ausgangslage. Wichtig ist die Klärung der eigenen Führungs-Motivation und die konkrete Vorstellung, was Sie von Führung erwarten und mit ihr erreichen möchten. Diese eigenen Vorstellungen treffen auf die individuelle Realität der Mitarbeitenden, die zunehmend stark von einem Wertewandel geprägt ist. Die Mitarbeitenden erwarten konkret die Erfüllung ihrer eigenen Vorstellungen und dass sich die erlebte Führung an einem erkennbaren Sinn orientiert.

Diese beiderseits hohen Ansprüche an die Führung gilt es im Rahmen eines echten Kontakts auszuloten, auszubalancieren und auszuhalten. Die wesentlichen Komponenten von echtem Kontakt sind Empathie, Resonanz und Resilienz.

Im Rahmen dieses Führungskontaktes kann Ihnen regelmäßig Ihr eigenes Ego dazwischenfunken und hinderliche Verhaltensweisen und eine begrenzende, nicht-hilfreiche Kommunikation auslösen. Ein möglicher Weg, zu Gemeinsamkeit

und Verständnis füreinander zu kommen, ist eine konstruktive, das Ego zurück-
stellende, Kommunikation mit der Haltung und auf Basis der „Gewaltfreien
Kommunikation".

Aufgrund der Komplexität der Individuen gibt es keine gültige Definition
(mehr) für gute oder schlechte Führung. Der verbleibende Maßstab ist stattdessen
die Frage, ob Ihre Führung zu gewünschten inhaltlichen und unternehmerischen
Ergebnissen führt. Hierfür ist ein empathischer und gleichzeitig präziser und klarer
Abgleich der jeweiligen Vorstellungen, Wertmaßstäbe, Bedürfnisse und Ziele
unbedingt erforderlich. Gelassenheit und innere Stabilität bei Ihnen als Führungskraft sind für diese Klärung eine notwendige Voraussetzung. Die zusätzlich
erforderlichen Komponenten sind außerdem Zeit und Raum, die Sie sich nehmen
und dem Anderen schenken. Wirksame Führung kann nicht zwischen Tür und
Angel geschehen. Sie erfordert volle Präsenz, sowohl bei der inneren Haltung als
auch in der physischen Realität.

Selbstreflexion – Fragen

- Was bedeutet die Erwartung der neuen Generation konkret für Ihr Unternehmen?
- Was bedeutet das z. B. konkret für die Personalabteilung?
- Wie wird sich Ihre Art zu Führung verändern?
- Von wem lassen Sie sich dabei begleiten?
- Hand aufs Herz: Neigen Sie auch manchmal dazu, in schwierigen Gesprächen
  dadurch zum Angriff über zu gehen, dass Sie Ihr Gegenüber bewusst oder
  unbewusst mit Unterstellungen oder Interpretationen konfrontieren, ohne dass Sie
  sich zunächst erkundigt haben, ob Ihre Vermutung bzw. Ihr „Gefühl" in Bezug auf
  den anderen zutreffend ist?
- Falls ja: Erinnern Sie sich an eine konkrete Feedback- bzw. Gesprächssituation
  mit einem Mitarbeitenden aus der jüngeren Vergangenheit, in der Sie erreichen
  wollten, dass er oder sie das Verhalten ändert oder bestimmte Ziele erreicht, das
  aber irgendwie „schiefgelaufen" ist. Wie sind Sie vorgegangen? Hat das Gespräch
  einen bestimmten Wendepunkt gehabt, ab dem es unangenehm oder schwierig
  wurde?
- Erinnern Sie sich nun an ein Gespräch, das in der letzten Zeit besonders positiv
  gelaufen ist, das für Sie beide sehr motivierend war: Wie haben Sie das konkret
  gemacht, was genau haben Sie beide dazu beigetragen? Was können Sie daraus
  lernen und in einem nächsten Gespräch, in dem es um „Führung", um Feedback,
  konstruktiven Austausch oder Motivation geht, erneut anwenden oder nutzen?
- Wissen Sie noch, was das Geheimnis starker, begeisternder Führung ist, aus
  welchen drei Komponenten es besteht? Wozu sind sie gut und wie können Sie
  diese drei Komponenten gestalten bzw. für sich erreichen?

Literatur

Chu, P., Gotink, R. A., & Yeh, G. Y. (2014).The effectiveness of yoga in modifying risk factors for cardiovascular disease and metabolic syndrome: A systematic review and meta-analysis of randomized controlled trials. https://journals.sagepub.com/doi/abs/10.1177/2047487314562741. Zugegriffen: 26. Juni 2020.

Coviello, L., Sohn, Y., Kramer, A. D. I., Marlow, C., Franceschetti, M., Christakis, N. A., & Fowler, J. H. (2014). Detecting emotional contagion in massive social networks. https://journals.plos.org/plosone/article?id=10.1371/journal.pone.0090315. Zugegriffen: 23. Juni 2020.

Das ReSource Projekt. (2020). Das ReSource Projekt https://www.resource-project.org/. Zugegriffen: 23. Juni 2020.

DNP. (2020) Meditation wirkt auch bei bipolarer Depression. DNP 21(14). https://doi.org/10.1007/s15202-020-0604-6.

Goleman, D., & Davidson, R. J. (2017). *Altered traits: Science reveals how meditation changes your mind, brain, and body*. New York: Penguin.

Esch, T. (2017) Der Selbstheilungscode. *Die Neurobiologie von Gesundheit und Zufriedenheit. S. 52 bis 61*. Wilhelm, München

Rosenberg, M. B. (2016). *Gewaltfreie Kommunikation: Eine Sprache des Lebens* (12. Aufl.). Paderborn: Junfermann.

Weiterführende Literatur

Engert, V., Kok, B. E., Papassotiriou I., Chrousos, G. P., & Singer, T. (2017). Specific reduction in cortisol stress reactivity after social but not attention-based mental training. „Science Advances", 04. Oktober 2017

Valk, S. L., Bernhardt, B. C., Trautwein, F.-M., Böckler, A., Kanske, N., Collins, D. L., & Singer, T. (2017). *Structural plasticity of the social brain: Differential change after socio-affective and cognitive mental training.* „Science Advances", 04. Oktober 2017.

Studien und Untersuchungen, die körperliche Effekte der Meditation nachweisen:

Auswirkungen auf Bluthochdruck

Schneider, R. H., Staggers, F., Alexander, C. N., Sheppard, W., Rainforth, M., Kondwani, K., Smith, S., & Gaylord King, C. A Randomized controlled trial of stress reduction for hypertension in older African Americans 1995. https://www.ahajournals.org/doi/full/10.1161/01.hyp.26.5.820. *Zugegriffen: 22. Juni 2020.*

Auswirkungen auf Stress und Angst

Fang, C. Y.,Reibel, D. K., Longacre, M. L., Rosenzweig, S.., Campbell, D. E., & Douglas, S. D. (2010). Enhanced psychosocial well-being following participation in a mindfulness-based stress reduction program is associated with increased natural killer cell activity,. Marcus Institute of Integrative Health, Paper 7.https://jdc.jefferson.edu/jmbcimfp/7. Zugegriffen: 22. Juni 2020.

Auswirkungen auf das Immunsystem

Barrett, B., Hayney, M. S., Muller, D., Rakel, D., Ward, A., Obasi, C. N., Brown, R., Zhang, Z., Zgierska, A., Gern, J., West, R. Exers, T., Barlow, S. Gassmann, M., & Coe, C. L. (2012) Meditation or exercise for preventing acute respiratory infection: A randomized controlled trial. (2012). US National Library of Medicine. National Institutes of Health. https://www.ncbi.nlm.nih.gov/pmc/articles/PMC3392293/. Zugegriffen: 23. Juni 2020.

Auswirkungen auf die Verbesserung des geistigen und körperlichen Befindens

Karger, S., Basel, AG., & Cramer, H. (2019). Meditation in Deutschland: Eine National repräsentative Umfrage. https://pubmed.ncbi.nlm.nih.gov/31163429/. Zugegriffen: 23. Juni 2020.

Auswirkungen auf den Druck auf Seele und Augen

Karl und Veronica Carstens-Stiftung, & Koczy, P. (2020). *Achtsamkeitsmeditation senkt den Druck auf Seele und Augen.* Essen. https://www.carstens-stiftung.de/artikel/achtsamkeitsmeditation-senkt-den-druck-auf-seele-und-augen.html. Zugegriffen: 23. Juni 2020.

Auswirkungen auf die Konzentration

Hölzel, B. K., Carmody, J., Vangel, M., Congleton, C., Yerramsetti, M., Gard, T., & Lazar, S. W. (2011) Mindfulness practice leads to increases in regional brain gray matter density. https://www.sciencedirect.com/science/article/abs/pii/S092549271000288X. Zugegriffen: 22. Juni 2020.

Phase 4: Team-Führung und Team-Entwicklung

5

5.1 Das Team als Einheit

5.1.1 Die innere Ausrichtung der Führungskraft als Voraussetzung

Durch die im zweiten Kapitel beschriebene Entwicklung hin zu sich selbst, zu Wertschätzung, Mitgefühl und Herz, entsteht auch eine völlig neue Verbundenheit mit den Menschen in Ihrer Umgebung und damit auch mit dem eigenen Team. Das kann z. B. das Geschäftsleitungsteam sein, von dem Sie Teil sind, oder das Team an Mitarbeitenden, das Ihnen unterstellt ist.

Außerordentlich hilfreich ist dabei Ihre entwickelte Fähigkeit zur achtsamen Selbstwahrnehmung (s. Kap. 2) und stabilen Selbst-Führung (s. Kap. 3). Bei beidem werden Sie wesentlich durch Ihren Weg zu sich selbst, zum Beispiel durch Ihre Meditations-Praxis, unterstützt.

Als Führungskraft und Unternehmer wird es Ihnen im Zuge der eigenen Selbstentwicklung nach und nach immer weniger egal sein, ob Mitarbeitende zufrieden sind oder Konflikte haben. Es wird Ihnen nicht mehr unwichtig sein, wie Sie die nächste unternehmerische oder berufliche Etappe mit Ihrem Team meistern, es wird Ihnen ebenso wenig egal sein, wer momentan nicht leistungsfähig ist oder Probleme hat. Denn durch die stärkere innere Nähe entstehen auch automatisch mehr Mitgefühl und Empathie.

Sie und Ihr Team, Ihr Unternehmen oder Ihre Abteilung sind eine Einheit. Das werden Sie durch die neue Verbundenheit mit sich selbst zunehmend spüren. Ihr Bewusstsein dafür, dass alles untrennbar miteinander verbunden ist, wird immer klarer.

Beispiele für die neue Verbundenheit mit sich selbst und anderen

- Das, was durch die innere Einheit „passieren" kann, sind beispielsweise spürbare körperliche Reaktionen – z. B. eine unangenehme Muskelspannung – als Folge von unwillkürlichen Emotionen – z. B. Angst vor einem entscheidenden Meeting mit Ihrem Team.
- Es könnte auch sein, dass sich Mitarbeitende seit einiger Zeit in einem Projekt merkwürdig passiv verhalten, bis Sie selbst herausfinden, dass Ihre eigene Unentschlossenheit oder Unklarheit in Bezug auf die Projektziele eine bestimmte lähmende Energie ausstrahlt. Und zwar unabhängig davon, ob Sie Ihre Zweifel explizit ausgesprochen haben, oder nicht.
- Ich habe es selbst schon erlebt: Es ist möglich, dass in einem Team aus Mitarbeitenden ein unausgesprochener Konflikt schwelt, der sich in dem Team durch eine merkwürdige, unterschwellige Schwere ausdrückt. Und es kann dadurch passieren, dass Sie selbst spüren, wie es Ihnen schwerfällt, sich mit dem Team zum regelmäßigen Team-Meeting zu treffen. Vielleicht hält Sie selbst jedes Mal vorher eine unbewusste Fluchttendenz davon ab, pünktlich zum Meeting zu erscheinen? Oder vielleicht ist es diese unbewusste Fluchttendenz, die Sie davon abhält, „Zeit zu haben", und Sie andere, scheinbar wichtigere Termine vorschieben lässt? ◄

Das Wissen um diese Untrennbarkeit von Emotionen und Verhalten, von Menschen und ihren unbewussten Reaktionen, wird unterstützt und erheblich begünstigt durch Ihren Zen-Weg, nämlich Ihre während der Meditation gemachten Erfahrungen und gewonnenen Einsichten. Dadurch gewinnen Sie zunehmend die Möglichkeit, solche Zusammenhänge bewusst wahrzunehmen. Das ermöglicht Ihnen wesentlich klarere Handlungen, stringenteres Vorgehen und die Möglichkeit, Probleme und Aufgaben noch besser zu lösen. Sie und Ihr Team sind auf dem Weg, ein noch besseres Team zu werden – und zwar dadurch, dass Sie selbst auf dem Weg sind und Ihr Bewusstsein schärfen.

Ihnen wird zunehmend bewusst, welche Werte Sie in sich tragen. Sie werden mit Ihrem Team gemeinsame Werte entdecken und Schnittmengen an Werten schaffen wollen, weil es Ihnen zunehmend wichtig ist, die Werte Ihrer Mitarbeiter oder engsten Führungskräfte-Kollegen bzw. -Kolleginnen zu kennen. Das wird Ihnen erleichtern, Differenzen auszuräumen und gemeinsam den Zen-Weg zu gehen, eventuell sogar inklusive eines zusätzlich unterstützenden Teamcoachings.

Dass sich, quasi ganz nebenbei, die Krankentage der Mitarbeiter reduzieren, sie leistungsfähiger werden, Konflikte schneller und besser gelöst werden, sind nur einige Folgen, die nahezu unausweichlich sind und ohne weiteres Zutun geschehen.

Zahlreiche Studien (seit bereits 1920) haben bewiesen, dass regelmäßige Meditation von nur 10 min pro Tag Auswirkungen auf Gehirn und Körper haben, s. Anhang dieses Buches. Diese Veränderungen erzeugen unter anderem mehr Gelassenheit und Wertschätzung für sich selbst. Und diese Wertschätzung werden Sie zunehmend auch Ihrer Umgebung entgegenbringen, den Menschen, die Sie umgeben.

Es geht hier also um Mut, Gelassenheit und Wertschätzung, die Sie Ihrem Team oder den Mitarbeitenden Ihres Unternehmens entgegenbringen, die u. a. dafür sorgt, dass Sie echte Teamarbeit erfahren, mittels der Sie Probleme, Herausforderungen und Aufgaben gezielter, kraftvoller und stärker angehen können.

5.1.2 Anlässe für gezielte Teamentwicklung

Unabhängig der hierarchischen Stufe profitieren grundsätzlich alle Mitarbeiter – bis ins obere Management – von gelungener Teamarbeit. Typische Anlässe, um sich diesem Thema intensiver zu widmen, sind:

- Aus zwei oder mehreren Teams wird eines
- Übernahme des Unternehmens durch ein anderes, Verschmelzung
- Neustrukturierung des Unternehmens in der Aufbauorganisation
- Integration neuer Mitarbeiter in das Team
- Konflikte und ungelöste Herausforderungen innerhalb des Teams oder Konflikte des Teams mit anderen Unternehmens-Bereichen
- Veränderung bestehender Prozesse, Aufbrechen der gewohnten Ablauforganisation, z. B. im Zuge der „Agilisierung" oder Digitalisierung

Da unser Gehirn auf Stabilität durch Routinen anstelle von Veränderung, die die Stabilität stört, programmiert ist, lösen solche Veränderungen bei einem mehr oder weniger großen Teil der Mitarbeitenden erfahrungsgemäß Widerstand, negative Emotionen, Ängste, Überforderung oder Stress aus. Dies erschwert ein effektives Arbeiten oder macht es im schlimmsten Fall unmöglich. Sinnvolle Teamentwicklung verfolgt praktisch immer das Ziel, negative oder konfliktreiche Emotionen zu identifizieren, zu kanalisieren, loszulassen und dadurch eine komplexe Situation aufzulösen oder positiv weiter zu entwickeln.

▶ Bei gezielter Teamentwicklung geht es aller Regel um zwei gleichzeitige Faktoren: um emotionale Sicherheit bzw. die Sicherstellung von Zufriedenheit der Beteiligten auf der einen und um den wirtschaftlichen oder organisatorischen Erfolg auf der anderen Seite.

5.1.3 Ein Team muss ein Team sein, um ein Team werden zu können

Oft wird von „Team" gesprochen, wenn mehrere Menschen in irgendeiner Form zusammenarbeiten (müssen) oder in einem Büro gemeinsam sitzen und vergleichbare Aufgaben haben. Für die Frage, ob eine „Teamentwicklung" sinnvoll oder überhaupt nachhaltig möglich ist, ist es wichtig, zunächst zu klären, was ein Team überhaupt ist. Denn wenn eine Gruppe von Menschen kein Team im definitorischen Sinn ist, kann keine sinnvolle Teamentwicklung stattfinden.

Ein Team zeichnet sich durch drei wesentliche Faktoren aus: Die betreffenden Menschen werden erstens durch ein gemeinsames Ziel bzw. gemeinsame Ziele verbunden, zweitens durch einen gemeinsamen Prozess und drittens durch sich dadurch ergebende Abhängigkeiten untereinander (Janßen und Schödlbauer 2017), siehe dazu Abb. 5.1.

Zu Ende gedacht heißt das, dass sich ein Team in aller Regel auch über Bereichs- oder Abteilungsgrenzen hinweg ergeben wird.

Beispiel

Beispielsweise können Mitarbeiter aus der Werkstatt, dem telefonischen Kundenservice und der Logistik ein Team bilden, weil Sie an einer gemeinsamen Wertschöpfungskette arbeiten. Diese Sicht auf eine „Team" ist in Unternehmen oft nicht klar. Der gemeinsame, übergreifende Prozess könnte in diesem Beispiel „Reklamationsbearbeitung" heißen. Das übergreifende, gemeinsame Ziel wäre die Zufriedenheit des Kunden, der reklamiert hat. Und die Abhängigkeit untereinander besteht darin, dass die Kollegen jeweils untrennbar auf die effektive Vor- und Zuarbeit des anderen angewiesen sind. Allein kann keiner etwas ausrichten. In einem solchen Fall kann eine durchdachte Teamentwicklung einen existenziell entscheidenden Beitrag zur Reputation des Unternehmens bei den Kunden und damit zum Unternehmenserfolg leisten. ◄

Abb. 5.1 Team-Definition. (Nach Axel Janßen) (Quelle: Janßen, A. und Schödlbauer, C.2017; mit freundlicher Genehmigung der © managerSeminare Verlags GmbH 2017)

Ein Team hat…

… Abhängigkeiten

… einen gemeinsamen Prozess

… eine gemeinsame Verantwortung für die Zielerreichung

Umgekehrt ergibt sich, dass z. B. die Mitarbeiterinnen einer Abteilung in einer Versicherung kein Team darstellen, wenn die eine Kollegin die Kunden mit den Anfangsbuchstaben A bis D bearbeitet, die nächste E bis H, die übernächste I bis L usw. – in diesem Fall fehlt zum Beispiel die prozessuale Abhängigkeit untereinander. Also sind sie per Definition kein Team.

Warum sind die Definition bzw. das Erkennen, was ein Team ist, und was nicht, überhaupt relevant? Weil eine Gruppe von Menschen, die kein Team darstellen, das der o. g. Definition genügt, keinen inneren, nachhaltigen Antrieb haben, durch eine Teamentwicklung etwas an der Zusammenarbeit zu ändern. Bemühungen um Teamentwicklung würden hier ins Leere laufen. Die erwähnten Kolleginnen der Versicherungsabteilung treiben zwar möglicherweise die typischen „Fenster-auf-Fenster-zu"-Konflikte um. Aber das wäre keine ausreichende oder sinnvolle Grundlage für eine ggf. aufwendige Teamentwicklung. In diesem kleinen Beispiel könnte es bereits helfen, wenn eine Kollegin einfach nur in das Nachbar-Büro wechselt.

5.2   Die Geheimnisse guter Zusammenarbeit in einem Team

Persönliches Beispiel: Loslassen und Authentizität

Seit dem unvergesslichen Moment der Freiheit bei meinem ersten Klosteraufenthalt gehe ich regelmäßig, mehrmals im Jahr, wieder in ein Zen-Kloster zum Meditieren. Leider wusste ich trotzdem lange nicht, wie ich die Erkenntnis „Ich <u>muss</u> ja gar nichts" wirklich und ganz praktisch in mein Leben als Führungskraft und in die Arbeit mit Menschen und Teams integrieren sollte. Doch im Sommer 2013 ergab sich für mich dann das nächste Schlüsselerlebnis:

Ich werde gebeten, ein kleines Internet-Unternehmen in der Nähe von Hamburg entweder zu sanieren oder abzuwickeln. „Was für ein Mist" denke ich, „ich habe fachlich leider keine Ahnung, von dem, was dort wirklich getan wird, und wie deren Geschäft funktioniert."

In den ersten Tagen, als ich mit dem Team zusammensitze, mache ich das Einzige, was mir in dem Moment einfällt, und was ich wirklich kann: Ich stelle ganz viele Fragen. Was aus Sicht des Teams das aktuelle Problem ist, was ihre eigenen Ideen für die Verbesserung der Situation sind, und wofür die einzelnen Menschen am liebsten persönlich Verantwortung übernehmen würden. Das Erstaunliche ist: die Führungskräfte und das ganze Team stürzen sich hochmotiviert in die Arbeit. Sie sind begeistert davon, ihr eigenes Expertentum frei einbringen zu können, Verantwortung zu übernehmen und die Dinge selbst umzusetzen. Das Team ist großartig! Und es hat einen unglaublichen wirtschaftlichen Erfolg.

Zum Abschluss bedanke ich mich bei dem Team wie bei Helden, weil ich so erleichtert und befreit bin! Bei Antritt hatte ich Angst, als inkompetenter Externer abgelehnt zu werden. Aber das Team hat mir eindrücklich beigebracht, dass Angst ein überflüssiger Faktor ist, wenn es mir nur gelingt, die eigene Fassade fallen zu lassen, mich selbst verletzlich zu zeigen und – vor allem – viele ehrliche Fragen zu stellen.

Und das Team hat mir noch etwas gezeigt:

Wie unglaublich befreiend es für mich ist, vom vermeintlichen Zwang loszulassen, als Vorgesetzter alles wissen, regeln und entscheiden zu müssen.

Ich habe gesehen: Ich darf Angst oder Unsicherheit wahrnehmen, wenn ich nicht weiß, wie sich die Dinge entwickeln werden, – und gleichzeitig darf ich auch auf den Prozess der Selbstorganisation vertrauen und auf die Menschen, wenn verschiedene Faktoren eintreffen, die dazu geeignet sind, dass ein Team hervorragend funktioniert und zusammenarbeitet. ◄

Was macht gute Team-Arbeit aus? Was ist – wie im o. g. Beispiel – das Geheimnis für einen spürbaren „Spirit" oder „Flow" eines Teams, den wir unwillkürlich spüren oder wahrnehmen können, wenn wir mit entsprechenden Teams Kontakt haben?

In solchen Fällen können wir typischerweise diese oder ähnliche Merkmale wahrnehmen, welche hier als beliebig erweiterbare Liste von Beispielen genannt werden soll:

> **Übersicht**
> Teams, die in emotional angenehmer Stimmung und inhaltlich effektiv zusammenarbeiten, zeichnet beispielsweise aus:
>
> - Menschen, die erfolgreich im Team arbeiten, wissen um die gemeinsame Stärke, und was die Schwäche eines jeden Einzelnen beinhaltet.
> - Gemeinsame Werte, Sprache und ein Wir-Gefühl sind wichtige Komponenten.
> - Kritik wird konstruktiv und unterstützend geäußert.
> - Die Selbstführung eines jeden Einzelnen ist in einem hohen Maß gegeben.
> - Differenzen werden offen und direkt angesprochen.
> - Jedes Teammitglied trägt prinzipiell zu 100 % die eigene Verantwortung, Machtspiele sind dadurch überflüssig.
> - Ein hohes Maß an Motivation und die Identifikation mit dem aktuellen Projekt und generell mit dem Unternehmen sind selbstverständlich.

In einem gesunden und starken Team ist nicht die Führungskraft die treibende Kraft, sondern alle beteiligten Mitarbeitenden sind es. Hierarchie spielt hier keine weitere Rolle, da jeder dazu angeregt wird, sich einzubringen. Nur so kann Teamarbeit wirklich auf Dauer gelingen.

Manchmal ergibt sich ein solcher Geist in einem Team intuitiv oder scheinbar wie von selbst. Aber wenn wir als Führungskraft aktiv dafür sorgen möchten, dass ein solcher Geist entstehen kann, und wir nicht darauf hoffen möchten, dass das Team es schon irgendwie selbst hinbekommen wird, ist es interessant, die Mechanismen und Voraussetzungen für gute Team-Arbeit strukturell zu verstehen.

Auf einer hochverdichteten Ebene lassen sich drei wesentliche, erfolgskritische Säulen der guten Team-Arbeit zusammenfassen Eine Teamentwicklung sollte sich immer auf diese drei zentralen Säulen beziehen, die alle direkt voneinander abhängen und sich gegenseitig beeinflussen, wie in Abb. 5.2 dargestellt.

Die drei Säulen bzw. Handlungsfelder sind:

1. Identifikation/Sinn (z. B. in Bezug auf das Team, die gemeinsame Aufgabe oder den Unternehmenszweck)
2. Vertrauen/Ganzheit (z. B. in die Kollegen, die gemeinsame Wirksamkeit, bei Fehlern nicht abgewertet zu werden, usw.)
3. Selbstführung/Strukturen (Prinzipien, Vereinbarungen, Prozesse, Verantwortlichkeiten, Jour fixes, Feedbackregeln, usw.)

Die dicken Verbindungsbalken zwischen den drei Säulen in Abb. 5.2 stehen für die Hypothese, dass alle Säulen in ihrer Bedeutung und Wirkung untrennbar miteinander verbunden seien. Fehlt eine der drei Säulen, fällt die gute Teamarbeit in sich zusammen.

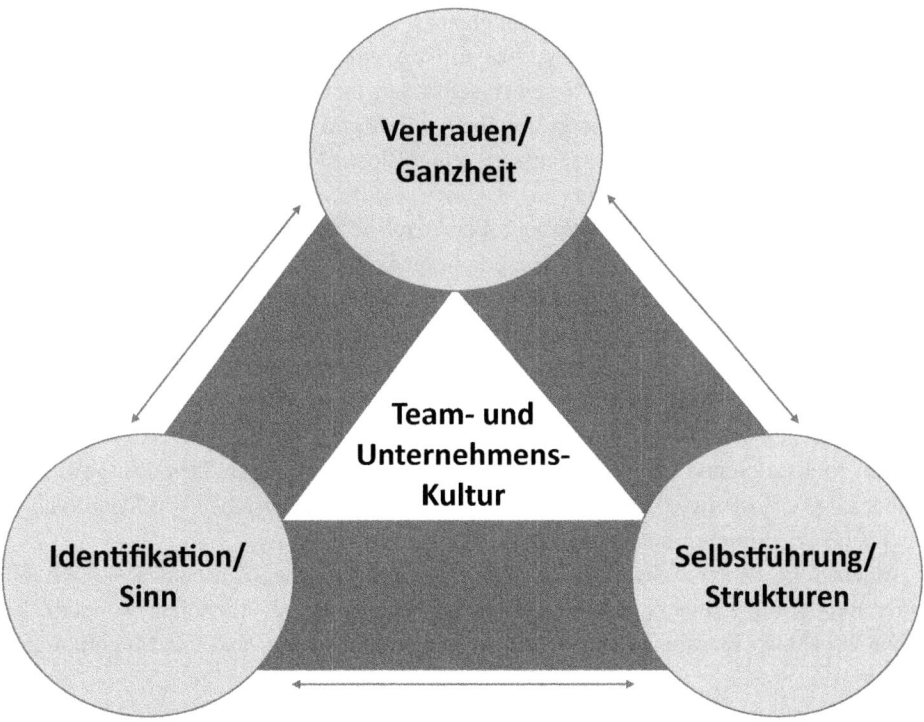

Abb. 5.2 Dreieck der guten Team- und Unternehmenskultur. (Adaptiert und erweitert nach: Janßen, A. und Schödlbauer, C. 2017; mit freundlicher Genehmigung der © managerSeminare Verlags GmbH 2017)

Ihre Aufgabe als Führungskraft ist es daher, gemeinsam mit dem Team, grundsätzlich dafür zu sorgen, dass alle drei Säulen vorhanden sind, funktionieren und mit Klarheit und Aufmerksamkeit in hoher Qualität ausgestattet sind. So können sie von jedem im Team als motivierend und hilfreich wahrgenommen werden.

Umgekehrt heißt das: Wenn es in einem Team wiederholt knirscht, wenn regelmäßig Konflikte und Enttäuschungen entstehen, wenn die gemeinsame Effizienz und die Arbeitsqualität merklich abfallen, werden Sie mithilfe des o. g. Modells systematisch und transparent dabei unterstützt, Ursachen und Lösungsmöglichkeiten zu finden. Meine Hypothese ist: In mindestens einer der drei Säulen werden Sie bei näherem Hinsehen fündig werden. Die gute Nachricht daran ist, dass Sie dadurch einen konkreten Ansatz haben, um die gute Teamarbeit oder Kultur zukünftig lebendig, spürbar und erfolgreich werden zu lassen.

Um die Ansatzpunkte für Analyse und Verbesserung deutlicher werden zu lassen, können Sie sich an der folgenden modellhaften Beschreibung der drei Säulen orientieren:

5.2.1 Identifikation/Sinn

Generell kann die Identifikation mit dem eigenen Team stattfinden, wenn jeder einzelne Mitarbeitende weiß, wofür er steht, wie er sich einbringt, was seine Stärken sind, seine Schwächen kennt und sich seiner selbst bewusst ist. Ohne das Erkennen der eigenen Persönlichkeit, das Wissen um Handlungsmacht, das Verarbeiten der eigenen Erfahrungen, überprüfen von Glaubenssätzen und Blockaden kann der nächste Schritt zu einem starken Team nicht gelingen.

Womit identifizieren sich Menschen? Für Bereiche aus dem Privatleben fallen uns schnell einige Beispiele ein: Mit der Hauptfigur eines Romans, mit einem Hobby, mit den Werten in einem Sportverein. Aber auch kleine Kinder mit den Eltern. Was benötigen wir dazu? Schnell fallen uns Empathie und Mitgefühl ein, Emotionen und Gefühle.

Doch wie kann die Identifikation mit dem Unternehmen oder einem gemeinsamen Projekt gelingen? Wie können Führungskräfte, die das Gefühl haben, ihre Mitarbeitenden „motivieren" zu müssen oder zu wollen, ganz konkret und aktiv dazu beitragen? Motivation und Identifikation können sie leider nicht entscheiden oder anweisen. Daher ist es erforderlich, dass Sie bewusst handeln und das Entstehen von Identifikation im Team gezielt fördern und unterstützen.

Machen Sie sich zunächst bewusst, wann oder unter welchen Umständen Sie sich mit einer Roman-Figur, einem Hobby oder einem Sportverein identifizieren, wodurch die schon erwähnten Emotionen, das Zusammengehörigkeitsgefühl und das Mitgefühl entstehen.

▶   **Wichtig** Identifikation (z. B. in einem Team, in einem Unternehmen oder mit einem Projekt) entsteht durch zwei Faktoren:

1. durch das Teilen gemeinsamer die Werte
2. durch eine gemeinsame Zukunfts-Hoffnung bzw. eine gemeinsame Vorstellung davon, wozu das Handeln dient oder gut ist, welchen Sinn es hat.

- **Gemeinsame Werte**

Was ist Ihnen persönlich wichtig, wofür stehen Sie – und was erkennen Sie ebenfalls in der Romanfigur oder dem Sportverein? Hier liegt ein wesentliches Geheimnis des Zusammengehörigkeitsgefühls. Vielleicht sind es Werte wie Ehrlichkeit oder Zuverlässigkeit, Bescheidenheit, Mut oder Lebenslust?

Testen Sie es selbst: Falls Sie sich in Kap. 2 Ihre eigenen wichtigen Werte bewusstgemacht haben, können Sie vergleichen, welche Ihrer wichtigsten Werte Sie in der Romanfigur oder Ihrem Sportverein wiederfinden. Wofür steht diese Figur oder dieser Verein? Welche Haltung ist erkennbar und wichtig? Ähnliches können Sie auf Ihr Hobby übertragen. Manchmal müssen wir ein wenig forschen oder abstrakter denken, manchmal liegt es aber auch auf der Hand, warum Sie Gartenarbeit als Hobby gegenüber Golfspielen bevorzugen – oder auch umgekehrt.

Übrigens beruhen auch gute Beziehungen zu Freunden oder unserem Partner bzw. unserer Partnerin auf gemeinsamen Werten.

Im Unternehmen bzw. in der Teamentwicklung kommt es darauf an, die Werte, die das Team unbewusst zusammenhalten (können), in einem gezielten Prozess herauszuarbeiten. Dabei sind sowohl die Werte jedes Einzelnen als auch insbesondere die gemeinsamen Werte, die das Team teilt, wichtig.

Interessant ist es dabei zu erkennen, dass die persönlichen Werte der einzelnen Team-Mitglieder nicht unbedingt deckungsgleich mit denen ihrer Rolle oder ihrer hierarchischen Position sein müssen. Manchmal hat die Rolle oder Position als abstrakte Konstruktion eigene Werte. So kann die Position „Controller" z. B. den Wert „Genauigkeit" haben, was Auswirkungen auf das Handeln der Person gegenüber Kollegen hat. Als Privatmensch außerhalb der Position könnte es sein, dass der Controller z. B. den starken Wert „Harmonie" hat. In dem Fall könnten sich innere Konflikte beim Controller ergeben, aber möglicherweise auch unklares oder widersprüchliches Verhalten innerhalb des Teams. Wenn Sie solche Zusammenhänge im Team bewusst identifizieren, hilft es Ihnen enorm, damit offen und konstruktiv umzugehen.

- **Gemeinsame Zukunftshoffnung**

Der etwas sperrige Begriff steht für verschiedene Wort-Kategorien, die sich mit dem was kommt oder entstehen soll, beschäftigen. Das, was hier als „gemeinsame Zukunftshoffnung" zusammengefasst wird, kann wahlweise auch als Zukunftsbild oder als Sinn bezeichnet werden. Es steht im weitesten Sinne für das, wozu es „gut ist", womit wir uns beschäftigen oder was wir tun.

Bei der Roman-Figur können wir die Hoffnung auf das Erfüllen ihrer Mission teilen. Beim Hobby wissen wir, was wir erreichen werden, z. B. Erholung oder ein kreatives Werk. Und bei unserem Sportverein fiebern wir gemeinsam dafür, dass nach langer Zeit mal wieder ein Pokal oder eine Meisterschaft gewonnen wird – und wir uns zusammen mit dem Verein im Licht dieses Erfolges stolz fühlen können.

Auch die gemeinsame Zukunftshoffnung – als die Antwort auf die Fragen „was wollen wir zukünftig miteinander erreichen?" oder „wozu ist es gut, dass wir zusammen sind?" – werden Sie in Ihrer privaten Beziehung, sofern sie liebevoll, angenehm oder stabil ist, wiederfinden.

Wenn Sie prinzipiell verstanden haben und spüren können, was die beiden Faktoren für „Identifikation" sind, haben Sie es nun selbst in der Hand, in Ihrer Rolle als Führungskraft an der gemeinsamen Identifikation Ihres Teams, Ihrer Mitarbeitenden mit dem Team, dem Unternehmen oder einem konkret anstehenden Projekt zu arbeiten. Mehr dazu lesen Sie im Unterkapitel 5.3 „Teamentwicklung".

Um bereits hier an dieser Stelle den Blick zu erweitern: Ihr Unternehmen wird nicht stabil erfolgreich sein, wenn es nicht jedes einzelne Team in sich ist, wenn sich nicht die einzelnen Menschen mit dem Team und dem Unternehmen verbunden fühlen, identifiziert sind, und sich dafür einsetzen mögen.

5.2.2   Vertrauen/Ganzheit

Hier ist das Vertrauen sowohl in mich als auch in Menschen, in das Leben, das Team, die Organisation gemeint. All dies hängt zusammen. Wer hier noch vordergründig Privat- von Berufsleben trennen möchte, dem sei gesagt, dass es den meisten Menschen schon passiert ist, dass eine Führungskraft an den Vater erinnert, eine Kollegin an die eigene Schwester oder auch umgekehrt der Partner an den schwierigen Ex-Chef. Unsere Erfahrungen machen keinen Unterschied zwischen Privat und Beruf und sind somit nicht nur ständig verfügbar, sondern können auch jederzeit angetriggert werden. Vertrauen fängt bei jeder einzelnen Person in sich selbst an. Hat sie dies, und erst dann, wird sie ohne größere Blockaden und Hindernisse auch Menschen allgemein und dem Team im Besonderen vertrauen.

Wie können Sie als Führungskraft das Entstehen von Vertrauen unterstützen oder fördern? Auch hier gilt natürlich – ähnlich wie der „Identifikation" – dass Sie Vertrauen nicht anweisen oder wie eine Lampe anknipsen können.

▶   Vertrauen entsteht über einen langen Zeitraum, in dem bestimmte Verhaltensmerkmale konstant, regelmäßig und berechenbar immer wieder erkennbar sind und dieses Verhalten als angenehm oder positiv wahrgenommen wird.

Wenn Sie als Führungskraft die Erfahrung machen, dass eine Mitarbeiterin über einen langen Zeitraum zuverlässig qualitativ hochwertige Informationen und Ergebnisse erarbeitet, werden Sie ihr vertrauen. Wenn Sie Ihren Kollegen in der Geschäftsleitung seit langer Zeit berechenbar, verbindlich und wertschätzend unterstützen, wird er Ihnen vertrauen. Entscheidend für Vertrauen sind also die Faktoren „längerer Zeitraum", „konsequente Wiederholung" und ein regelmäßig ausgelöstes angenehmes Empfinden bei Ihrem Gegenüber und bei Ihnen.

Der Faktor „Ganzheit", der eng mit dem Vertrauen zusammenhängt, bezieht sich darauf, dass sich jeder Beteiligte in einem Team regelmäßig als „ganzer Mensch" zeigen mag und darf. Und zwar mit allen Emotionen, auch mal mit Fehlern oder Zweifeln, aber auch mit ungeschminkter Freude, wenn ein Projekt gelungen ist oder ein gemeinsamer Erfolg erreicht wurde. In vielen Unternehmen mit herkömmlicher Tradition oder autoritärer Kultur ist es oft sozial verpönt, wenn Emotionen oder Gefühle ausgedrückt und offen gelebt werden. In diesen Fällen werden emotionale Äußerungen, wie z. B. Freude oder Traurigkeit eher unterdrückt und hinter einer Fassade verborgen. In einem solchen Umfeld findet in leichteren Fällen abschätziges Verhalten, wie z. B. hochgezogene Augenbrauen statt, in schwereren Fällen sogar offenes Mobbing. In einem Team oder Unternehmen, in dem „Ganzheit" unerwünscht oder „uncool" ist, kann kein Vertrauen entstehen. Stattdessen herrschen Angst und Rückzug vor. Wenn sich jeder Mitarbeitende nur mit einem Teil seiner Persönlichkeit, also nur mit der sozial kompatiblen Fassade einbringen kann, kann das gemeinsame Arbeitsergebnis auch nur einen Teil von dem darstellen, was möglich gewesen wäre. Das Potenzial an Kreativität wird keinesfalls ausgeschöpft. Vertrauen entsteht in einem solchen Umfeld jedenfalls nicht.

Für das Entstehen von Vertrauen ist es hilfreich, wenn Sie als maßgebliche Führungskraft beginnen, Vertrauen zu schenken, statt es einzufordern. Wenn sich ein Team neu bildet, oder wenn Sie in einer Führungsposition neu sind, kann es sein, dass der Faktor „längerer Zeitraum" noch keine Chance hatte zu wirken. Also bleibt Ihnen zunächst nur, die Haltung von Vertrauen einzunehmen, und sich Ihrem Gegenüber konsequent und zuverlässig wertschätzend zu verhalten. Falls Ihr geschenktes Vertrauen von Ihrem Kollegen oder Mitarbeitenden wahrgenommen wird, wird er vermutlich alles dafür tun, das Vertrauen nicht zu enttäuschen. So kann gegenseitiges Vertrauen entstehen.

Falls beide jedoch darauf warten, dass zuerst der Andere Vertrauen schenkt, oder zunächst gute Gründe liefert, bevor die eigene Bereitschaft zum Vertrauen im Gegenzug eingeräumt wird, wird kein Vertrauen entstehen, sondern Distanz und sogar Misstrauen.

Übersicht

In diesen Verhaltensweisen kann Vertrauen ausgedrückt und gegenseitig gefördert werden (Beispiele und Prinzipien):

- **Verbindlichkeit:** Vereinbarungen, Verabredungen und Termine halten Sie immer ein, Sie sind verlässlich, auf Ihr Wort ist Verlass.
- **Transparenz:** Ihr Führungs- und Kommunikations-Stil ist immer nachvollziehbar, Sie machen transparent, was Sie für „gerecht" halten (und verändern das nicht immer wieder), Entscheidungen werden von Ihnen erklärt, Ihre Prinzipien sind bekannt und werden von Ihnen regelmäßig gelebt.
- **Authentizität:** Sie selbst sind authentisch, halten Gefühle, Zweifel oder Fragen nicht hinter eine Fassade versteckt, Mitarbeitende oder Kollegen werden von Ihnen nicht abgewertet oder kritisiert, wenn sie ihrerseits Emotionen oder Unsicherheiten zeigen – und Sie weichen davon auch nicht ab.
- **Klarheit:** Wenn Sie kommunizieren, dann stets klar, nachvollziehbar, ohne „Hidden Agenda" oder doppelten Boden. Sie lügen nicht und verschleiern nichts.
- **Be-/Abwertung** und Feedback-Kultur: Wenn Sie kritisieren, dann kritisieren Sie stets ein spezifisches Verhalten, aber niemals den betreffenden Menschen an sich. Sie kommunizieren in Ich-Botschaften und nicht in Du-Botschaften. Beispielsweise: „Mir hat es nicht gefallen, dass Sie in der Präsentation den Umstand XY erwähnt haben. Stattdessen hätte ich mir gewünscht, dass..." anstelle von „Ich bin enttäuscht von Ihnen" oder Ähnliches.
- **Konsequenz im Verhalten:** Ankündigungen, Prinzipien oder Sanktionen werden von Ihnen stets transparent und nachvollziehbar durchgehalten. Ihr Verhalten ist berechenbar, Sie verhalten sich gegenüber dem Mitarbeiter A nicht anders als gegenüber dem Mitarbeiter B.
- **Fehler-Kultur:** Sie gehen mit Fehlern zunächst aus einer eigenen Haltung um, die unterstellt, dass Dinge auch anders erledigt werden können, als Sie es selbst getan hätten. Abweichungen von Ihren Erwartungen sind nicht automatisch ein „Fehler". Sollte dennoch ein objektiver Fehler passiert und ein Schaden entstanden sein, gehen Sie damit konstruktiv um, indem Sie nach den Möglichkeiten zum Lernen und gemeinsamen Wachsen suchen, statt den Mitarbeiter, Lieferanten oder Kunden dafür abzuwerten.
- **Umgang mit Konflikten:** Ähnlich wie bei „Authentizität" und „Fehler-Kultur". Sie zeigen im Sinne einer Ich-Botschaft, wie es Ihnen persönlich gerade mit dem Konflikt geht, gleichzeitig suchen Sie verlässlich und konstruktiv nach gemeinsamen Lösungsmöglichkeiten, ohne Ihr Gegenüber persönlich abzuwerten.

5.2.3 Strukturen

Unter Strukturen verstehe ich Regeln, Vereinbarungen und Leitplanken, die Halt und Sicherheit geben. In jedem Team und in jedem Unternehmen sind sie organisatorisch unerlässlich. Hilfreiche Strukturen zeichnen sich dadurch aus, dass sie

1. eindeutig und verlässlich vereinbart sind,
2. bei allen Führungskräften Mitarbeitenden bekannt (und idealerweise dokumentiert) sind und
3. als Regel oder mindestens als Prinzip akzeptiert sind.

Beispiel

Hilfreiche Strukturen sind z. B.:

- Prozesse und Abläufe
- Definierte Ziele und transparente Ziele-Kaskaden
- Dokumentations-Regeln und -Formen
- Definierte und dokumentierte Verhaltens-Regeln, Checklisten, Arbeitsanweisungen
- Rollenbeschreibungen und Organigramme
- Definierte Verantwortlichkeiten
- Verbindliche, wiederkehrende Besprechungstermine, wie beispielsweise wöchentliche Jour-fixes oder Scrum-Regel-Meetings ◄

Zusammenhang zwischen Ihrer Meditation, Bewusstseinsentwicklung und guter Team-Führung

Wenn Ihnen als Führungskraft gelungen ist, durch Meditation die achtsame Selbst-Wahrnehmung und eine stabile Selbst-Führung zu trainieren und zu etablieren (siehe Kap. 2 und 3), haben Sie eine äußerst hilfreiche Grundlage für die Förderung von guter Team-Arbeit zur Verfügung.

Als Führungskraft mit einem entwickelten „Selbst-Bewusstsein" sind Sie bereit und in der Lage, jederzeit mutig und gelassen in den ehrlichen Austausch mit Ihren Kollegen zu gehen, genauso wie mit Ihren Mitarbeitenden. Solange Sie innerlich stabil und gleichzeitig offen sind, können Sie mit Ihrem Team in einem gemeinsamen Prozess herausfinden, welche Werte Sie teilen und welche Ideen und Zukunftsvorstellungen Sie jeweils haben. Dieser Austausch kann sich auf größere Zusammenhänge, wie beispielsweise ein längerfristiges Projekt beziehen, aber auch auf kleine Details in der operativen Zusammenarbeit. Die Prinzipien sind immer gleich, aber der Kommunikationsaufwand wird sich im Umfang erheblich unterscheiden.

Wenn Sie bei sich selbst „angekommen" sind, auf sich selbst grundsätzlich vertrauen und sich nicht (mehr) selbst abwerten oder als Person in Zweifel ziehen, haben Sie keine Furcht mehr, Ihre eigenen Emotionen zu äußern. Ebenso glauben Sie nicht mehr, dass Sie Ziele und Zukunftsvorstellungen top-down anweisen müssten. Sie können stattdessen Ihre Sichtweise und Haltung authentisch zur Verfügung stellen und sie dann gemeinsam mit dem Team weiterentwickeln.

Als Folge Ihres eigenen Selbstbewusstseins, dass immer weniger von Ihrem Ego getrieben ist, tragen Sie erheblich dazu bei, dass Identifikation, Motivation und Vertrauen entstehen können – und auf dieser Basis auch gute Teamarbeit.

5.3   Teamentwicklung

5.3.1   Teamentwicklung als kontinuierlicher Austausch

Für Ihre Reflexion als Führungskraft bedeutet das: Sind einige oder gar alle Aspekte aus dem Modell der guten Teamarbeit (s. Abb. 5.2) nicht gegeben oder mangelhaft ausgeprägt, so ist der Nutzen einer gezielten Teamentwicklung besonders hoch, aber auch zwingend erforderlich.

Die gemeinsamen Stärken und Werte auszubauen, ein gemeinsames Fundament zu schaffen und so die Basis für eine konstruktive Weiterentwicklung zu legen, das ist hier oberste Priorität. Eine geplante Teamentwicklung sollte dabei immer klarmachen, inwiefern sie sich systematisch und methodisch nachvollziehbar um die drei Säulen kümmert.

Oft werden in Teamentwicklungen allerdings die drei Eckpunkte als Fundament für gute Teamarbeit nicht konsequent behandelt, weil sie von dem Team selbst, dem Management – oder mindestens genauso kritisch: vom externen Teamcoach – nicht als unbedingt notwendig erkannt wurden. Manchmal werden in Situationen, die als emotional verbesserungswürdig empfunden werden, nur scheinbar bewährte und immer noch angewandte Methoden probiert, wie zum Beispiel „Klettergarten", „Gemeinsames Floß-Bauen" und Ähnliches. Derartige Events machen zwar oft Spaß, und können sehr wohl zur Auflockerung des Betriebsalltags oder als Incentive nach einer schwierigen, erfolgreichen Phase eingesetzt werden. Aber als nachhaltige Maßnahme zur effektiven Teamentwicklung sind sie ungeeignet, weil sie bestenfalls nur kleine Ausschnitte des Dreiecks der guten Teamkultur berühren.

Teamentwicklung ist ein zielführender Prozess zur (proaktiven) Verbesserung der Zusammenarbeit und der Motivation im Team, von der Führungskraft und Mitarbeiter gleichermaßen profitieren, wenn wirklich wesentliche Erkenntnisse berücksichtigt und methodisch gekonnt umgesetzt werden.

In Zeiten der Agilität ist der Versuch, einen „zielführender Prozess" gemeinsam zu durchlaufen, an sich schon fast ein Paradox und kann nur gelingen, wenn allen klar ist, dass es keinen festen Plan gibt. Entwicklungen miteinander sind nicht nur vom Team selbst, sondern auch von anderen, mit diesem, vernetzten Team abhängig, von der Wirtschaftlichkeit, von Strukturen, die scheinbar in Stein gemeißelt sind, oder gerade aufbrechen und/oder sich neu ordnen. Nur durch ausreichend Zeit und Raum, um sich selbst und alle anderen zu reflektieren, um dann auch noch die gesamte Organisation im Blick zu haben, wird es gelingen, die Transformation zu vollbringen.

Im vorherigen Kapitel haben Sie prinzipiell verstanden, welche drei Säulen für eine gute Kultur und gute Team-Arbeit notwendige Voraussetzung sind. Wenn Sie in die Umsetzung gehen und gute Teamarbeit etablieren möchten, ist es unerlässlich, dass Sie bei sich persönlich, Ihrer eigenen Haltung und Ihrem Verhalten beginnen.

▶ **Praxis-Tipp** Teilen Sie und das Team gemeinsame Werte? Finden Sie es heraus. Kommunizieren Sie. Teilen Sie Ihre eigenen Werte mit und – noch wichtiger – fragen Sie die anderen Menschen nach deren Werten. Seien Sie dabei behutsam und fallen Sie bei Ihren Kollegen oder Mitarbeitenden nicht mit der Tür ins Haus. Seien Sie dabei zunächst ehrlich zu sich selbst, was WIRKLICH Ihre Werte sind – und das sind oft nicht die, die sich gut anhören oder sozial erwünscht sind. Manchmal erfordert es Mut, zunächst sich selbst gegenüber offen und klar zu formulieren, was Ihre wichtigsten Werte sind. Gehen Sie dabei in die Tiefe. Denn wenn Sie nicht Ihre wirklich wichtigsten Werte erkennen und sich und anderen gegenüber vorgeben, für bestimmte Werte zu stehen, die Sie in Wirklichkeit nicht in sich tragen, werden es die Menschen in Ihrer Umgebung spüren und Sie – mindestens unbewusst – als nicht-authentisch wahrnehmen.

Nicht immer gelingt es in Gesprächen sofort, die gemeinsamen Werte zu identifizieren. Manchmal ist es ein Prozess, für den Sie miteinander Geduld und Zeit benötigen. Wichtig ist es in dem Fall, den Faden mutig und gelassen immer wieder aufzunehmen. Das gelingt am besten, wenn Sie sich miteinander Zeit und Ruhe nehmen. Versuchen Sie nicht, diese Aufgabe z. B. im Rahmen eines wöchentlichen Regel-Meetings abzuhaken.

Auf dieser persönlichen Ebene begegnen viele Führungskräfte ihren Kolleginnen und Kollegen eher selten, ebenso wie ihren Mitarbeitenden. Daher ist für den ersten Austausch eine erkennbar andere Situation sinnvoll, ausgedrückt z. B. durch die Location, oder auch durch den zur Verfügung gestellten zeitlichen Rahmen. Für einen solchen Austausch innerhalb des ganzen Teams gönnen Sie sich am besten eine mindestens eintägige Workshop-Auszeit außerhalb der Büroräume.

Seien Sie achtsam, nehmen Sie wahr. Sie dürfen auch Vermutungen anstellen – aber unterstellen Sie anderen Menschen nichts. Selbst wenn Sie das subjektive Gefühl haben, sie wüssten, „wie der andere tickt". In jedem Fall benötigen Sie explizite Kommunikation. Vielleicht können Sie dem Anderen durch wertschätzende Fragen spiegeln, was Sie an regelmäßigem Verhalten oder Emotionen wahrnehmen – und welche Haltung oder welche Werte dahinterstehen könnten. Vielleicht trifft Ihre Hypothese nicht exakt das, was Ihrem Gegenüber tatsächlich als Wert wichtig ist. Aber auch in dem Fall sind Sie zumindest schon einmal im Gespräch.

Interessant wird es, wenn Sie miteinander das Gefühl haben, es gäbe auf den ersten Blick keine oder keine ausreichend große Schnittmenge an relevanten Werten. Wie werden Sie dann vorgehen, was werden Sie denken oder fühlen? Werden Sie enttäuscht sein und unwillkürlich in alte Muster verfallen, indem Sie selbst „ansagen", was zu gelten hat? In solchen Fällen sollten Sie weiter und tiefer ins Gespräch gehen. Manchmal ist es hilfreich, zunächst heraus zu finden, welche Vorstellungen von der Zusammenarbeit oder vom Ergebnis und Zweck eines Projektes oder einer Aufgabe beide – oder das gesamte Team – jeweils haben. Hilfsfragen können z. B. sein: „Was soll dadurch erreicht werden?" oder „Wann werden wir uns zufrieden fühlen?" Über diesen Umweg „Wofür" werden gemeinsame Werte, Bedürfnisse oder Ziele erfahrungsgemäß oft erst auf den zweiten oder dritten Blick erkennbar.

Sie sehen anhand des letzten Abschnittes, wie wichtig die Möglichkeit zur Selbstentwicklung jedes Mitarbeitenden ist. Jeder einzelne Mensch ist eingeladen und aufgefordert, um seine Werte, Kommunikationsmöglichkeiten, Emotionen und Gefühle zu wissen, um dadurch größtmögliche Stabilität in sich selbst zu finden. Nur dann ist es möglich, sich als starken Teil in ein Team einzufinden, nur dann kann dieses starke Team mit anderen Teams in Unternehmen arbeiten, nur so kann eine starke Organisation entstehen.

5.3.2 Selbstorganisierte Teams

Für eine ideale Welt der Unternehmenskultur habe ich die folgende Vision:

Wenn die beschriebenen Voraussetzungen erfüllt sind, kann eine völlig neue Unternehmenskultur entstehen, die von den drei Säulen der guten Zusammenarbeit durch und durch geprägt ist. In so einer idealen Unternehmenskultur werden Teams keine Teambuildingmaßnahmen mehr durchlaufen müssen, sondern sich selbst zusammenstellen und organisieren.

Sie erinnern sich an die offene Schleife des limbischen Systems – und allein dieses wird dafür sorgen, dass Teams sich demnächst anders und immer wieder neu zusammensetzen. Wenn ein Mensch in Ihrem Unternehmen also ein neues Projekt startet, wird diese Person sich andere Mitarbeitende suchen. Das wird sie intuitiv machen und dabei wissen, dass diese Menschen mit ihr in Resonanz gehen. Vertrauen, Zielsetzung, Motivation werden zunehmend darüber entscheiden, wie Projekte bearbeitet werden und wie erfolgreich sie sind.

Selbstorganisierte Teams bergen für Sie als Führungskraft ein enormes Potenzial, emotional und organisatorisch entlastet zu werden. Die neu gewonnene Freiheit gibt Ihnen den Raum, sich um Themen zu kümmern, die im Rahmen des „Tagesgeschäfts" regelmäßig auf der Strecke bleiben: Die (Weiter-)Entwicklung von Strukturen, die Team-Entwicklung, die Entwicklung von Menschen im Unternehmen, sowie die Entwicklung des Geschäfts nach innen, durch die Förderung von guten Ideen und Innovationen – und nach außen, beispielsweise durch das Knüpfen von strategischen Kontakten zu Partnern.

Diese ideale Unternehmens- und Teamkultur kann allerdings nur funktionieren, wenn Sie sie als Führungskraft nicht unbewusst torpedieren.

Vielen Führungskräften ist nicht bewusst, welche Rolle sie einnehmen können, um das Selbstwertgefühl von Teams und deren funktionierende Selbstorganisation zu fördern und zu unterstützen, statt sie zu behindern oder sogar unmöglich zu machen.

▶ Ein – vielleicht DER – entscheidende Faktor als Voraussetzung für Selbstorganisation ist Angstfreiheit. Und zwar Angstfreiheit bei der Führungskraft zum einen, aber vor allem auch Angstfreiheit beim Team zum anderen.

Die Herstellung der eigenen Angstfreiheit der Führungskraft ist eine langfristige Aufgabe, die – das kann ich aus eigener Erfahrung sagen – mit Schmerzen, aber auch mit Freude verbunden ist. In jedem Fall aber mit einem stetig wachsenden Zugewinn an innerer Freiheit. Den Weg dahin konnten Sie in den vorherigen Kapiteln nachvollziehen.

Die Angstfreiheit des oder der Teams können Sie als Führungskraft zwar nur indirekt, dafür aber bewusst und systematisch fördern: Die amerikanische Organisations-Psychologin Amy C. Edmondson hat in ihren Erfahrungen und Forschungen herausgefunden und beschrieben, dass Teams unbedingt psychologische Sicherheit als das Gegenteil von Angst benötigen (Edmondson 2018).

Frei nach Amy C. Edmondson sind vier wesentliche Einsichten und Verhaltensweisen für Sie als Führungskraft erfolgskritisch, damit die Selbstorganisation nicht im Keim erstickt wird:

1. Das Team benötigt eigene Erfolgskriterien
2. Das Team benötigt eigene Entscheidungsprozesse und -regeln
3. Im Team sowie zwischen Führungskraft und Team muss es eine klare Rollenverteilung geben
4. Sicherheit durch die Führungskraft als gelassenes „Vor-Bild"

1. Das Team benötigt eigene Erfolgskriterien

Wenn Sie Führungskraft sind, sind Sie es vielleicht gewohnt, die Richtung und die Regeln vorzugeben. Wahrscheinlich haben Sie klare Vorstellungen davon, was für Sie „Erfolg" bedeutet oder wann eine Aktivität oder ein Projekt „erfolgreich" sind. Unabhängig vom Erfolg haben Sie weiterhin eigene Vorstellungen davon, wie Sie bestimmte Tätigkeiten im Unternehmen ausführen oder ausgeführt sehen wollen. Möglicherweise sind Sie sogar fachlicher Experte.

All das führt dazu, dass Mitarbeitende Ihnen diese Kompetenz und Autorität in der Regel auch zuschreiben und bewusst oder unbewusst darauf achten, was Sie „gut", „richtig", „falsch" oder „schlecht" finden. An Ihren Maßstäben orientieren sich die Mitarbeitenden, um Wertschätzung und Lob zu erhalten und um Kritik oder Abwertung zu vermeiden.

Für die Selbstorganisation von Teams ist das allerdings kontraproduktiv. Hierbei handelt es sich um einen wesentlichen Faktor, der die Transformation Ihrer Unternehmenskultur erheblich behindern kann. Wenn Sie die Selbstorganisation von Teams ausrufen, aber nicht gleichzeitig miteinander dafür sorgen, dass die Bindung an die Maßstäbe der Geschäftsführung oder der maßgeblichen Führungskraft fallengelassen werden, werden die Teams in der permanenten psychologischen Unsicherheit leben und arbeiten. Permanent werden sie sich bewusst oder unbewusst fragen, ob das, was sie tun, den Ansprüchen „von oben" genügt. Aufgaben oder Erfolge können nicht richtig mit innerer Sicherheit abgeschlossen werden, oder die Mitarbeitenden kommen sogar noch regelmäßig zu Ihnen, um sich zu erkundigen, ob Aufgaben-Ergebnisse oder Verfahren „gut" oder „richtig" sind. Die Folgen sind: Sie als Führungskraft werden auch weiterhin eine Art Engpass in Bezug auf die Entscheidungsfindung sein, Sie werden nicht persönlich entlastet und die Mitarbeitenden werden durch das permanente Suchen nach Bestätigung verunsichert und von dem, was wirklich wichtig ist, abgelenkt, nämlich vom Erfolg „am Markt" bzw. von dem, was der Kunde will und honoriert.

Die Lösung kann also nur darin liegen, dass sich die Teams frühzeitig darüber verständigen, was für sie „gut" oder „richtig" ist, was für sie „Erfolg" ist und was sie – im Rahmen der Unternehmensstrategie oder anderer Rahmenbedingungen – erreichen wollen.

Ihre eigenen Vorstellungen und Maßstäbe können und sollen Sie als Führungskraft dabei durchaus beisteuern. Gleichzeitig muss aber klar sein, dass es sich dabei um EINE mögliche Sichtweise handelt. Ihre persönliche Aufgabe wird es sein, anschließend die Vorstellung loszulassen, dass dieser Beitrag auch weiterhin DIE Sichtweise ist, an der sich das Team orientiert.

In einem gemeinsamen Team-Prozess, an dem Sie selbst unbedingt teilnehmen, sollten Sie und das Team die Maßstäbe und Kriterien für Erfolg, für „gut", „falsch" oder „fertig" definieren. Damit dieser Prozess funktioniert, ist es wichtig, dass Sie ihn durch einen neutralen Coach oder Moderator begleiten lassen. So können Sie persönlich dabei unterstützt werden zu vermeiden, regelmäßig in die Rolle des Führenden zu verfallen, z. B. durch suggestives Nachfragen, um das Team in die „richtige Richtung" zu bringen. Und das Team kann auf diese Weise dabei ermutigt werden, wirklich eigene Kriterien, Vorstellungen und Maßstäbe zu entwickeln und nicht regelmäßig darauf zu schauen, was von Ihnen möglicherweise „gewollt" wird.

Das Loslassen von traditionellen Führungsvorstellungen wird für Sie in diesem Kontext erheblich vereinfacht, wenn Sie durch Zen oder generell Meditation für sich erkannt haben, was Ihr Ego ist und will, wo es Ihnen regelmäßig dazwischen quatscht und wie Sie Ruhe und Gelassenheit für sich erreichen können. Das Loslassen von eigenen Mustern und Konzepten ist eine der wichtigsten und für Ihre persönliche Entlastung und Regulation kritischsten Übungen. Auch und gerade im Kontext von Team-Führung.

2. Das Team benötigt eigene Entscheidungsprozesse und -regeln

Gerade an der Frage, nach welchen Kriterien in einem selbstorganisierten Team Entscheidungen gefällt werden, entscheidet sich oft Erfolg oder Misserfolg. Wenn Sie als Führungskraft wirklich loslassen können und wollen, liegt es auf der Hand, dass Sie für das Team im operativen Geschäft keine Entscheidungen mehr treffen. Also muss das Team selbst entscheiden – auch wenn es zunächst ungewohnt ist.

Beispiele

Beispiele für mögliche Entscheidungsprozesse sind:

- *Konsent-Verfahren*
  Typischerweise kommen Teams als Erstes auf die Idee, dass Entscheidungen per Mehrheitsentscheid gefällt werden sollten. Dieses Verfahren hat allerdings einen entscheidenden Haken: Es kann passieren, dass derjenige oder diejenigen, die die eigentlichen fachlichen Experten für eine zu treffende Entscheidung sind, von der Mehrheit überstimmt werden. In dem Fall wäre die Entscheidung suboptimal. Eine Lösung kann darin liegen, dass das sogenannte „Konsent"-Verfahren angewandt wird. In dem Fall ist es erforderlich, dass alle Bedenken oder Einwände des oder der Experten gehört und ausführlich diskutiert werden. Die Einwände gegen eine anstehende Entscheidung müssen systematisch entkräftet werden. Es müssen also Szenarien oder Lösungsansätze entwickelt werden, die die erhobenen Bedenken entkräften. Das kann ein manchmal mühsames – aber lohnendes – Verfahren sein, weil das Team dazu gezwungen ist, sich intensiv und ehrlich mit der Materie auseinanderzusetzen.
  Um ausufernde Konflikte zu vermeiden, kann es für das Verfahren sinnvoll sein, einen externen Moderator hinzuzuziehen. Wobei „extern" nicht zwingend eine Person meint, die von außerhalb des Unternehmens kommt. Auch die Führungskraft kann beispielsweise als Moderator agieren, allerdings nur unter strikter Einhaltung der neutralen Rolle und ohne fachliche bzw. inhaltliche Suggestion.
- *Experten-/Nutzer-Einigkeit*
  Eine andere Variante kann ein Beratungsprozess sein, den Frederic Laloux (2016) beschrieben hat: Danach kann jeder im Team eine operative Entscheidung fällen, wenn er oder sie sich mit anderen Kollegen oder Kolleginnen intensiv dazu beraten hat. Die Kollegen, die zwingend konsultiert werden müssen, sind erstens die ausgewiesenen fachlichen Experten zu dem betreffenden Thema. Und zweitens sind es die Mitarbeitenden, die von der Entscheidung direkt betroffen sind, indem sie es später umsetzen müssten. Sowohl die Experten als auch die Umsetzer müssen dabei nicht Teil des Teams sein, sondern können auch in anderen Unternehmensbereichen arbeiten. Die zu treffende Entscheidung ist also solange zu diskutieren und ggf. zu modifizieren, bis beide Gruppen zustimmen. Der Beratungsprozess

und die Zustimmungen sollten für die spätere Nachvollziehbarkeit dokumentiert werden. Das ist hilfreich, falls sich die Entscheidung als besonders erfolgreich oder auch als nicht-hilfreich herausgestellt haben sollte. In beiden Fällen soll die Nachvollziehbarkeit zum Zwecke des Lernens dienen und nicht etwa für Schuldzuweisungen. ◄

3. **Im Team sowie zwischen Führungskraft und Team muss es eine klare Rollenverteilung geben**

Für die Arbeitsfähigkeit und eine funktionierende, effektive Dynamik im Team ist es erforderlich, dass es klare Verantwortlichkeiten gibt. Und zwar sowohl innerhalb des Teams als auch zwischen Team und Führungskraft.

Innerhalb des Teams bedeuten Verantwortlichkeiten vor allem unterschiedliche Rollen, die dafür sorgen, dass die erforderlichen Arbeiten erledigt werden, dass Prozesse funktionieren und Ergebnisse erzeugt werden. Die Festlegung der Rollen kann durchaus ein iterativer Prozess sein, an dessen Anfang ein ausführlicher, gemeinsamer, erster Workshop steht. Im Verlauf der Team-Arbeit kann es zyklische oder spontane Zusammentreffen geben, in denen die Verteilung und Ausgestaltung der Rollen regelmäßig überprüft – und bestätigt oder angepasst wird.

Die gemeinsame Festlegung und Akzeptanz von Rollen innerhalb des Teams haben zwei wichtige Effekte:

– *Rollen im Team*

In einer Gruppe von Menschen gibt es immer unterschiedliche Typen. Menschen sind unterschiedlich in ihrem Auftreten, in ihrer Kommunikationsfreudigkeit, in ihrem Know-How. Das kann dazu führen, dass es immer wieder dieselben Personen sind, die den Ton angeben, die andere Team-Mitglieder aufgrund ihrer stärkeren Präsenz überstimmen, und die Inhalte von Aufgaben, das erwartete Arbeitstempo oder Entscheidungen vorgeben. Das kann bewusst oder unbewusst passieren und auf beiden Seiten zu Frustrationen führen. Bei demjenigen, der regelmäßig vorneweg marschiert, kann das Gefühl aufkommen, auf Dauer überfordert zu sein, weil immer er oder sie „sich um alles kümmern" müsse oder „zu wenig Unterstützung von den anderen" erhalte.

Bei demjenigen, der eher zurückhaltend agiert, kann sich z. B. ein störendes Gefühl von „Unterdrückung" oder mangelnder Würdigung der eigenen Beiträge einschleichen. Alle solche emotionalen Entwicklungen wären hinderlich für die erfolgreiche Team-Arbeit und können in unterschwellige oder auf Dauer sogar offene Konflikte führen.

Wenn in einem Team jedoch eine klare Rollenverteilung entwickelt wurde, die dem Können und den Bedürfnissen der einzelnen Team-Mitglieder entgegenkommen, bietet das eine enorme Chance, alle vorhandenen Stärken und Fähigkeiten in einem Team möglichst optimal auszuschöpfen.

– *Rollenverteilung zwischen Führungskraft und Team*

Oft ist es das Team gewohnt, bestimmte Entscheidungen oder Bewertungen bei der zuständigen Führungskraft „abzuholen" oder sich darauf zu verlassen, dass Rahmenbedingungen oder Zulieferungen an Ressourcen durch die Führungskraft geregelt werden. Das kann die autarke, motivierte Arbeit des Teams behindern. Bestenfalls führt es zu Passivität, weil es sich darauf verlässt, dass die Führungskraft schon dafür sorgen wird, dass alles gut läuft. Schlechter wäre sogar der Fall, dass es im Team Ärger oder Widerstand gibt, wenn die Führungskraft wiederholt von außen hineinregiert.

Die Lösung liegt in einer klaren Aufgabentrennung. Dabei zieht sich die Führungskraft aber weder völlig zurück und überlässt das Team sich selbst, noch bleibt sie ein undefinierter Teil des Teams. Stattdessen kann sie für strukturelle Sicherheit und Klarheit bei der Einbindung des Teams in das übrige Unternehmen sorgen, sie kann die persönliche Entwicklung der einzelnen Team-Mitglieder als vertrauensvoller „Coach" vorantreiben und sie kümmert sich um die Weiterentwicklung des Geschäfts auf einer übergeordneten Ebene. Das Verhalten der Führungskraft zeichnet sich also bestenfalls dadurch aus, dass es dem Team sowohl Raum als auch Halt gewährt.

4. **Sicherheit durch die Führungskraft als gelassenes „Vor-Bild"**

Sie stehen als Führungskraft täglich im Scheinwerferlicht des Teams, ob Sie wollen oder nicht. Ihre innere Haltung und Ihr äußeres Verhalten werden permanent bewusst oder unbewusst vom Team beobachtet. Ob Sie Selbst-Vertrauen haben, ob Sie gelassen sind, ob Sie Furcht vor der Zukunft verspüren, ob Sie unsicher oder sicher sind, ob Sie erschöpft oder voller Energie sind – alles wird registriert und hat Wirkung auf Ihr Team. Die Energie, die Sie selbst in sich tragen, strahlen Sie nach außen und auf Ihre Mitarbeitenden aus. Ob sie wollen oder nicht.

Wenn Ihnen diese Tatsache bewusst ist, hat das Konsequenzen. Nämlich die, dass Sie sich ganz bewusst darauf einstellen können und sollten, dass Sie ein „Vor-Bild" im Unternehmen und gegenüber Ihrem Team sind. Ich versuche nicht auszudrücken, dass Sie alles daransetzen sollten, immer happy und mit einem „Tschacka!" Ihrem Team zu begegnen. Das wäre unrealistisch und – sofern Sie es nicht wirklich fühlen – nicht authentisch, nicht glaubwürdig und dadurch sogar kontraproduktiv.

Sie haben aber jeden Morgen die Chance, sich durch einen Moment der Stille oder Meditation in einen inneren Modus zu bringen, der Ihnen Klarheit, Bewusstheit und Präsenz ermöglicht. In diesem Modus können Sie in vollem Bewusstsein handeln, kommunizieren, entscheiden und mit den Menschen in Ihrer Umgebung angemessen umgehen.

Wie Sie mit sich selbst, mit Ihren eigenen Emotionen, mit den – vermeintlichen – Fehlern anderer oder mit herausfordernden Situationen umgehen, wird anders sein, als unbewusst zu sein. Sind Sie offen, mutig, gelassen? Oder sind Sie unklar, verzagt, erratisch oder ungerecht? Es hängt von Ihrem inneren Modus ab. Das wird genau wahrgenommen. Es ist nicht so, dass „es" eine bestimmte Kultur in Ihrem Unternehmen oder in Ihrem Team „gibt". Sie sind die Kultur. Sie machen die Kultur.

Teamgeist, Offenheit, Selbst-Bewusstsein, Mut (z. B. um zuzugeben, dass Sie persönlich für ein Problem gerade keine Lösung haben, deshalb das Team nach Ideen oder um einem Rat fragen), Gelassenheit, Emotionalität, Authentizität – all das können Sie Ihrem Team oder den Teams in Ihrem Unternehmen vorleben, wenn es Ihnen gelingt, ganz bei sich zu sein bzw. Sie-Selbst zu sein. Wenn Sie innerlich gefestigt sind und sich entsprechend verhalten, wird es auf das Team oder Ihre Teams ausstrahlen und emotionale Sicherheit vermitteln. Dann mag auch das Team eher offen und gelassen miteinander umgehen. Es hat dann eher den Mut, Risiken einzugehen, mit Fehlern konstruktiv umzugehen, Fragen zu stellen, statt nur das Gefühl zu haben, Antworten liefern zu müssen und Emotionen nicht hinter einer Fassade verstecken zu müssen. So kann es sich lösungsorientiert und motiviert einbringen.

5.4   Lasst das Krachen beginnen! Konfliktmanagement in Teams

5.4.1   Konflikt-Ebenen

Wer ein Unternehmen führt, wer mit vielen Menschen in Teams zusammenarbeitet, weiß, dass es Konflikte gibt. Nun werden die folgenden Abschnitte für Sie möglicherweise nicht ganz neu sein, umso mehr möchte ich Sie bitten, in eine Art innere Prüfung zu gehen. Denn unter Umständen ist es so, dass Sie mit einem veränderten Bewusstsein auch anders auf einen Konflikt schauen. Im besten Fall wissen Sie für sich, welche Konflikte auf welche Ereignisse in Ihrem Leben zurückzuführen sind. Sie wissen, welcher Typ Mensch und welche Art von Konflikt Sie antriggert. Meistens werden Werte verletzt, Bedürfnisse nicht erkannt, schon gar nicht formuliert und ausgesprochen. Als Führungspersönlichkeit wird diese Erkenntnis aber Ihre Basis für die Kommunikation bilden, nicht nur für die Worte, die Sie sprechen. Auch für Ihre Mimik und Gestik, ganz besonders, wenn sie unbewusst stattfindet. Sie entwickeln nun ein anderes Verständnis für das Thema Konflikte, was wichtig ist, für die Art, wie Sie Ihr Unternehmen demnächst führen werden, wie Ihre Mitarbeitenden geführt werden – und selbst Führung übernehmen – und elementar für den Erfolg Ihres Unternehmens. Denn wenn eines klar ist: Reibungslos läuft keine Transformation.

Die Konflikteskalation nach Friedrich Glasl (2020) stellt ein Modell zur Verfügung, um Konflikte besser analysieren und während ihres Verlaufes besser (re-)agieren zu können. Das Modell hat neun Stufen, welche sich in drei Ebenen mit jeweils drei Abstufungen teilen. Was auf den ersten Blick vielleicht kompliziert wirkt, erweist sich auf den zweiten oft als hilfreiches Modul, um den Konflikt besser zu verstehen.

In der ersten Ebene können beide Konfliktparteien noch gewinnen (Win-Win). In der zweiten Ebene verliert eine Partei, während die andere gewinnt (Win-Lose) und in der dritten Ebene verlieren beide Parteien (Lose-Lose).

Mit diesem „Fahrplan" können Sie in vielen Situationen sehr gut erkennen, an welcher Station sich der Konflikt gerade befindet.

1. **Ebene (Win-Win)**
   Stufe 1: Verhärtung
   Konflikte beginnen mit Spannungen, z. B. gelegentlichem Aufeinanderprallen von Meinungen. Es ist alltäglich und wird nicht als Beginn eines Konflikts wahrgenommen. Wenn daraus doch ein Konflikt entsteht, werden die Meinungen fundamentaler. Der Konflikt könnte tiefere Ursachen haben.
   Stufe 2: Debatte
   Ab hier überlegen sich die Konfliktpartner Strategien, um den Anderen von seinen Argumenten zu überzeugen. Meinungsverschiedenheiten führen zu einem Streit. Man will den Anderen unter Druck setzen.
   Stufe 3: Taten statt Worte
   Die Konfliktpartner erhöhen den Druck auf den Anderen, um sich oder seine Meinung durchzusetzen. Gespräche werden z. B. abgebrochen. Es findet keine konstruktive Kommunikation mehr statt, und der Konflikt verschärft sich schneller.

2. **Ebene (Win-Lose)**
   Stufe 4: Koalitionen
   Der Konflikt verschärft sich dadurch, dass man Sympathisanten für seine Sache sucht. Da man sich im Recht glaubt, kann man den Gegner denunzieren. Es geht nicht mehr um die Sache, sondern darum, den Konflikt zu gewinnen, damit der Gegner verliert.
   Stufe 5: Gesichtsverlust
   Der Gegner soll in seiner Identität vernichtet werden durch alle möglichen Unterstellungen oder ähnliches. Hier ist der Vertrauensverlust vollständig. Gesichtsverlust bedeutet in diesem Sinne Verlust der moralischen Glaubwürdigkeit.
   Stufe 6: Drohstrategien

Mit Drohungen versuchen die Konfliktparteien, die Situation absolut zu kontrollieren. Sie soll die eigene Macht veranschaulichen. Man droht z. B. mit einer Forderung (10 Mio. EUR), die durch eine Sanktion („Sonst sprenge ich Ihr Hauptgebäude in die Luft!") verschärft und durch das Sanktionspotenzial (Sprengstoff zeigen) untermauert wird. Hier entscheiden die Proportionen über die Glaubwürdigkeit der Drohung.

3. **Ebene (Lose-Lose)**

   Stufe 7: Begrenzte Vernichtung

   Hier soll dem Gegner mit allen Tricks empfindlich geschadet werden. Der Gegner wird nicht mehr als Mensch wahrgenommen. Ab hier wird ein begrenzter eigener Schaden schon als Gewinn angesehen, sollte der des Gegners größer sein.

   Stufe 8: Zersplitterung

   Der Gegner soll mit Vernichtungsaktionen zerstört werden.

   Stufe 9: Gemeinsam in den Abgrund

   Ab hier kalkuliert man die eigene Vernichtung mit ein, um den Gegner zu besiegen.

Die Entstehungsgeschichte eines Konfliktes ist immer unterschiedlich. Zumindest der Ausgangspunkt kann nicht immer mit Sicherheit bestimmt werden. Das kann ein verkorkster Witz sein, ein unangemessener Tonfall in einem schlechten Moment, eine falsche Geste. Manchmal sind es unterschiedliche Interessen, die dazu führen, dass auf der Sachebene ein Konflikt entsteht. Wird dann nicht miteinander gesprochen und die Situation geklärt, ist es eine Frage der Zeit, bis die Beziehungsebene gestört ist und der Konflikt seine Bahnen zieht. Das erwähnte Modell von Friedrich Glasl ist das, welches am besten die verschiedenen Situationen aufzeigt, ab wann welches Stadium erreicht ist und was passiert – es sei denn, man unterbricht die Spirale mit einem Gespräch.

5.4.2 Die Kommunikation als Quelle für (Nicht-)Konflikte

Wenn Punkte, die zu einer guten Kommunikation gehören, nicht vorhanden sind, ist ein Konflikt oft nicht weit entfernt, die spätere Konfliktlösung dafür umso stärker erforderlich. Viele Konflikte entstehen aus Missverständnissen, Interpretationen oder eigenen Ängsten, da u. a. diese Punkte dafür sorgen, dass man nicht offen miteinander kommuniziert. Kommunikation ist weit mehr als der Austausch von Informationen. Kommunikation heißt auch, sich zu verstehen, in einer Verbindung zueinander sein, sich zu verständigen.

Die „5 Axiome" von Paul Watzlawick, die er in seinem Buch „Menschliche Kommunikation: Formen, Störungen, Paradoxien" auf den Seiten 57 bis 81 definiert (Watzlawick und Beavin 2011), leisten gute Dienste, um das Gelingen und die Störungen zu veranschaulichen:

- **„Man kann nicht nicht kommunizieren."** (Watzlawick und Beavin 2011, S. 58 ff.)
  Zum einen bedeutet dies, dass man sich der Kommunikation mit seiner Umwelt nicht entziehen kann. Zum anderen bedeutet es auch, dass selbst wenn man der Meinung ist, man kommuniziere nicht, z. B. durch Schweigen, Ignorieren, Verweigerung oder Sich-Zurückziehen, man eben doch kommuniziert.
- **„Jede Kommunikation hat einen Inhalts- und einen Beziehungsaspekt... derart, dass letzter den ersteren bestimmt und daher eine Metakommunikation ist."** (Watzlawick und Beavin 2011, S. 61 ff.)
  Dies bedeutet, dass der Beziehungsaspekt über dem Informationsaustausch steht. Es ist ein Axiom, das besonders die Menschen beachten sollten, die meinen, es gehe stets um die Sache.
  Mit jedem Wort, das wir einem anderen mitteilen, oder eben auch nicht, bringen wir unsere Beziehung zum Gegenüber zum Ausdruck. Die Gestik, die Mimik und der Tonfall ergänzen unsere Worte. „Selbstverständlich" lernten wir als Schüler bei den Lehrern am liebsten, die locker waren, sympathisch. Und der Professor an der Universität, dessen Lesungen besonders gut besucht waren, hat nicht andere Inhalte vermittelt als sein Kollege, aber er hat es witziger, interessanter oder einfach „besser" gelehrt.
  Welche aktuellen oder früheren Vorgesetzten fallen Ihnen gerade ein? Wem vertrauen Sie eher? Wen finden Sie überzeugender, unabhängig vom „sachlichen" Inhalt? Und heute, im Berufsleben, lässt es sich besser mit einem sympathischen Chef oder Kollegen arbeiten als mit dem Gegenteil. Wir sind – auch im Berufsleben – beziehungsgeleitet, was regelmäßig auch Auswirkungen auf eigene Pläne hat (Team- oder Projektwechsel, Kündigung, usw.). Über die Störung einer Beziehung zu reden ergibt großen Sinn, besonders wenn es sich um Menschen – ja, denken Sie ruhig an Ihre Mitarbeitenden – handelt, mit denen man eng und/oder viel zusammenarbeitet, freiwillig oder nicht.
- **„Die Natur einer Beziehung ist durch die Interpunktion der Kommunikationsabläufe seitens der Partner bedingt."** (Watzlawick und Beavin 2011, S. 65 ff.)
  Watzlawick gibt hier immer wieder das Beispiel des streitenden Ehepaares, was sich auch auf Arbeitsbeziehungen übertragen lässt. Die Ehefrau nörgelt, der Mann zieht sich zurück, die Frau nörgelt weiter, der Mann zieht sich weiter zurück. Die Frau nörgelt, weil der Mann sich zurückzieht. Der Mann zieht sich zurück, weil seine Frau nörgelt, beide interpretieren das eigene Verhalten als Reaktion auf das Verhalten des anderen, die Handlung des anderen ist die Ursache für das eigene Verhalten.
  Sollten sich die beiden jetzt noch auf die Suche nach dem Schuldigen machen, wird sie das in einen endlosen Teufelskreis führen, der gar nicht selten ein ganzes Eheleben hält. Und sollte Ihnen jetzt wieder ein Mensch aus Ihrem sozialen Leben einfallen, ist das nicht meine Schuld!
  Sollte Ihnen in diesem Zusammenhang Ihr Team einfallen, ist es gut – denn dann können Sie heute damit beginnen, solche Kreisläufe – sofern vorhanden – zu durchbrechen.

- **„Menschliche Kommunikation bedient sich daher digitaler (verbaler) und analoger (non-verbaler) Modalitäten."** (Watzlawick und Beavin 2011, S. 70 ff.)

  Eine ängstliche Stimme, gepaart mit ausgesprochenen Drohungen, oder ein gequältes Lächeln und abweisender Blick, während eine Entschuldigung ausgesprochen wird, sind Beispiele dafür, wie verbale und non-verbale Kommunikation wahrgenommen wird und welchen Effekt nicht zum Inhalt passende Gesten oder der Tonfall haben können. Wichtig ist daher, dass die verbale und non-verbale Kommunikation im Einklang steht.

  Dafür ist es eine gute Voraussetzung, dass Sie mit sich selbst im Einklang sind.

- **„Zwischenmenschliche Kommunikationsabläufe sind entweder symmetrisch oder komplementär, je nachdem ob die Beziehung zwischen den Partnern auf Gleichheit oder Unterschiedlichkeit beruht."** (Watzlawick und Beavin 2011, S. 78 ff.)

  Die Kommunikation kann symmetrisch oder komplementär ablaufen. Beide Beziehungsformen beruhen auf Gleichheit oder Unterschiedlichkeit, wobei es zu kurz gegriffen wäre, dies ausschließlich auf Positionen zu beziehen. Fähigkeiten oder Kompetenzen einer Person können ebenso zu einer komplementären Kommunikation führen.

  Bei der symmetrischen Kommunikation erachten sich die Gesprächspartner als gleichwertig bzw. gleichrangig, das Gespräch ist ausgewogen. Wenn zwei Kollegen derselben Abteilung miteinander einen Konflikt lösen, ist dies symmetrisch.

  Wenn ein Mitarbeiter zu seinem Vorgesetzten geht, um einen Konflikt zu besprechen, ist die Kommunikation komplementär, denn fast automatisch, also bewusst oder nicht, wählt man gegenüber dem Vorgesetzten eine andere Kommunikation als gegenüber seinen Kollegen. Zumindest war dies über Jahrzehnte hinweg der Fall.

  Spannend wird es sicher zu beobachten, wie sich die Kommunikation im Zuge von Themen wie „New Work", „Agilität", „Transformation", „Digitalisierung" usw. verhält oder verändert.

Zusammenfassung der Axiome

Jede Art der Zu- oder Abwendung ist eine Form von Kommunikation. Besonders in Hinblick auf die non-verbale Form gilt zu beachten, dass Gesten, Mimik und Tonfall oft „verräterisch" sind, denn eine nicht ernst gemeinte Entschuldigung oder der Versuch einen Konflikt zu lösen, wenn dies nicht wirklich so gemeint ist, wird vom Gegenüber oft erkannt. Die Schuldfrage sollte stets in den Hintergrund rücken. Wer an einer Lösung der Situation interessiert ist, legt sein Hauptaugenmerk auf die Gegenwart und die Zukunft und lässt unbeachtet, wer welchen Teil zum Konflikt beigetragen hat.

5.4.3 Menschliche Konflikt-Typen

So wie es unterschiedliche Konfliktarten gibt, sind auch die Menschen in ihrem Umgang mit schwierigen Gesprächen und Situationen verschieden. Es ist sicher nicht ratsam,

Menschen in Schubladen zu stecken, um sie zu kategorisieren. Ein strukturierendes Modell kann jedoch hilfreich sein, um Andere etwas besser zu verstehen, besonders, wenn sie ganz anders reden und handeln als man selbst.

Bitte verstehen Sie die folgende Auflistung wirklich nur als grobes Modell zu Orientierung. Verstehen Sie es nicht als statische Abgrenzug von kategorien. Es kann das Erkennen von Konflikt-Ursachen und -Quellen im ersten Moment trotzdem erleichtern. Wenn Sie die innere Bereitschaft aufbringen, von einem eigenen Standard-Konfliktlösungs-Muster abzuweichen, von eigenen Mustern loszulassen, und sich stattdessen auf die unterschiedlichen „Typen" besser einstellen, kann das Ihr Beitrag sein, einen Konflikt nicht entstehen zu lassen oder zu entschärfen, bzw. Reflexionsangebote zu machen und einen gemeinsamen Lösungsweg zu entwickeln.

Der extrovertierte Mensch
Er prescht in Diskussionen nach vorne, hat keine Angst, seine Meinung zu äußern und seine Interessen zu vertreten. Einige Menschen neigen sehr zur Rechthaberei, überfahren andere Menschen mit eigenen Ansichten, kritisieren alles und jeden und suchen die Schuld gerne bei allen, nur nicht bei sich selbst.

Der introvertierte Mensch
Er ist eher leise, sehr zurückhaltend und tut sich oft schwer, seine Meinung in Konflikten zu äußern, wenn ja, benötigt dies einen längeren Zeitrahmen, bis er dies tut. Wer diesen Menschentyp unterschätzt, tut sich oft selbst keinen Gefallen, denn Introvertierte haben oft ein sehr feines Gespür für Menschen und Situationen und hören sehr gut. Leider führt das lange Warten des Ansprechens oft dazu, dass „eine dicke Rechnung" präsentiert wird und Sachen und Situationen auf den Tisch kommen, die schon lange zurückliegen.

Der detailverliebte Mensch
Dieser Mensch möchte gerne jeden Konflikt auf der Sachebene klären, Details und Fakten sind für ihn sehr wichtig, Gefühle lässt er gerne außen vor und erwartet dies auch von seinem Umfeld. Oft reagiert er sehr barsch, wenn Menschen die Sachebene verlassen, nicht selten behandelt er andere herablassend.

Der analytische Mensch
Er verlangt Offenheit, will alle Fakten auf den Tisch gelegt haben, Kritik ist für ihn nichts Störendes. Grundsätzlich ein gutes Konfliktverhalten, wenn er sich nicht in Analyse und Detail verliert und nicht aus den Augen verliert, dass es Menschen gibt, die mit Kritik nicht gut umgehen können.

Der intuitive Mensch
Details und Analyse sind ihm fremd, ihm geht es in erster Linie um eine Lösung, er hinterfragt Menschen und Motive. Grundsätzlich ist es ein hilfreiches Hinterfragen,

wenn akzeptiert werden kann, dass Konflikte sich auch auf der Sachebene abspielen können und nicht stets zu viel in jede Diskussion hineininterpretiert wird.

Der harmoniebedürftige Mensch
Konflikte sind ihm unangenehm, er möchte gerne mit jedem Menschen in einer harmonischen Beziehung leben und fördert diese, seiner Meinung nach, indem er Konflikte und schwierige Gespräche nicht aufkommen lässt, immer nachgibt, es den Menschen recht macht.

Und als hätten Sie es geahnt: Wenn Menschen nur so leicht zu analysieren wären! Wichtig ist, dass sich jeder Einzelne über seine Konfliktfähigkeit soweit es geht, bewusst ist und in einem Umfeld arbeitet, in dem es ohne erhobenen Zeigefinger zugeht. In dem klar ist, dass wir alle auf unterschiedliche Art mit Konflikten umgehen, dass wir alle unsere Reizpunkte haben, was sich auch mit Meditation nicht grundsätzlich verändert.

Wenn wir als Führungskraft ganz bei uns sind, uns über unsere eigenen Emotionen und Reaktionen im Klaren sind, kann der Umgang mit den in Konflikten entstehenden Gefühlen, mit den angetriggerten Emotionen – bei uns selbst und bei den anderen – ein anderer sein. Er ist dann viel eher geprägt von Wertschätzung, Respekt und der Neugier, wie mit einer potenziell schwierigen Situation besser umgegangen werden kann.

5.4.4   Konfliktarten

Einen Konflikt kann eine Person mit sich selbst, mit einem anderen Menschen oder mit einer ganzen Gruppe haben. Vordergründig kann es um sachliche Gründe gehen, im Hintergrund spielen aber immer Emotionen, Werte und eigene Motive eine Rolle. Vielen Menschen sind die wahren Streitgründe oft nicht bekannt, was eine Lösung quasi unmöglich macht. Es ist daher wichtig, dass Sie zunächst sich selbst gut verstehen.

Um dem Konflikt zunächst einen sachlichen Rahmen zu geben, ihn, wenn auch nur im Ansatz, analysieren zu können, kann es hilfreich sein, ihn zu klassifizieren. Sie werden schnell feststellen, dass Sie auch hier wieder nicht in Schwarz-Weiß-Kategorien denken sollten, weil viele Konflikte ein Mix sind.

Konflikte können in einem selbst (intrapersonell) bestehen oder aber mit anderen Personen (interpersonell). Gar nicht selten führt ein persönlicher Konflikt mit einem Arbeitskollegen zu einem Konflikt der ganzen Gruppe. Der andere Weg ist selbstverständlich auch möglich, ebenso wie die Tatsache, dass meistens unterschiedliche Konflikte ineinandergreifen.

Rollenkonflikt
Diese Konflikte gehören zu den häufigsten und bedeuten, dass eine Rolle/Position unterschiedliche Erwartungen zu erfüllen hat.

Der Vater, dessen Kinder sich wünschen, entsprechende Aufmerksamkeit zu bekommen, wobei der Vater auch gleichzeitig Inhaber eines Unternehmens ist, das momentan sehr viel Arbeit mit sich bringt.

Intrarollenkonflikt bedeutet, dass innerhalb einer eingenommen Position Konflikte entstehen, z. B. in der Rolle als Führungskraft. Die Mitarbeiter erwarten, dass Sie Zeit für Gespräche haben, die eigenen Vorgesetzten möchten jedoch, dass möglichst effektiv gearbeitet wird. Der Rolleninhaber, hier im Beispiel in einer klassischen „Sandwich-Position", hat also unterschiedliche Erwartungen zu erfüllen. Zu einem Problem kann der Rollenkonflikt ebenso werden, wenn die Rollen gewechselt werden, z. B. vom Teammitglied zum Vorgesetzten.

Sachkonflikt

Wenn ein Konflikt auf der Sachebene auftaucht, geht es um unterschiedliche Vorstellungen, Aufgaben und Ziele, die theoretisch mit Mitteln der Moderation, der Problemlösung oder durch Verhandeln zu lösen sind. In vielen Situationen ist es jedoch so, dass aus einem „eigentlich harmlosen" Sachkonflikt ein Beziehungskonflikt wird, wenn die Beteiligten innerlich nicht völlig klar sind, was tatsächlich der Konfliktgegenstand ist. Unbewusstes Führen eines Konflikts führt oft zu einer Vermischung der Ebenen.

Beziehungskonflikt

Diese Konflikte gehen nicht selten „unter die Gürtellinie", (unabsichtliche) Verletzungen werden ausgesprochen und bringen Demütigungen, heftige Konfrontation und/oder Missachtung mit sich. Ein Beziehungskonflikt ist oft sehr anstrengend, da er die erste Ebene ist, die gelöst werden muss, um den ursprünglichen Sachkonflikt zu klären. Die Konfliktspirale ist hier vorprogrammiert. Anders: Sie werden keinen Sachkonflikt lösen, wenn im Hintergrund ein Beziehungskonflikt brodelt. Wichtig ist, dass Sie dieses erkennen, so können Sie sich viele nerven- und zeitraubende Umwege sparen. Im weiteren Verlauf des Kapitels wird genauer auf diese Konstellation eingegangen, da sie sehr klassisch ist.

Entscheidungskonflikt

Stehen zwei Alternativen zur Verfügung, gibt es oft einen intrapersonellen Konflikt. Welche der Entscheidungen ist richtig, welche Auswirkungen sind zu erwarten, welche zu befürchten? Antworten, die es zu finden gilt, bringen einen Menschen in einen Entscheidungskonflikt.

Wertekonflikt

Ähnlich dem Entscheidungskonflikt stehen sich oft unterschiedliche Werte im Weg, wenn es gilt, sich zu entscheiden. So kann z. B. ein Mensch den Wert Freiheit haben, möchte aber auch ein Familienleben haben. Zwei Werte, die einen Menschen durchaus in einen inneren Konflikt bringen können. Einen Wertekonflikt allein zu lösen, ist extrem aufreibend und sehr oft mit keiner befriedigenden Lösung verbunden. Hier sollten Sie direkt externe Hilfe einholen. Unterschiedliche Werte und/oder gelernte Ansichten (gut/böse) sind die Grundlage für diesen Konflikt.

Informationskonflikt

Informationen werden falsch verstanden, nicht richtig weitergegeben oder es werden unterschiedliche Informationen gegeben.

Identitätskonflikt

Der Konflikt entsteht, weil sich eine Person in ihrem Selbst bedroht fühlt.

Strategie oder Ziel-Konflikt

Konfliktgegenstand sind hier gegensätzliche Meinungen in Bezug auf Absichten, Ziele, Strategien und/oder Interessen.

Beurteilungs- oder Wahrnehmungskonflikt

Grundsätzlich ist dies jeder Konflikt, da alle Menschen in ihren eigenen Wirklichkeiten leben. Wenn Person A der Meinung ist, dass sie etwas anders sieht als Person B, und ihre Meinung für die einzig richtige hält, Person B also im Irrtum sei, dann ist das ein Beurteilungskonflikt. Jeder Mensch nimmt den Konflikt auf seine Art und Weise wahr, interpretiert das Gesagte durch eigene Filter, versteht es nicht so, wie es vielleicht gemeint war, reagiert auf seine ganz eigene Art. All das führt dazu, dass die andere Person auf ihre Art das Gesagte versteht, was vielleicht gar nicht so gemeint war.

5.4.5 Was ist gut an einem Konflikt?

Besonders mitten in einem Konflikt ist es manchmal schwierig, beteiligten Personen zu sagen, dass ein Konflikt auch gute Seiten hat. Besser ist es, mit diesen Aussagen zu warten, bis der Konflikt geklärt ist. Nüchtern, ohne also momentan selbst betroffen zu sein, gibt es sehr viele gute Gründe, die für einen Konflikt sprechen. Wenn Sie es schaffen, sich einige davon immer wieder in Erinnerung zu rufen, kann das später, beim nächsten Fall, sehr hilfreich sein.

Ein Konflikt macht endlich sichtbar, was tatsächlich und sowieso ist. Leider werden Menschen erst hellhörig, wenn der Konflikt so laut an der Tür klopft, dass ein normales Leben oder Arbeiten nicht mehr möglich ist. Ein Konflikt macht sichtbar, dass Sie es versäumt haben, in der Vergangenheit miteinander zu reden, sich zu verständigen, Aufgaben ordentlich abzugeben, dem Arbeitskollegen nicht ausreichend Aufmerksamkeit geschenkt zu haben. Der Konflikt ist daher oft nichts anderes als das Zurückziehen des Vorhanges: freie Sicht auf alles, was nicht so gut lief und über das nicht gesprochen wurde.

Positiv betrachtet wird es also Zeit, dass Ihre Aufmerksamkeit endlich dorthin geht, dass Sie sich Zeit nehmen, zuhören, miteinander sprechen.

Abb. 5.3 Eisberg-Modell des Sichtbaren und Unsichtbaren in der Unternehmenskultur

Immer wieder wird hier das Eisberg-Modell zur Veranschaulichung herangezogen (s. Abb. 5.3). Dieses Modell geht auf den Begründer der Psychoanalyse Sigmund Freud zurück, auch wenn er es persönlich nie selbst benutzt hat. Freud geht grundsätzlich davon aus, dass sich nur 20 % der Kommunikation – und somit auch des Konfliktes – an der Oberfläche abspielen, also sichtbar und bewusst sind. Der sehr viel umfangreichere, aber nicht sichtbare, unbewusste Teil befindet sich unterhalb der Oberfläche.

Zum sichtbaren Teil gehören Zahlen, Daten, Fakten und das Verhalten (das „Was"). Die Beziehungs- und Gefühlsebene nimmt jedoch den sehr viel größeren Teil in Anspruch, z. B. Gestik und Mimik, und basiert auf dem Unbewussten (das „Wie").

Es ist nicht selten, dass es im täglichen Arbeitsalltag auf der Sachebene Klarheit herrscht, es aber im Miteinander um das „Wie" Störungen gibt, weil z. B. ein Kollege sich im Tonfall vergriffen hat, ein anderer seine eigenen Interpretationen als richtig beurteilt, diese aber nicht mit der Absicht des Senders im Einklang ist. Klingt kompliziert, ist es meistens auch. Hier wird sehr deutlich veranschaulicht, dass die Beziehungsebene einen erheblichen Einfluss auf die Kommunikation hat.

Wenn Ihnen diese positive – oder sagen wir: nützliche – Seite eines Konfliktes bewusst ist, können Sie ihn herzlich willkommen heißen. Ihre innere Reaktion könnte anstelle von „Mist, ich ärgere mich und will das nicht" folgende sein: „Ach, das ist ja interessant!" Um einen aufgekommenen Konflikt aus diesem Blickwinkel annehmen zu können, bedarf es innerer Klarheit und Stabilität. Wenn Ihnen das gelingt, ist der Konflikt die ideale Möglichkeit, die Dinge, die vorher – oder spätestens jetzt – zu klären sind, neugierig und konstruktiv anzugehen. Vielleicht geht es Ihnen und Ihrem Konfliktpartner nach der Klärung viel besser als vorher.

5.4.6   Ein Konflikt bedeutet Veränderung

Ein Konflikt heißt, dass etwas nicht gut lief. Er bedeutet also auch: zukünftig sollte sich etwas verändern. Dies ist eines der wichtigsten Elemente im Abschluss eines Konfliktes. Idealerweise verstehen und akzeptieren alle Beteiligten, dass sich etwas verändern sollte. Absprachen müssen eingehalten werden, Informationen besser ausgetauscht, Einstellungen verändert werden. Ein vordergründig gelöster Konflikt ohne Veränderung steht nicht selten auf wackeligen Beinen. Und ein paar Monate später reiben Sie sich vor Verwunderung die Augen, wenn eine ähnliche Konfliktsituation erneut vor der Tür steht, obwohl Sie glaubten, das Thema längst gelöst zu haben.

Konflikte sind Spaß und Spiegel

Emotionen, Anspannung und Diskussionen sorgen für Nervenkitzel, erhitzen die Gemüter: andere Menschen haben ein gefährliches Hobby, ein Konflikt bietet alles auf einen Schlag. Und in kaum einer anderen Situation lernen wir so viel über uns, wenn wir wollen. Immer vorausgesetzt, dass Taten und Worte nicht unter die Gürtellinie gehen, kann ein Konflikt sehr lehrreich sein und die vordergründig abgedroschene Aussage „Konflikte sind der Motor des Wandels" trifft in der Tat zu.

Konflikte stärken und vertiefen

Nicht nur jede Person für sich geht im besten Fall gestärkt aus einem Konflikt hervor, sondern auch das Team kann seinen Zusammenhalt stärken. Sie lernen sich immer besser kennen, wissen um die Stärken der einzelnen Mitarbeitenden und Sie können zukünftig besser miteinander agieren. Sie lernen unter Druck besser miteinander umzugehen, erkennen die schwachen Seiten der Gruppenmitglieder an und erfahren viel über die eigene Persönlichkeit. Sie haben verstanden, dass Sie einem Konflikt nicht ausgeliefert sein müssen, dass es Alternativen gibt. Sie verleugnen sich nicht mehr und haben die Opferrolle verlassen.

Konflikte fordern und fördern

…uns selbst, das Team, die Partnerschaft, die Abteilung. In welcher Situation auch immer, ein Konflikt fordert und fördert die eigene Person ebenso wie alle anderen Beteiligten. Er fordert uns heraus und fördert – richtig geführt – unseren Umgang ohne Frage nach Schuld miteinander. Ein Konflikt durchbricht die Routine, macht aufmerksam sich selbst und anderen gegenüber, lässt Dialoge wieder spannend und lebhaft werden. Beziehungen werden vertieft, Vorgehensweisen verbessern sich und das Miteinander wird entspannter.

Konflikte, Lösungen und Gefühle/Emotionen akzeptieren

Konflikte im (Berufs-)Leben sind normal. Dies zu akzeptieren ist eine wichtige Aufgabe, besonders für Führungskräfte. Denn Konfliktmanagement ist nicht nur eine Führungsaufgabe, sondern auf dieser Ebene entstehen auch die meisten Konflikte, bzw. werden auf dieser Ebene ausgelöst. Viele Konflikte können gelöst werden, doch es gilt ebenso zu akzeptieren, dass dies nicht für alle Situationen in Betracht kommt. Manchmal ist die Lösung, dass es keine gibt. Führungskräfte können lernen, mit Konflikten zu leben, ebenso, wie sie verstehen, dass sie selbst nicht nur die Situation, sondern auch sich selbst annehmen können, ohne eine Situation sofort ändern zu „müssen".

▶   An den meisten Konflikten haben Emotionen einen überragenden Anteil. Die eigene Konfliktkompetenz dadurch zu stärken, dass Sie sich über die eigenen Emotionen in Konflikten und ihren jeweiligen Anteil am Konflikt klar werden, ist Teil des eigenen Wachstums.

5.4.7   Konflikt und Meditation

Sie persönlich und Ihre Teams werden besonders in den herausfordernden Momenten und Situationen von Meditation profitieren, denn Ihr Bewusstsein wird sich erweitern. Sie werden viel schneller wahrnehmen, was gerade wichtig ist, wo Ihr Einsatz, Ihr Mut und Ihre Tatkraft gefordert sind. Sie werden erkennen, dass die regelmäßige Meditation Sie wahrnehmen lässt, was wirklich wichtig ist.

Eine der größten Herausforderungen ist, in stürmischen Zeiten zur Ruhe zu kommen. Das mag der Abend sein, nach Verlassen des Büros, das Wochenende, aber auch immer wieder zwischendurch im hektischen Arbeitsalltag. Sie haben am Anfang des Buches gelesen, was Stress bedeutet und welche Auswirkungen die körperlichen Reaktionen haben.

Meine persönliche Erfahrung ist diese: Wenn es gelingt, immer mehr Meditation in das eigene Leben zu bringen, es zu schaffen, täglich 25 min zu sitzen, können Sie vielleicht schon eine Veränderung in Ihrer Haltung, Ihrer inneren Ruhe oder Ihrer Sicht auf wichtige Aspekte Ihres Lebens, bemerken. In dem Fall kommt spätestens jetzt der Punkt, an dem es gilt, die Meditation immer wieder auch im Arbeitsalltag einfließen zu lassen. Nur sitzen, nur atmen. Drei oder fünf Minuten. Besonders in hektischen Zeiten, besonders, wenn Gefühle drohen, mit Ihnen durchzubrennen. Konfliktsituationen und Veränderungen, die mit komplexen Abläufen verbunden sind, kosten Sie Energie. Das ist nicht nur leicht, nicht nur angenehm und es wird nicht nur Erfolgserlebnisse zu verbuchen geben. Sorgen Sie sehr bewusst immer wieder für die kleinen Inseln der Ruhe und Klarheit, damit das Schwimmen zum nächsten Ufer, zur nächsten Aufgabe, Sie nicht zu sehr belastet.

Ich betone dies immer wieder, weil ich selbstverständlich weiß, wie groß die Gefahr ist, dass man sich in konfliktreichen Zeichen der Hektik und dem Stress unterordnet, der Situation die Macht gibt. Aber genau hier, genau in solchen Momenten, beweisen Sie, wie gut Sie sich führen können und wie gut Ihre Fähigkeit ausgeprägt ist, das Wissen, das Sie haben, auch wirklich umzusetzen.

Das Wesentliche vom Unwesentlichen zu trennen: in keiner Situation ist dies so wichtig wie in Konflikten. Wissen, was jetzt getan oder gesagt werden sollte, wissen, was jetzt wirklich wichtig ist, wissen, was der nächste Schritt ist.

5.5   Vom starken Ich zum starken Wir – mit Bewusstsein

Das Gemeinsame im Team kann interessanterweise entstehen, wenn sich zunächst jeder seiner selbst bewusst ist. Jeder Einzelne braucht eine innere Stabilität, die auf den eigenen Werten, dem Wissen um Handlungsmacht, dem Erkennen der eigenen Emotionen und des Kommunikationsverhaltens fußt. So ist gewährleistet, dass sich in Teams – insbesondere auch in selbstorganisierten – ohne große Umwege eine kollektive stabile Basis bilden kann. Motivation, Identifikation und Vertrauen gehen hier Hand in Hand.

Das passiert nicht von jetzt auf gleich, eine Teamentwicklung ist ein Prozess, der Zeit benötigt – bei entwickelten Menschen allerdings ein bisschen weniger.

„Wer wollen wir zu welchem Zweck sein?", lautet eine der grundlegenden Fragen für die gemeinsame Zusammenarbeit in selbstgesteuerten Teams. „Wie wollen wir welches Ziel wozu erreichen?"

> **Übersicht**
> Wichtige Punkte für eine gute Teamarbeit sind ebenso:
>
> - Jedes Teammitglied ist sich seiner Rolle als Lernender bewusst.
> - Respekt und Wertschätzung sind für das Miteinander unentbehrlich.
> - Der Teamerfolg lebt von klaren Entscheidungen zu Zielen und Prozessen.
> - Gemeinsames und individuelles Wachstum wird gefordert und gefördert. Sowohl von jedem Einzelnen als auch von der Führungskraft.
> - Nach einer Anfangszeit ist es unerlässlich, dass fernab der Dailys regelmäßig eine Zeit für bewusstes Fazit genommen wird. Um anschließend wieder umzusetzen, um dann wieder in eine Bilanzphase zu gehen.

Als gute Führungskraft sind Sie sich im Klaren darüber, dass Ihr Team vor allem dann wachsen kann und stark wird, wenn Sie nicht permanent eingreifen, Entscheidungen suggestiv vorgeben, oder sich als vermeintlicher oder tatsächlicher Experte gegenüber dem Team profilieren. Sie sorgen dafür, dass das Umfeld stimmt, dass die äußeren Bedingungen passen, aber Sie stellen Ihr eigenes Ego innerhalb des Teams zurück. Zu den äußeren Bedingungen, die Sie persönlich beeinflussen können, gehört auch Ihr eigenes Bewusstsein dafür, dass alles untrennbar zusammengehört und sich gegenseitig beeinflusst. Folglich ermutigen Sie Ihr Team als Coach – und nicht als Besserwisser

– dazu, sich mit dem „Wir" regelmäßig auseinanderzusetzen und bewusst daran zu arbeiten. Konflikte sollen erkannt und gemeinsam gelöst werden, Verständnis füreinander soll aufgebaut werden, gemeinsame Werte gelebt und gemeinsame Ziele verfolgt werden.

Zu Ihrer Vorbild-/Coach-Rolle gehört es auch, dass Sie es auch mal aushalten, wenn das Team vermeintlich Fehler macht. Fehler sind eine enorme Chance zum Verstehen und Besserwerden. Verspielen Sie diese Chancen nicht durch allzu fürsorgliches Eingreifen.

Eine solche Teamentwicklung hin zum „Wir" kann meiner Erfahrung nach enorm gefördert werden, wenn nicht nur Sie als Führungskraft an Ihrem Bewusstsein arbeiten, sondern das Team als Ganzes ebenfalls. Achtsamkeitstraining, das nicht als vorübergehende Wellness-Veranstaltung missverstanden wird, oder noch besser gemeinsame Meditations- und Bewusstseins-Trainings haben sich in vielen Unternehmen bereits als echte „Game-Changer" herausgestellt.

Nicht jedes Team-Mitglied wird von solchen Ideen sofort begeistert sein. Daher kann es hilfreich sein, den Team-Mitgliedern, die skeptisch sind, ein derartiges Training oder Seminar zunächst als Experiment anzubieten. Die Werte „Freiheit", „Freiwilligkeit" und „Selbstverantwortung" sollten dabei ausdrücklich gelten. Nach und nach werden auch die meisten zurückhaltenden Team-Mitglieder mitgezogen, wenn sie spüren, dass sich um sie herum etwas verändert.

Zu einem selbstgesteckten Zeitpunkt prüfen Sie für sich selbst und gemeinsam mit dem Team, ob und wie sie den eingeschlagenen Weg weitergehen möchten. Erfahrungen in Unternehmen, in denen Meditation bzw. Spiritualität und Führung miteinander in Verbindung gebracht wurden, zeigen, dass es immer eine gewisse Anzahl von Führungskräften und Mitarbeitenden gibt, die den Weg nicht mitgehen mögen. Das ist völlig legitim, wenn die oben erwähnten Werte von Ihnen ernst genommen werden. In solchen Fällen prüfen Sie gemeinsam mit den betreffenden Menschen offen und konstruktiv, ob sie sich trotzdem in sich verändernde Verhaltensweisen des Teams und eventuell entstandene neue Regeln und Prinzipien einfügen mögen. Falls ja, sind diese Menschen weiterhin willkommenes Mitglied des Teams. Falls nein, kann es sein, dass Sie offen und ehrlich feststellen müssen, dass Ihre Wege nun nicht mehr die gleichen sind und Sie sich zum beiderseitigen Wohl voneinander trennen. Dabei ist es wichtig, dass es in diesem Prozess keinerlei „Gewinner" oder „Verlierer" gibt. Stattdessen ist die ideale Haltung die des respektvollen Wahrnehmens und Annehmens dessen, was sich gezeigt hat.

Zusammenfassung des Kapitels
Gute Teamarbeit
  Führungskräfte, die eine stabile Selbst-Führung entwickelt haben, haben eine äußerst hilfreiche Grundlage für die Förderung von guter Team-Arbeit zur Verfügung. Mutig und gelassen können Sie Werte mit den anderen teilen, genauso wie Ideen und Zukunftsvorstellungen. Sie sind bereit und in der Lage, Ihre Sichtweise und Haltung authentisch zur Verfügung stellen, statt sie anderen aufzudrängen. Als

Folge können Identifikation, Motivation und Vertrauen entstehen – und auf dieser Basis auch gute, kraft- und freudvolle Teamarbeit.

Teamentwicklung

Vertrauen und eine gemeinsame Entwicklung werden nicht per Methode eingeleitet und gesteuert, sondern verlaufen entlang eines iterativen Prozesses, auch in Belastungszeiten. Für eine erfolgreiche Team-Arbeit kann modellhaft angenommen werden, dass es drei wesentliche Säulen gibt, die sich gegenseitig beeinflussen und untrennbar miteinander verbunden sind: Vertrauen, Identifikation und Strukturen. In und an allen drei Säulen können Sie miteinander und bewusst arbeiten, um gemeinsame Freude und gemeinsamen Erfolg in der Teamarbeit wahrnehmen zu können.

Durch hochentwickelte Teams, in denen klare Rollen, sowie Regeln für Erfolg und Entscheidungsprozesse herrschen, können Sie als Führungskraft spürbar persönlich entlastet werden. Den entstandenen Freiraum haben Sie für die weitere Entwicklung des Teams als Coach, für strukturelle Arbeit am Unternehmen und für strategisch wichtige Arbeit mit internen Partnern und Kunden zur Verfügung.

Konfliktmanagement

Wenn Ihnen bewusst ist, wie Konflikte entstehen, welche Konflikt-Typen und Konflikt-Arten es gibt, desto leichter wird Ihnen das Verstehen des Konfliktes fallen. In Kombination mit Ihrem entwickelten Bewusstsein haben Sie die Möglichkeit, auf Konflikte und Konfliktparteien wesentlich individueller einzugehen und sie konstruktiv aufzulösen. Mit einer inneren Haltung von Neugier, anstelle von Wut oder Ablehnung, haben Sie die Chance, die positive Veränderungskraft eines Konfliktes zu erkennen und freizulegen.

Selbstreflexion – Fragen

- Wann ist ein Team ein Team – als lohnende Voraussetzung, um in die Teamentwicklung zu investieren?
- Woran werde ich erkennen, ob meine Mitarbeitenden teamfähig sind?
- Was trage ich als Unternehmer/Unternehmerin dazu bei, dass sie ein gutes Team sind oder werden können?
- Bin ich bereit und in der Lage, meine Werte und Zukunftsvorstellungen offen und mutig zu teilen, oder neige ich dazu, wünschenswerte Werte und Ziele top-down anzuweisen? Warum ist das so?
- Wie werde ich reagieren, wenn meine Werte und Zukunftsvorstellungen von den anderen nicht sofort geteilt werden?

- Bitte führen Sie sich einen aktuellen oder vergangenen Konflikt im privaten oder beruflichen Umfeld vor Augen. Spüren Sie hinein. Beantworten Sie dann folgende Fragen: Was war mein persönlicher Beitrag zum Konflikt? Welche Glaubenssätze oder Muster haben mich dazu bewogen, den Konflikt zu verschärfen oder zu entschärfen?
- Können Sie erkennen, ob und welche Konflikte es in Ihrem Team gibt und auf welche tieferen Ursachen oder Konflikttypen dieser Konflikt zurück zu führen ist? Welche?
- Sind Sie bereit, Ihre persönliche Führung von Teams zu verändern und durch das Geben von Raum und Halt, anstelle von hierarchischem Dirigieren, weiterzuentwickeln? Was hilft Ihnen dabei? Was kann Sie daran hindern?

Literatur

Edmondson, A. C. (2018). *The fearless organization. Hoboken*. New Jersey: Wiley-VCH Verlag.

Glasl, F. (2020). *Konfliktmanagement: Ein Handbuch für Führung. Beratung und Mediation* (12. Aufl.). Bern: Haupt Verlag.

Janßen, A., & Schödlbauer, C. (2017). *Systemisches management coaching*. Bonn: ManagerSeminare Verlags GmbH.

Laloux, F. (2016). *Reinventing organizations*. München: Verlag Franz Vahlen.

Watzlawick, P., & Beavin, J. H. (2011). *Menschliche Kommunikation: Formen, Störungen, Paradoxien* (12. Aufl.). Mannheim: Huber Verlag.

Phase 5: Organisations- und Kulturentwicklung

6

6.1   Was ist das „richtige" System, was ist „Kultur"?

Beispiele für Unternehmenskultur

1. „Es ist schrecklich, immer wird nur gemeckert. Die Kollegen verstricken sich in ewigen Diskussionen, gegenseitige Schuldzuweisungen sind an der Tagesordnung. Von den Teams werden keine gemeinsamen Lösungen entwickelt, sondern es wird vor allem sichergestellt, dass man selbst keine Verantwortung übernehmen muss. Wir müssen dringend wieder in einen Modus kommen, der uns voranbringt, statt in den Problemen stecken zu bleiben." Diese Aussage machte mir gegenüber im vergangenen Herbst eine Führungskraft eines norddeutschen Versorgungsunternehmens, nachdem die betriebswirtschaftlichen Ergebnisse hinter den Erwartungen zurückgeblieben waren.

2. „Ich habe große Lust, das Unternehmen weiter zu entwickeln, es ist meine Leidenschaft. Ich wünsche mir, dass wir den Daseinszweck und Sinn unseres Unternehmens weiterentwickeln sowie unsere definierten Werte endlich spürbar leben. Der Führungskreis, der aus den beiden Geschäftsführern und den sieben Bereichsleitern besteht, soll dafür wie ein vertrauensvolles Team als Vorbild dienen. Jeder soll für seinen Bereich selbstständig die Verantwortung übernehmen und eigene Lösungsideen, gemeinsam mit den Mitarbeitenden entwickeln, statt immer nur auf die Vorgaben der Geschäftsführung zu warten. Großartig wäre es, wenn wir im ganzen Unternehmen einen Geist von Aufbruch und gemeinsamer Motivation für die neue Strategie auslösen könnten!" Dies äußerte vor einigen Monaten der junge Nachfolger in der Geschäftsleitung eines mittelständischen Industrie-Unternehmens in Süddeutschland, nachdem er das Unternehmen in vierter Generation übernommen hatte. ◄

© Der/die Herausgeber bzw. der/die Autor(en), exklusiv lizenziert durch Springer-Verlag GmbH, DE, ein Teil von Springer Nature 2020
J. Nickelsen, *Mit Mut, Freude und Gelassenheit führen*,
https://doi.org/10.1007/978-3-662-62074-8_6

Vielleicht kennen Sie solche Beobachtungen – wie in den beiden Beispielen oben beschrieben – in dieser oder ähnlicher Form auch aus Ihrem eigenen Unternehmen, oder von Berichten Ihrer Kollegen oder Kolleginnen aus anderen Unternehmen? Beide Beispiele sind reale Fälle und stehen für sehr typische Szenarien, die in Unternehmen vielfach zu beobachten sind. Beide stammen aus Unternehmen, in denen eine bestimmte „Kultur" vorherrscht und gleichzeitig eine neue oder veränderte „Kultur" gewünscht wird.

In beiden Beispiel-Fällen kann die These aufgestellt werden, dass die Kultur für die weitere Entwicklung des jeweiligen Unternehmens erfolgskritisch ist. Somit ist die Aufgabe des Unternehmers bzw. der maßgeblichen, Verantwortung tragenden Führungskräfte, sich dieser jeweiligen Kultur voll bewusst zu sein, um sie aktiv beeinflussen zu können.

Über „Bewusstsein" haben Sie bereits in den vorherigen Kapiteln gelesen. Auch hier, in Bezug auf die Unternehmenskultur, wird es für Sie hilfreich sein, über eine ausgeprägte Achtsamkeit und Wahrnehmungsfähigkeit zu verfügen. Inwiefern Sie durch bewusste Selbstführung Einfluss auf die Kultur – und somit auf Ihren unternehmerischen Erfolg – nehmen, lesen Sie in Abschn. 6.2 Aber was ist eigentlich die „Kultur" in einer Organisation oder einem Unternehmen?

„Im Kern ist Unternehmenskultur ein System gemeinsam gelebter und akzeptierter Werte, Normen, Artefakte, Verhaltensweisen und Praktiken. Sie entwickelt sich über einen langen Zeitraum und wird von der Geschichte und den Erfahrungen des Unternehmens beeinflusst. Um dies zu vereinfachen, kann man Unternehmenskultur auf den folgenden Satz runterbrechen: ‚So machen wir das hier.' Dieser Ausdruck verdeutlicht, dass sich die Unternehmenskultur auf alle Bereiche und den gesamten Betriebsalltag auswirkt – sie lenkt das Verhalten aller Unternehmensmitglieder ganz selbstverständlich." (Rögner 2020).

Das Gabler Wirtschaftslexikon (2018) unterscheidet bei der „Kultur" noch zwischen zwei Ebenen:

„Unterschieden werden zwei Ebenen der Unternehmenskultur: die Tiefenstruktur als handlungsprägende Ebene (Werte, Normen, Einstellungen) sowie die Oberflächenstruktur, die von Dritten beobachtbar ist. Wenn die Tiefenstruktur als handlungsprägender Rahmen der Oberflächenstruktur arbeitet, dann muss Unternehmenskommunikation als Verhaltensmanagement dort ansetzen, um Image und Reputation nachhaltig beeinflussen zu können."

Wenn die Kultur eines Unternehmens verändert oder weiterentwickelt werden soll, schein es also notwendig zu sein, die „Tiefenstruktur" zu beeinflussen. Sie erstreckt sich auf die erfolgreiche Handlungsfähigkeit innerhalb der Organisation zugunsten der Zufriedenheit aller Mitarbeitenden und den Führungskräften selbst – und vor allem zugunsten des unternehmerischen Erfolges.

Mit der Frage, was der Nutzen einer guten Kultur ist, setzt sich dieser Abschnitt auseinander:

„In einem sind sich mittlerweile die meisten Experten einig: Unternehmenskultur hat maßgeblichen Einfluss auf den langfristigen Erfolg von Unternehmen. Fühlen sich die Beschäftigten im Unternehmen wohl, identifizieren sie sich mit den Werten und Normen des Unternehmens, dann werden sie nicht das Bedürfnis haben, das Unternehmen zu verlassen. Sie werden mit hoher Wahrscheinlichkeit engagierter und motivierter sein, als Beschäftigte, deren Werte und Normen nicht mit denen des Unternehmens übereinstimmen. Dies trifft natürlich auch auf die Führungskräfte eines Unternehmens zu. Effekte einer positiv empfundenen Unternehmenskultur aus personalwirtschaftlichem Blickwinkel können somit sein:

- Höhere Leistungsbereitschaft der Beschäftigten durch Identifikation mit dem Unternehmen
- Konstruktive Kommunikation und Konfliktbewältigung und dadurch weniger Konfliktkosten
- Mitwirkungsbereitschaft der Beschäftigten an Veränderungsprozessen
- Verbessertes Image gegenüber potenziellen Bewerbenden
- Erhöhte Bindung der Leistungsträgerinnen und Leistungsträger an das Unternehmen
- Senkung des Krankenstandes

In der Unternehmenskultur sind also wichtige Aspekte für die allgemeine Arbeitszufriedenheit oder die generelle Leistungsbereitschaft der Mitarbeitenden verankert. Eine aktive Gestaltung der Unternehmenskultur kann einen messbar positiven Beitrag zum Unternehmensgewinn leisten und dem Unternehmen einen Wettbewerbsvorteil verschaffen." (Rögner 2020).

Die hier beschriebenen Aspekte der Unternehmenskultur gehören mittlerweile zunehmend zum Common Sense von Verhaltens- und Organisationsforschern. Den meisten Unternehmern und Führungskräften ist das ebenfalls bewusst und fragen sich, wie sie die Veränderung starten und umsetzen sollen. In Bezug auf diese Entwicklungsbemühungen gibt es unter Führungskräften und in der Literatur zwei typische Trends zu beobachten:

> **Übersicht**
>
> - **Persönlichkeitsentwicklung der Verantwortungsträger**
>   Der erste Trend ist, dass sich Unternehmer und Führungskräfte aktiv auf sich selbst und ihre eigene Persönlichkeitsentwicklung konzentrieren und auf neue Arbeitsweisen, die sich daraus ergeben. Sie führen ihre Mitarbeitenden dadurch auf eine veränderte Weise, die sich u. a. um besondere Wertschätzung und „Augenhöhe" bemüht. Sie bewirken so, mehr oder weniger automatisch, im Unternehmen eine Transformation – so ist zumindest der theoretische Plan.
>   Das Unternehmen besteht aber weiterhin aus Mitarbeitenden mit unterschiedlichsten Persönlichkeiten und Bedürfnissen, ohne die eine Entwicklung des

Ganzen nicht möglich wäre. Einerseits kann eine entwickelte Persönlichkeit bei der maßgeblichen Führungskraft eine starke Vorbildfunktion entwickeln. Andererseits besteht das Risiko, dass Sie sich vom Unternehmen wegentwickeln, falls nur Sie sich entwickeln. Im Abschn. 6.2.2 lesen Sie mehr über die Ich-Entwicklung von Führungskräften und deren Chancen und Risiken. Die Kommunikation auf den verschiedenen Stufen benötigt einen steigenden Übersetzungs- und Anpassungsaufwand, wenn nur die Führungskräfte sich entwickeln, also eine bewusste Anstrengung, die Haltung und Kommunikation so einzustellen, dass sie sich gegenseitig noch verstehen können. Es ist daher sicherzustellen, dass sich die Entwicklung durch das gesamte Gewebe der Organisation hindurchzieht.

- **Holokratie**
  Ein zweiter, immer wieder zitierter, Trend ist die sog. „Holokratie", oder abgewandelte Varianten davon. Ein von Brian Robertson beschriebenes Organisationssystem, eine scheinbar paradiesische Welt voll Selbstorganisation, Autonomie und Gleichberechtigung. Manche Unternehmer – vornehmlich in jungen Start-Ups – glauben, dass durch sie Agilität, Transformation und Profit gewährleistet werden.
  Die Erfahrung zeigt jedoch, dass die Teamdynamik oft nicht mehr zu steuern ist, sobald Selbstorganisation und Autonomie dazu führen, dass die starken Mitarbeitenden sich ggü. den schwachen durchsetzen. Manche methodischen Ansätze der Holokratie scheinen in der Praxis durchaus auch kontraproduktiv zu wirken. Da gibt es z. B. das sog. „Daily", ein tägliches Kurz-Meeting, das stark reglementiert ist und oft im Stehen ausgeführt wird. Es soll dazu dienen, dass alle Team-Mitglieder eines selbstorganisierten Teams regelmäßig auf dem gleichen Stand eines Projektes sind. Klingt erst einmal gut. In der Praxis kann jedoch beobachtet werden, dass das ritualisierte tägliche Kurz-Meeting oft nur zur Nabelschau genutzt wird und die inhaltliche Kommunikation, die dringend stattfinden müsste, gedeckelt wird, weil man sich schließlich „nur" an die vorgegebene Dauer des Meetings und andere mehr oder weniger starre Kommunikationsregeln halten muss.
  Ein weiteres Risiko ist, dass es große Möglichkeiten gibt, den Hang zur Selbstausbeutung zu unterstützen. Wenn z. B. spätabends E-Mails von einer Person beantwortet werden, könnten andere in den Glauben fallen, sie müssten ebenso rund um die Uhr für das Unternehmen erreichbar sein.
  Außerdem besteht bei selbstorganisierten Unternehmen der Nachteil, dass diejenigen Mitarbeitenden, die klare Führung bräuchten und dies auch kommunizieren, in Wirklichkeit nicht mehr direkt erreicht werden. Mitarbeitende, die direkt geführt werden wollen, werden das Unternehmen verlassen, sind aber an einigen Stellen vielleicht unverzichtbar.

Erfahrungsgemäß polarisiert die Einführung dieser Methode unter den Mitarbeitenden stark, was ein Unternehmen sehr bewusst beobachten und berücksichtigen sollte. Meine Hypothese ist, dass Holokratie und andere Formen der „puren" Selbstorganisation nicht funktionieren können, wenn sich die betroffenen Menschen und Teams nicht erheblich selbst entwickeln. Die notwendigen Bedingungen und Voraussetzungen haben Sie im Abschn. 5.3.2 unter „Selbstorganisierte Teams" lesen können. Weitere ausführliche Überlegungen dazu lesen Sie im Abschn. 6.4.

Beide Trends, einerseits entweder nur den Menschen in Führungspositionen die eigene Entwicklung zuzugestehen oder andererseits das selbstorganisierte Unternehmen, sind meiner Erfahrung nach gute Ansätze, aber noch keine ausreichenden Modelle, wie die Praxis zeigt. Aber welche Führungskraft aus der Praxis weiß das schon so genau aus persönlicher Erfahrung? Viele von uns irren von einem Experiment und Selbstversuch zum nächsten, weil es keinen theoretischen, allgemeingültigen Ablaufplan gibt, den es nur noch praktisch umzusetzen gelte. Also kann eine Lösung sein, in der eigenen Organisation zunächst alle offenen und „heimlichen" Strukturen, Regeln und Abläufe gemeinsam zu hinterfragen, alles zu durchleuchten und anschließend gemeinsam mit dem Unternehmer, den Führungskräften, mit den Teams und Mitarbeitenden weiterzuentwickeln. Dabei geht es nicht dogmatisch um eine bestimmte Methode, sondern vielmehr um die gemeinsame Ausrichtung und Intention, um grundsätzliche Prinzipien (anstelle von starren Regeln), sowie eine gemeinsame Haltung.

Was es braucht, ist ein Mix aus individuell passenden Strukturen, Verabredungen und Vorgehensweisen, die sich durchaus auch bei den oben genannten Trends bedienen dürfen.

Zunächst ist es unverzichtbar, dass Unternehmer und Führungskräfte sich darüber klar sind, dass eine solche gemeinsame Transformation des eigenen Unternehmens ein komplexer Prozess ist. Es geht nicht um das „Anknipsen" eines Vorgangs, der kurze Zeit später vollendet ist, sondern um einen Weg der Veränderung, der gemeinsam gestaltet wird. Was sind die Werte des Teams und der Organisation, was ist das Leitbild, wo ist die Identifikation? Wer führt, wer bestärkt, wer coacht diesen Prozess?

Die Selbstorganisation ist dann zu realisieren, wenn ganz bewusst und gezielt auf der Ebene der Teamleiter und Mitarbeitenden angesetzt wird. In der darüberliegenden Führungsebene muss strukturiert, moderiert und navigiert werden. Das funktioniert besonders gut, wenn diese Führungskräfte vorher an ihrer Selbstentwicklung gearbeitet haben. Hilfreich ist dabei aus meiner persönlichen Erfahrung, durch Coaching Räume für alle Mitarbeitenden zu schaffen und die Menschen zu begleiten, die sich am Anfang vielleicht nicht gesehen fühlen, die sich durch die „lauteren" Mitarbeitenden in den Hintergrund drängen lassen. Die Persönlichkeits- und Team-Entwicklung ist auf allen Ebenen notwendig, um zum Beispiel

- Ängste abzubauen,
- Bewusstsein zu schaffen,
- sich mutig und offen über Gruppendynamik auszutauschen und sich ihrer bewusst zu werden.

Es bedarf dabei einer Moderation, Begleitung, wahlweise durch die bereits entwickelte Führungsmannschaft – sofern sie sich nicht als klassischer Leader, sondern als Coach versteht – oder durch externe Coaches. Eine entwickelte Führungskraft ist dabei nicht nur Coach, sondern auch Vorbild, Initiator und Rahmengeber. Unternehmen sind keine basisdemokratische Veranstaltung, sondern es gibt Eigentümer, insofern auch Kapitalinteressen, insbesondere in Familienunternehmen. Das bedeutet, dass es zum Beispiel einen finanziellen Rahmen geben muss, der nicht überschritten werden darf. Das grundsätzliche Geschäftsmodell wird ebenso nicht zur Disposition gestellt. Aus einem Betonunternehmen möchte der Unternehmer in aller Regel keine Apfelplantage machen.

Sehr wohl benötigt wird jedoch eine gemeinsame Mission oder auch „Purpose" genannt, siehe Abschn. 6.3 „Begeisternde Strategieentwicklung auf Basis von Sinn". Das zu entwickeln ist nicht immer einfach, aber möglich, wenn es strukturiert und aus einer tiefen – idealerweise gemeinsamen – Sehnsucht heraus entwickelt wird. Die Initiatoren dafür sind immer die Unternehmer und Top-Führungskräfte selbst. Der Impuls, den Sie geben, könnte zum Beispiel sein: „Worauf wollen wir in fünf Jahren stolz sein?" Durch die Beantwortung dieser und ähnlicher Fragen kann ein starker innerer Kompass entstehen, der Basis und Triebkraft für die fundamentale Veränderung einer Unternehmenskultur und somit des gesamten Systems sein kann. Eine erhebliche Veränderung der inneren Kultur eines Unternehmens kann beispielsweise die Einführung der Selbstverantwortung oder der Agilität sein. Für diese Arbeitsformen ist der Purpose bzw. der Sinn eines Unternehmens der unerlässliche innere Kompass, damit sie sich wirklich nachhaltig durchsetzen können.

▶   Die Transformation eines Unternehmens ist niemals eine Technik. Wirklich nie. Es geht um Haltung, um Werte und Glaubenssätze. Und die beginnt beim Top-Management. Immer. Ohne Ausnahme.

Als wesentliche Aspekte zur Beeinflussung und Gestaltung der Unternehmenskultur sollen in den Abschn. 6.2, 6.3 und 6.4 drei wesentliche Ansätze näher beleuchtet werden, um Sie Ihnen für den Start Ihrer Unternehmens-Transformation bewusst zu machen:

1. Der Geist der Persönlichkeitsentwicklung, der sich quer durch das Unternehmen zieht (Abschn. 6.2)
2. Der „Purpose", also der Sinn der auch Daseins-Zweck eines Unternehmens (Abschn. 6.3)
3. Die Entwicklung von Agilität und Selbstorganisation als Haltung, statt als Methode (Abschn. 6.4)

6.2   Der neue Kultur-Geist

6.2.1   Der neue Geist kann einsam werden

Schon seit dem 17. Jahrhundert wird „Kultur" als Grundlage und Bedingungsstruktur für das soziale Miteinander verstanden, Kultur entwickelt sich durch Tun und Handeln. Dabei ist immer zu beachten, dass eine Unternehmenskultur reziprok ist. Das bedeutet: Die Kultur beeinflusst die Mitarbeitenden in ihrem Fühlen und Verhalten. Umgekehrt definieren und produzieren die Menschen im Unternehmen selbst auch die Kultur. Ein soziales System, so wie es ein Unternehmen ist, lernt durch Erfahrungen und Entscheidungen. Es gibt Zeiten, in denen heftig diskutiert wird, aber auch ruhigere Phasen, doch in beiden lernt das System, welche Handlungen welche Konsequenzen nach sich ziehen, positiv und negativ. Ebenso wie bei jedem einzelnen Menschen entstehen Überzeugungen und Gewohnheiten durch Annahmen, gelebte Werte, der Vision und dem Menschenbild. Die Kultur wirkt nach „innen" und „außen", denn alle Verhaltensweisen haben in beide Richtungen Auswirkungen. Auf die Mitarbeitenden, also nach innen, auf die Kunden, nach außen. Und ganz wie bei einem einzelnen Menschen ist es auch in einem Unternehmen so, dass sich Glaubenssätze einschleichen: „Mit diesen Kunden arbeiten wir nicht, weil…" oder Vorgehensweisen und Verhalten an den Tag gelegt werden, von denen man nicht genau weiß, woher sie genau kommen, gerne begründet mit „Das haben wir schon immer so getan".

In unserer heutigen Zeit, in der die aktuelle Generation von Arbeitnehmenden und Führungskräften mehr sinnstiftende Arbeit sucht, ist es einerseits unerlässlich, dass eine Organisationskultur für die Mitarbeitenden und für potenzielle Bewerber attraktiv ist, um somit ein Wettbewerbsvorteil sein kann. Wer andererseits allerdings nur Letzteres als großes Ziel hat, eine nach Außen wirkende Attraktivität, wird vermutlich niemals wirklich Sinn stiften. Wenn Sie als Unternehmer nur deshalb die Unternehmenskultur verändern möchten, um nach Außen im Sinne einer Marketingstrategie gut zu wirken, werden Sie keinen spürbaren Sinn und keine tatsächliche Attraktivität nach innen erzeugen. Nicht für das Unternehmen als Gesamtsystem, nicht für den einzelnen Mitarbeitenden.

▶ **Wichtig**

Wenn Sie an das Eisberg- Modell aus dem 5. Kapitel denken, dann wird Ihnen, auf einen Blick klar, wo es überall anzusetzen gilt. Eine Kultur hat im oberen Bereich – also sichtbar – zum Beispiel folgende Elemente:

- Ein definiertes Leitbild und eine Mission
- Strategische Zielsetzungen
- Auftreten und Außenwirkung der Mitarbeiter
- Wahrnehmbare Fehlerkultur

Hingegen nicht sichtbar sind zum Beispiel:

- Heimliche Regeln
- Einstellungen und Denkhaltungen (Gedanken und Gefühle)
- Werte
- Erwartungen
- Ängste und Bedürfnisse
- Verdeckte Konflikte

Der Ansatz der Veränderung muss sich auf alle Ebenen beziehen, damit er nachhaltig ist.

Um einen Wandel zu initiieren, muss – wie schon besprochen – der Impuls vom Unternehmer und den Top-Führungskräften kommen. Und dieses ist die zugehörige Herausforderung: Es ist wichtig zu verstehen, dass eine Organisation auch im Wandel Halt und Orientierung benötigt, dass immer erkennbar bleibt, was grundsätzlich gewollt oder „gut" oder nicht gewollt oder „schlecht" ist, wenn es um nachhaltige Veränderung geht. Die sichtbaren Elemente können und sollen entwickelt und bearbeitet werden. Aber insbesondere die nicht sichtbaren Elemente spielen bei der Veränderung eine enorme Rolle. Denn wenn sich der Status quo und die Regeln innerhalb des Unternehmens verändern, fallen zunächst der bisherige Halt und manche scheinbar wichtige und liebgewonnene Routine weg.

▶	**Tipp** Der notwendige Veränderungsprozess lässt sich durch keine Methode, durch keine Technik, durch kein theoretisches Seminar als Blaupause nachlesen, sondern es muss gemeinsam erlernt werden. Neue Erfahrungen, neues Denken, verändertes Verhalten, all dies kann nur eine Frage eines gemeinsamen Prozesses des gesamten Systems sein.

Besonders in dieser Zeit sind Leitplanken wichtig, die das Führungsteam anbieten muss. Mehr noch: Es ist dringend erforderlich, dass die Führung durch Menschen geschieht, die bereits das neue Bewusstsein leben und möglichst integriert haben, die ihrerseits zum Beispiel durch einen Coach begleitet werden. Veränderung benötigt Zeit und Raum. Veränderung ist Arbeit: am Prozess, am Team, an der Haltung, an der Organisation und der Kultur. Und immer erst an sich selbst als Unternehmer oder als Top-Führungskraft. Unternehmer und Führungskräfte, die dieses Bewusstsein verinnerlicht haben, investieren oft viel Energie und Aufwand in die eigene Persönlichkeitsentwicklung, z. B. durch eine „Leadership-Ausbildung", durch Meditations-Aufenthalte im Kloster, oder generell durch eine langandauernde Zen-Praxis.

In diesem persönlichen Entwicklungsprozess verbirgt sich ein Risiko, auf das es sich lohnt, die Aufmerksamkeit zu lenken: In der Realität habe ich es erlebt, dass dabei die Eingangsbemerkungen dieses Teil-Kapitels aus dem Blick geraten können, dass Kultur nämlich als soziales Miteinander zu verstehen ist und sich durch gemeinsames durch Tun und Handeln entwickelt, also nur reziprok und wechselseitig funktioniert.

Beispiel: Distanz zu anderen durch Selbstentwicklung

„Jetzt habe ich mich seit fast fünf Jahren bewusst weiterentwickelt, verstehe meinen persönlichen Sinn besser, habe intensiven Kontakt zu mir selbst, kann mich mitfühlend auf meine Mitarbeitenden einstellen. Und doch: Ich habe das Gefühl, dass meine Mitarbeitenden, insbesondere die mittlere Führungsebene bei der Veränderung nicht mitziehen. Sie verstehen mich oft nicht, sie können nicht nachvollziehen, was ich von ihnen erwarte. Und, obwohl ich sie scheinbar besser verstehen und wahrnehmen kann, erhalte ich das Feedback, die Distanz zueinander sei eher gewachsen, als verkleinert worden."

Diese Erfahrungen berichtete mir in einem Management-Coaching der Geschäftsführende Gesellschafter eines mittelständischen Industrie-Unternehmens mit etwa 200 Mitarbeitenden. ◄

Bitte lassen Sie die oben geschilderten Worte des Unternehmers einen Moment auf sich wirken. Bevor Sie weiterlesen, lade ich Sie ein, nachzuspüren, was da passiert sein könnte. Woran kann es liegen, dass er sich seit einer längeren Zeit persönlich weiterentwickelt und verändert, und trotzdem – oder deswegen? – der echte Kontakt zu seinen Mitarbeitenden offenbar in Disbalance gerät?

In diesem Fall hat der Unternehmer in sich einen „neuen Geist" entwickelt, er hat seine Selbstwahrnehmung und in weiten Teilen auch seine Selbstführung verbessert und intensiviert. Aber seine nächsten Führungskräfte – und auch die übrigen Mitarbeitenden – können seine persönliche Veränderung zwar wahrnehmen und beim Unternehmer beobachten, aber sie können sie nicht selbst innerlich nachvollziehen, weil sie sich nicht ebenfalls auf einem eigenen Weg der Veränderung bzw. persönlichen Entwicklung befinden.

Das löst in diesem Fall bei den Führungskräften Verunsicherung und Irritation aus. Sie „verstehen" nicht mehr, was von ihnen erwartet wird und folglich reißt der Kontakt zum Geschäftsführer innerlich ab. Das kann bei allen Beteiligten zu Frustration führen.

In diesem Zusammenhang liegt also ein Risiko für das innere Gleichgewicht des Unternehmens-Systems: Wenn die persönliche Entwicklung der oder einiger Schlüsselperson(en) im Unternehmen in raschen Schritten voranschreitet, ist die Herausforderung, das „Entwicklungs-Gleichgewicht" im Unternehmen nicht aus den Augen zu verlieren, nicht in Ungeduld oder gar Abwertung derjenigen zu verfallen, die sich nicht in gleichem Maße weiter entwickelt haben. Der Schlüssel zur Auflösung des Risikos liegt in Empathie, Achtsamkeit, Mitgefühl und der Fähigkeit, „die anderen" zu ermutigen, sich ebenfalls zu entwickeln oder sie auf ihre Art trotzdem wertzuschätzen und gemäß ihrer Fähigkeiten und Persönlichkeit geeignet in die Kulturveränderung angemessen einzubinden.

6.2.2 Ich–Entwicklung der Menschen in der Organisation: Quelle und Begrenzung für Veränderung

6.2.2.1 Die Stufen der Ich-Entwicklung

Beispiel: Keine Entwicklung der Menschen, keine Entwicklung des Verhaltens

In einem mittelständischen IT-Unternehmen in der Nähe von Hamburg, mit etwa 120 Mitarbeitenden, das ich zwei Jahre lang als Prozessentwickler begleiten durfte, herrschte die Erkenntnis vor, dass die Zusammenarbeit „so nicht mehr weitergehen" konnte. Permanente Reibungspunkte an den Schnittstellen, verdeckte und offene Konflikte und das regelmäßige Boykottieren verabredeter Prozesse waren an der Tagesordnung.

Eine tief greifende Persönlichkeits- und Teamentwicklung wurde von der Geschäftsführung abgelehnt. Die Begründungen waren – sinngemäß zusammengefasst – „dafür haben wir keine Zeit", „das bringt nichts" und, etwas tiefergehend, „wir können nicht absehen, was passiert, wenn die Mitarbeitenden oder die Führungskräfte tatsächlich ihre Gefühle oder Emotionen bearbeiten oder gar offenlegen müssten".

Stattdessen kam man überein, bestimmte Verhaltensänderungen zu verabreden. Dazu gehörten bestimmte Regeln der Zusammenarbeit, wie z. B. interne Reaktionszeiten, das Aufschreiben von Verantwortlichkeiten und Befugnissen oder die Einführung von gelben oder roten Karten zur Nutzung bei der Regulation von ausufernden Meetings.

Nach nur wenigen Monaten konnte beobachtet werden, dass diese Veränderungen von vielen Mitarbeitenden und sogar von maßgeblichen Führungskräften als „anstrengend" oder „nervig" empfunden wurden.

Zunächst schleichend, und dann offen und für alle sichtbar, wurden neue Verhaltensweisen wieder abgeschafft oder zunehmend ignoriert. Die gelben und roten Meeting-Karten stecken bis heute in einer kleinen Halterung, zentral auf dem großen Tisch. Aber nicht, weil sie noch irgendjemand benutzen würde, sondern eher als Maskottchen eines kurzen Veränderungs-Ausfluges, auf den manche wehmütig, andere belustigt, oder noch andere abschätzig zurückblicken. Die Karten stecken auf dem Tisch, ungefähr so, wie das kleine, inzwischen ergraute und angestaubte Hawaii-Armbändchen, das seit mehreren Jahren am Innenspiegel im Auto hängt und von dem keiner mehr so recht weiß, wie es da mal hingekommen ist.

Nach etwa sechs Monaten stand das Unternehmen in Bezug auf die beschriebenen Probleme wieder am Ausgangspunkt. ◄

Was war passiert und in dieser Organisation die Begrenzung, die eine echte Veränderung blockierte?

Wenn Sie Ihr Unternehmen verändern möchten, aber nur neue Verhaltensweisen lernen, kann das teilweise zu vorübergehender, vordergründig empfundener Veränderung oder gar punktuell „Verbesserung" des internen Klimas oder einzelner Abläufe führen. Im Hintergrund der teilweise motiviert, teilweise unter Widerstand verabredeten Verhaltensänderungen, hatten sich in diesem Beispiel das Denken der Menschen und deren Haltungen, Glaubenssätze und Sichtweisen jedoch nicht verändert. Das erlernte Verhalten passte nicht mehr zum Denken und zu den Gewohnheiten. Dies löste Reibungsgefühl und Unzufriedenheit aus, Bemerkungen wie „das bringt ja doch nichts" oder „das hat keinen Sinn" machten die Runde, weil die Stagnation im Denken für viele zutiefst spürbar war.

Was wäre in diesem Fall aber eine tatsächliche, tief greifende Lösung? Was würde zutiefst und wirklich in die Kultur dieses Unternehmens eingreifen und sie nachhaltig verändern?

Unseren Blick darauf können wir durch ein Modell erweitern, das uns Jane Loevinger (1970), ehemals Entwicklungspsychologin mit Professur an der Universität Washington, anbietet. Eine ihrer Grundthesen ist: Durch die schrittweise Entwicklung unseres Bewusstseins, unserer Fähigkeit zur Selbststeuerung und die bewusste Überwindung von Veränderungshürden entwickeln wir uns als Persönlichkeit permanent weiter.

Im Zuge einer Transformation der eigenen Persönlichkeit und als Quelle der Transformation des Unternehmens scheint genau das unbedingt erforderlich zu sein. Der Entwicklungsgrad der einzelnen Menschen, aus denen die Organisation besteht, scheint aber gleichzeitig auch eine Begrenzung der möglichen Veränderung darzustellen. Besonders in Zeiten, in denen im Hau-Ruck-Verfahren beispielsweise agiles Arbeiten eingeführt werden soll, was über farbige Meeting-Karten weit hinausgeht, und in denen Unternehmen aller Größen oft scheitern, wird mit der Klarstellung durch dieses Modell oft sichtbar, woran das liegen kann.

Jane Loevinger (1970) hat im Zuge von etwa 40 Jahren empirischer Forschung herausgefunden, wie und in welchen Stufen wir – vereinfacht ausgedrückt – unser „Denken", also unsere tiefe und komplexe Persönlichkeit, entwickeln. Sie hat dafür ein in 9 Stufen unterteiltes Modell entwickelt, welches uns darstellt, wie wir uns alle entwickeln (können). Diese Perspektive der möglichen Selbst-Entwicklung als Basis für Selbst-Steuerung ist im Hinblick auf die Systemische Balance der Führungskultur in Ihrem Unternehmen interessant, wie sie in 5.3.1. beschrieben wird.

Diese stufenweise Entwicklung vollzieht sich für Einzelpersonen, aber auch für Systeme als Ganzes, ist also theoretisch auch für ein komplettes Unternehmen möglich. Den Begriff „theoretisch" verwende ich hier, weil ein Unternehmen ein hochkomplexes Gebilde ist, das viel innerer und äußerer Bewegung und Komplexität ausgesetzt ist. Wichtige Faktoren sind z. B. im Inneren die Fluktuation – neue Mitarbeitende stoßen zum System dazu, andere verlassen es wieder – oder von außen die Entwicklungen am Markt, in der Politik und der Gesellschaft, in die ein Unternehmen eingebunden ist und von denen es permanent beeinflusst wird. Trotzdem kann es für die Reflexion der eigenen Entwicklung, für das Verständnis von Zusammenhängen, Chancen oder Grenzen und das folgende Navigieren in komplexer Umgebung sehr hilfreich sein.

Das Modell von Jane Loevinger wird hier der Einfachheit halber ab Stufe 3 beschrieben, da die unteren Stufen für die Unternehmenskultur nicht relevant sind. Die Stufen folgen im Laufe der Selbstentwicklung aufeinander, keine Stufe kann übersprungen werden. Jede Stufe ist in der nächst folgenden enthalten. Die Erfahrungen, das Lernen, die Einsichten und die bisherigen Persönlichkeitsentwicklungsschritte werden in die nächste Stufe mitgenommen, als Basis dort – bildlich gesprochen – hineingefüllt und weiter ausgebaut bzw. weiterentwickelt.

Loevinger beschreibt grundsätzlich die Stufen, die in Tab. 6.1 als Übersicht dargestellt werden.

Die Stufen 4 bis 5 stehen oft für klassische Chefs in Hierarchien. Führungskräfte auf der Stufe 6 laden bereits das Team zur Debatte ein. Alles Verhalten und Bewusst-

Tab. 6.1 Ich-Entwicklungsstufen nach Jane (Tabelle von Joachim Nickelsen nach Inhalten von Loevinger 1970)

Selbst- und Fremd-Führungsstil	Typisches Kommunikations- und Kooperations-Verhalten
Stufe 3: Selbstorientierte Führung	Die eigenen Vorteile stehen im Vordergrund, Opfer-Täter Verhalten, Schuldzuweisungen
Stufe 4: Gemeinschaftsbestimmte Führung	Regeln und Normen sind wichtig, feste Stellenprofile, Entweder-Oder-Kriterien, Streben nach Gemeinschaft Geeignete berufliche Rolle: Team-Arbeiter
Stufe 5: Rationalistische Führung	Kontrolldenken, ständige Prozessoptimierung, feste Vorstellungen, beginnende Selbstwahrnehmung, Streben nach Rationalität Geeignete berufliche Rolle: Experte
Stufe 6: Eigenbestimmte Führung	Entwickelte Werte und Ziele durch Führung, Respekt vor individuellen Unterschieden, innovativ, eigener Schatten noch unbekannt, Streben nach Selbstbestimmtheit Geeignete berufliche Rolle: Unternehmer, Manager
Stufe 7: Relativierende Führung	Hinterfragen der eigenen Sichtweisen, größere Bewusstheit gegenüber Konflikten, individueller und empathischer Umgang, Streben nach Relativierung und Einordnung Geeignete berufliche Rolle: Berater, Coach
Stufe 8: Systemische Führung	Systemisches Erfassen von Beziehungen, hohe Motivation zur persönlichen Entwicklung, Kenntnisse seines Selbst und seiner Rolle, Streben nach systemischem Denken und Handeln Geeignete berufliche Rolle: Stratege, Berater
Stufe 9: Integrierte Führung	Undogmatisch, selbstaktualisierend, hohe Bewusstheit gegenüber eigenem Aufmerksamkeitsfokus, die Werte prägend, agile Führung initiierend und ausübend, Streben nach ganzheitlichem Denken und Handeln Geeignete berufliche Rolle: Stratege, Berater

sein ab der relativierenden Stufe, also ab Stufe 7, führt in eine echte Debatte und ist erfahrungsgemäß zwingend dafür erforderlich, dass agiles arbeiten wirklich gelingt.

Das Modell gibt Hinweise darauf, wieso es wichtig ist, dass sich jeder Einzelne im Team – bei Ihnen selbst beginnend – der persönlichen Entwicklung widmet. Die entscheidende Herausforderung dabei ist das Überwinden der Grenzen der eigenen Stufe, auf der man sich gerade befindet. Lt. Loevinger befinden sich etwa 38 % der Menschen auf Stufe 5 – und stagnieren dort oft.

Die Schwierigkeit bei dem Versuch, sich von der Stufe 5 weiterzuentwickeln, liegt auf der Hand: Eine Weiterentwicklung des eigenen Ich ist immer auch eine Reise ins Unbekannte. Menschen, die sich auf Stufe 5 befinden, fühlen sich in Routinen und gewohnten Prozessen wohl. Sie schätzen sehr das Gefühl von Sicherheit, die ihnen die selbst geschaffene Umgebung bietet. Das Heraustreten aus den festen Vorstellungen und das Ausprobieren neuer Handlungsalternativen, z. B. bei der ehrlichen Selbstwahrnehmung, erfüllt manche Menschen mit Angst, die in leichteren Formen auch als Unsicherheit oder Skepsis daher kommt.

Beispiel

Vielleicht kennen Sie es, das Gefühl von Neugier auf ein fremdes Land und die Lust, „bei Gelegenheit" dorthin reisen zu wollen. Und gleichzeitig finden Sie regelmäßig Vorwände, warum jetzt gerade nicht der richtige Zeitpunkt ist, weil es „zu Hause ja doch am schönsten ist". So ähnlich ist es oft auf der Stufe 5. ◄

Es gibt ein spürbares Grundinteresse daran, sich selbst besser wahrnehmen zu können, gleichzeitig ist es aber auch verbunden mit einer Unsicherheit des Unbekannten, mit der Sorge dort Dinge entdecken zu müssen, die bei ehrlicher Betrachtung unangenehm sein könnten.

Erfahrungsgemäß entwickeln wir uns immer dann weiter, wenn wir uns bewusst, oder durch eine unerwartete Situation zwangsweise, aus der eigenen Komfortzone heraus bewegen wollen oder müssen. Es gibt einen gewissen positiven Reiz, gleichzeitig begeben wir uns vorübergehend aber auch in unsicheres Gelände, auf dem wir uns zunächst nicht auskennen. Grafisch wird dieses Phänomen immer wieder durch das „Drei-Zonen-Modell" der persönlichen Entwicklung in Abb. 6.1 dargestellt.

6.2.2.2 Ich-Entwicklung in der Organisation: Chance und Begrenzung

Für die Entwicklung Ihrer Organisation ergeben sich aus der Kombination der Erkenntnisse von Jane Loevinger („Stufen der Ich-Entwicklung") mit denen des Drei-Zonen-Modells folgende Effekte im Sinne von Chancen und Begrenzungen:

- **Chance Nr. 1: Persönliche Fähigkeit zur Veränderung**
  Dadurch, dass Sie sich als Unternehmer oder Führungskraft persönlich entwickeln, haben Sie zunehmend bessere Fähigkeiten, die Kultur, die Stimmungen Ihrer Mitarbeitenden oder unterschwellige, hemmende Konflikte wahrzunehmen.

Drei-Zonen Modell der persönlichen Entwicklung

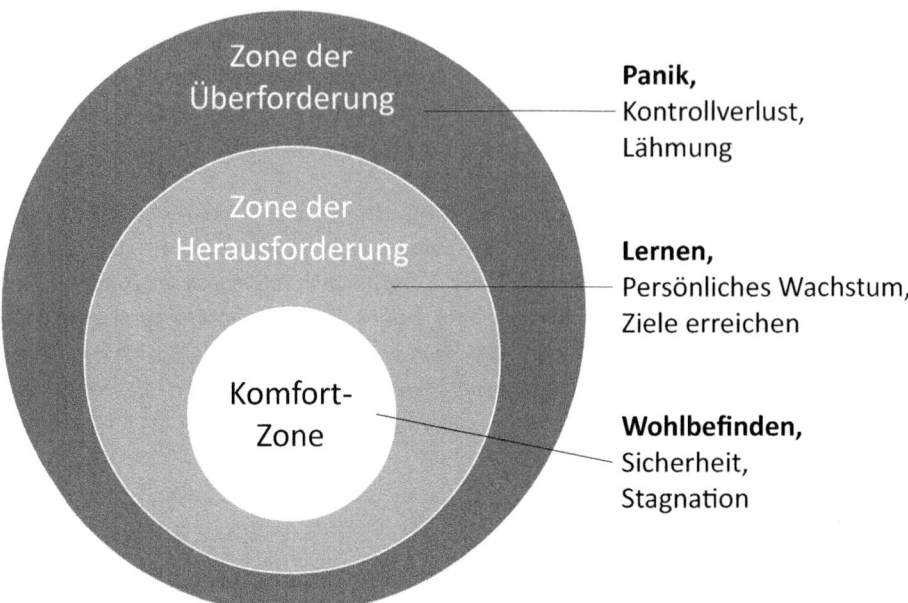

Abb. 6.1 Drei Zonen-Modell der persönlichen Entwicklung

Sie entwickeln immer mehr Mut, gewohntes Terrain zu verlassen und unangenehme Themen anzusprechen und Veränderungen zu initiieren.

▶ **Handlungsempfehlung**
Setzen Sie Ihre durch Meditation erlernte Wahrnehmungsfähigkeit, Klarheit, Ihren Mut und Ihr Mitgefühl bewusst ein. Laden Sie Ihre Führungs-Kollegen und Mitarbeitenden behutsam und wertschätzend ein, sich gemeinsam mit Ihnen auf eine Reise zu begeben. Leben Sie Veränderung persönlich vor, initiieren Sie Veränderungen schrittweise und mit dem angemessenen Tempo und einer Intensität, die Ihre Umgebung nicht überfordert.

- **Chance Nr. 2: Verbesserung der Team- und Zusammenarbeit**
  Grundsätzlich hat jeder geistig und psychisch gesunde Mensch die Möglichkeit, sich persönlich weiter zu entwickeln. Eine gute Teamarbeit, wie sie in Kap. 5 beschrieben wurde, wird erheblich befördert, wenn ein Team aus entwickelten, bewussten, mutigen Menschen besteht.
  Genau darin besteht die grundsätzliche Chance für Ihr Team und Ihr Unternehmen: Wenn Sie sich alle miteinander weiter entwickeln würden, müssten Sie als Führungskraft weniger „erklären" oder dafür werben, dass hilfreiche Haltungen und Ver-

haltensweisen Raum gewinnen. Stattdessen würden sie aus dem Team, aus den Menschen heraus von selbst entstehen, weil sie von sich aus die Sehnsucht nach Verbesserung von Kontakt, Einheit und Vertrauen entwickeln.

▶ **Handlungsempfehlung:**
Eine Veränderung der Menschen in Form von Persönlichkeitsentwicklung und menschlicher Reife können Sie nicht anordnen oder entscheiden. Allerdings können Sie als Vorbild leben und dadurch bei einigen oder vielen Menschen in Ihrer Umgebung, bei Kollegen oder Mitarbeitenden, Neugier an ihrem eigenen Weg erwecken. Wenn Sie selbst offen, geduldig und vertrauensvoll mit den Menschen umgehen, werden Sie bei manchen Menschen das Bedürfnis erwecken, eine ähnliche Entwicklung beginnen zu können.

Darüber hinaus können Sie anbieten, den Weg ein Stück weit selbst auszuprobieren. So können Sie z. B. regelmäßige Meditationsangebote in Ihrem Unternehmen etablieren. Sie können die Teilnahme an Zen-Seminaren finanzieren und Workshops durchführen lassen, in denen der achtsame Umgang miteinander und achtsame Team-Arbeit ausprobiert und gelernt werden.

Das alles benötigt Zeit und Raum, aber Sie können – und sollten – die Initiative ergreifen.

- **Begrenzung/Herausforderung Nr. 1: Persönliche Distanz od. Hochmut**
Wenn Sie sich selbst entwickeln, werden Sie zunehmend das Gefühl haben, dass Sie z. B. anders empfinden, soziale Zusammenhänge besser spüren können, generell in größeren Zusammenhängen denken, oder auch vorher als gesetzt erscheinende „Wahrheiten" oder Gewohnheiten relativieren und infrage stellen. Wenn sich die anderen Menschen in Ihrer Umgebung nicht in ähnlicher Weise entwickeln und Sie das Gefühl haben, selbst nicht mehr verstanden zu werden, kann das bei Ihnen selbst Irritation oder sogar Frustration auslösen. Manche Führungskräfte neigen außerdem dazu, sich nun „besser" oder überlegen zu fühlen, als der oder diejenige, der oder die die Welt nicht so gut versteht. Aus dem eigenen gestiegenen Selbstvertrauen kann unter Umständen – bewusst oder unbewusst – eine Übersteigerung der eigenen Person in Form von Hochmut entstehen.
Eine solche Haltung löst mit großer Wahrscheinlichkeit ein beiderseitiges Distanzempfinden zwischen Ihnen und Ihren Mitmenschen aus und kann Vertrauen und Offenheit schnell zerstören. Für eine Verbesserung der Unternehmenskultur wäre das äußerst kontraproduktiv.

▶ **Handlungsempfehlung**
Seien Sie sich bewusst, dass Sie selbst auf einem langen, nie endenden Weg sind. Bleiben Sie immer offen und neugierig in Bezug auf sich selbst, die anderen Menschen und die Welt. Zen-Lehrer nennen diese Haltung „Anfängergeist".

Bewusster Anfängergeist stellt sicher, dass Sie nicht in bequeme Zufriedenheit verfallen, weil Sie denken, Sie hätten schon etwas erreicht, was Sie womöglich zu einem besseren Menschen machen könnte. Auf Ihrem persönlichen Entwicklungsweg sind Sie jedoch immer, in jeder Sekunde, Anfänger in Bezug auf den nächsten Schritt, der vor Ihnen liegt. Sie bleiben also immer Anfänger, solange Sie sich entwickeln und Ihr Geist noch nicht erleuchtet ist. Machen Sie sich das bewusst, diese Einsicht kann Ihnen als große Kraftquelle dienen. Als „Anfänger" haben Sie jederzeit alle Optionen vor sich, als „Wissender" oder „Experte" sind Sie durch vorgefertigte Sichtweisen eingeschränkt.

Falls Sie spüren sollten, dass Sie Frustration oder Hochmut empfinden und sich über andere Menschen in Ihrer Umgebung ärgern oder – vielleicht ganz heimlich – abwertend über sie denken, weil sie bestimmte Entwicklungs- oder Erkenntnis-Schritte von Ihnen nicht nachvollziehen können, kann ich Ihnen gratulieren. Und zwar dazu, dass Sie es überhaupt spüren. Denn in dem Moment, in dem es Ihnen bewusstwird, haben Sie die Möglichkeit mit einem inneren Erkennen im Sinne von „Das ist ja interessant!" zu reagieren. Und im gleichen Moment, oder bei nächster Gelegenheit, könne Sie innerlich nachforschen, was dieses Gefühl der Überlegenheit bei Ihnen auslöst. Aus psychologischer Sicht können Überheblichkeit oder Arroganz als ein Ausdruck von Schutz der eigenen Persönlichkeit betrachtet werden. Wenn ich mich überlegen fühle, fühle ich mich selbst nicht mehr angreifbar. Diese so aufgebaute Fassade dient typischerweise dazu eigene Ängste, alte Verletzungen oder Selbstabwertung – manchmal auch innere „Schatten" genannt – zu überdecken. Gefühlte Überlegenheit ist also ein sicheres Indiz dafür, dass Sie noch ein großes Stück des eigenen Entwicklungsweges vor sich haben. Diese Feststellung ist jedoch keineswegs wertend gemeint. Im Gegenteil: Das Erkennen bietet eine große Chance, sich damit bewusst auseinanderzusetzen, und den Weg als Lernfeld anzuerkennen. Vielleicht können Sie den Menschen, der dieses Gefühl des Hochmuts bei Ihnen auslöst, sogar als Ihren unbewussten und Ihnen kostenlos zur Verfügung gestellten „Persönlichkeits-Trainer" wertschätzen.

- **Begrenzung/Herausforderung Nr. 2: Die Anderen können nicht folgen**
  Ihre Management-Kollegen und Ihre Mitarbeitenden haben über die Zeit der Zusammenarbeit einen ganz bestimmten Eindruck von Ihnen und Ihrer Persönlichkeit. Sie ahnen, wie Sie „ticken" und worauf sie sich bei Ihnen verlassen können. Sie kennen Ihre wunden Punkte, Ihre „Knöpfe", aber auch Ihre Komfortzonen.
  Wenn Sie im Laufe der Zeit – vielleicht durch eine spirituelle Ausbildung, durch Kampfsport, fernöstliches Yoga oder Zen-Meditation – sich entwickeln und verändern, geschieht das nicht schlagartig, sondern typischerweise schleichend und in kleinen Schritten, fast unmerklich. Falls Sie doch schlagartig beginnen sollten, Ihrer Umwelt die Welt zu erklären und alles verändern wollen, sprechen wir in diesem Fall wahrscheinlich vom im vorherigen Absatz behandelten Hochmut. In diesem Fall sollten Sie eine Seite in diesem Buch zurückblättern.

Bleiben wir also bei der schleichenden Entwicklung. Die Gefahr besteht, darin, dass Sie Gedanken, Einsichten und Ideen in Bezug auf sich selbst, auf Ihr Unternehmen und die Kultur in Ihrem Unternehmen entwickeln, die auf dem Boden Ihrer vorangeschrittenen Entwicklung entstanden, von Ihrer Umgebung aber nicht mehr nachvollziehbar sind. Das kann sich in passivem Widerstand, offenem Protest (aus Sorge davor, selbst die eigene Komfortzone verlassen zu müssen und in die Zone der Panik zu geraten, siehe auch Abb. 6.1) oder totaler Stagnation in der Entwicklung Ihrer Unternehmenskultur ausdrücken.

▶ **Handlungsempfehlung**
Machen Sie sich zunächst bewusst, dass es mittlerweile einen Entwicklungs-Unterschied zwischen Ihnen und Ihren Kollegen oder Mitarbeitenden gibt. Nehmen Sie den Umstand wahr, bewerten Sie ihn nicht. Die Wirklichkeit ist jetzt so, wie sie ist. Erst, wenn Sie diese Herausforderung für Ihr Unternehmen gelassen wahrnehmen, können Sie damit angemessen und konstruktiv umgehen. Denn von diesem Punkt aus können Sie mutig und mit Freude in die gleichen Handlungsempfehlungen gehen, die Sie weiter oben unter den beiden beschriebenen Chancen nachlesen können.

Die Möglichkeiten und Chancen, die eine Persönlichkeitsentwicklung für Sie als Führungskraft hat, hat auch die von mir geschätzte Coachin und Persönlichkeitsentwicklerin Svenja Hofert (2016) beschrieben:

„Was passiert, wenn ein Mensch sich weiter als E6 entwickelt, also den gesellschaftlich (derzeit) erwünschten Rahmen verlässt? Dann betritt er den so genannten postkonventionellen Bereich. In den Stufen ab E7 lösen sich Menschen zunehmend von sich selbst und festen Vorstellungen, werden multiperspektivischer und integrieren immer mehr Aspekte. Sie sehen mehr, integrieren mehr – was es ihnen ermöglicht, zum Beispiel strategischer zu agieren. Und auch: wirksamer zu beraten und andere auszubilden.

Das mit späteren Stufen einhergehende strategischere Denken ist aber auch Vorteil für Unternehmensführung. Binder benennt in seinem Buch Studien, die belegen, dass Postkonventionalität in verschiedenen Feldern von Vorteil ist:

- Manager auf späteren Entwicklungsstufen besitzen eine höhere Kompetenz für Strategie und Personalführung und legen auch ein effektiveres Entscheidungsverhalten an den Tag.
- Generell ermöglicht höhere Ich-Entwicklung ein besseres Verstehen von Emotionen, was z. B. positiv in der Beratung und im Coaching ist.
- Postkonventionelle Ich-Entwicklung sorgt für einen reiferen Ausdruck von Motiven (Beispiel: Macht als simples Dominanzverhalten versus Macht als Einflussnahme, um Dinge zu verbessern).

- Postkonventionelle Ich-Entwicklung verschafft ein komplexeres Selbstbild und damit eine höhere Entwicklungsfähigkeit.
- Big-Five-Eigenschaften wie Neurotizismus, Gewissenhaftigkeit und Verträglichkeit verändern ihren Ausdruck durch spätere Ich-Entwicklung.
- Das allgemeine Glücksgefühl steigt und die Anfälligkeit für psychiatrische Erkrankungen sinkt."

Die Untersuchungen von Jane Loevinger sind in Buchform nur auf Englisch erschienen. Wer sich in die Materie tiefer einlesen möchte, dem sei ein Standardwerk in deutscher Sprache empfohlen: Binder, Thomas (2016): Ich-Entwicklung für effektives Beraten, Vandenhoeck & Ruprecht.

6.3 Begeisternde Strategie-Entwicklung auf Basis von Sinn

6.3.1 Der eigene „Purpose"

Immer mehr junge Menschen überlegen sich sehr genau, für welches Unternehmen, oder welche Organisation sie arbeiten möchten. Es ist ihnen nicht egal, ob sie für ein Start-Up arbeiten, das eine Cloud-Plattform für den Austausch von Bildern und Produktinformationen zwischen Mode-Industrie und -Handel erzeugt, oder für ein Traditionsunternehmen in Ost-Westfalen, das seit Generationen Ziegelsteine für den Haus-Bau brennt. Warum ist das so? Weil sie sich mit dem Unternehmen identifizieren wollen, weil sie eine Sehnsucht danach spüren, morgens genau zu wissen, wofür sie aufstehen und zur Arbeit gehen. Viele fragen sich bewusst oder unbewusst „Warum gibt es dieses Unternehmen, was können wir gemeinsam in der Region, in der Welt, für die Menschen – und für mich persönlich erreichen?"

In Abschn. 5.2 beschreibe ich, dass Identifikation in Teams untrennbar mit einer gemeinsamen Zukunftsvorstellung oder auch mit dem Zweck des gemeinsamen Handelns verbunden ist. Diese Identifikationsgrundlage gilt natürlich nicht nur für Teams, sondern ausdrücklich auch für ganze Unternehmen. Identifikation ist eine starke Motivation, sich jeden Tag für etwas – z. B. das eigene Unternehmen – einzusetzen. So kann es sein, dass ein Mensch emotional sehr verbunden mit seiner Heimatregion ist und es schätzt, was das ostwestfälische Ziegel-Unternehmen für den Erhalt von Arbeitsplätzen und die Versorgung der Arbeitnehmer-Familien in der Region leistet. Oder es kann sein, dass ein Mensch eine enorme Motivation verspürt, an einem Projekt mitzuarbeiten, das versucht, mit Internet-Lösungen die große, weite Mode-Welt zwischen Handel und Herstellern zu revolutionieren und dabei rasant wächst.

Der britisch-amerikanische Autor und Unternehmensberater Simon Sinek hat schon 2010 in einem begeisternden Vortrag („How great leaders inspire action", bei „TED-Talks") ein Modell vorgestellt, das die Kraft des „Why" erklärt. Darin erläutert er, dass ein Unternehmen, das einen tieferen Sinn seines Handelns in sich trägt, das beantworten kann, was sein Daseins-Zweck ist, enorme Strahlkraft nach innen und außen entwickelt. Dieser Daseins-Zweck wird oft auch als „Purpose" bezeichnet.

Praxis-Beispiel: Unternehmenstransformation mit „Purpose"

Aus einer norddeutschen Großstadt kommt ein besonders eindrückliches Beispiel dafür, was aus einem Unternehmen werden kann, das seinen Purpose klar und deutlich entwickelt. Dabei handelt es sich um einen Fitness-Club, der sich in dem sehr wettbewerbsintensiven Markt einer Großstadt bewegt. Das Unternehmen hatte keine besonders modernen Geräte, hatte keine besonders designten Räume, keine besondere Lage, keine besonderen Angebote, kein besonderes Image. Es war solide – und auch ein bisschen langweilig, weil es nicht überzeugend erklären konnte, warum die sportlichen Menschen kommen sollten und nicht andere Angebote nutzen. Im Zuge einer schleichenden Markt-Veränderung, die durch einen starken Trend zum Konsum von immer unterschiedlicheren und immer aufregenderen, „cooleren" Freizeitangeboten geprägt ist, hat es im Laufe der Jahre immer mehr zahlende Mitglieder verloren, bis es an einer Grenze angekommen war, an der die Mitglieder-Einnahmen nicht mehr die Kosten deckten. Mitarbeitende verlassen frustriert das Unternehmen, es droht die baldige Insolvenz.

An diesem Punkt angekommen, an dem klar ist, dass es ab jetzt etwas ganz anders – und erfolgreich – macht, oder das Unternehmen zügig schließt, holen die Eigentümer die Belegschaft und einen externen Change-Coach zusammen. Die gesamte Mannschaft lässt sich auf einen intensiven, emotionalen Prozess ein, in dessen Verlauf miteinander beraten, gespürt, diskutiert, meditiert wird. Die Mitarbeitenden und die Inhaber kommen zu der Erkenntnis, dass viele Menschen, und sie selbst auch, von einer Sehnsucht nach Erfüllung und Selbstverwirklichung angetrieben sind. Schnell wird klar, dass persönliche Erfüllung die Einheit von Körper und Geist voraussetzt. Die durchbruchsartige Neuerung im Denken und Fühlen des Teams sind dabei genau diese Zusätze, nämlich „Einheit" und „Geist". Bisher hatte sich das Fitness-Unternehmen nur auf die Komponente „Körper" konzentriert. Dass diese Erweiterung des Fokus nicht nur eine solche ist, sondern vor allem eine Vervollständigung, ist den am Veränderungsprozess beteiligten Menschen sofort bewusst.

Das Ergebnis dieser gemeinsamen Erkenntnis sind Begeisterung und Aufbruchsstimmung. Diverse neue Produkte und Maßnahmen werden in kurzer Zeit auf den Weg gebracht, z. B. Kurse zu ganzheitlicher Ernährungsberatung und Achtsamkeitstrainings. Aber auch Zen-Meditations-Kurse werden aufgenommen und offensiv beworben. Sogar der Name des Unternehmens wird verändert und der Zusatz „Spirit" aufgenommen. Die Veränderung des Unternehmens, hin zu ganzheitlicher Entwicklung von Körper und Geist, entfaltet neben der starken Mitarbeiter-Motivation nach und nach auch eine starke Sog-Wirkung auf den gesättigten Fitness- und Freizeit-Markt der Stadt. Die Mitgliederzahl des Unternehmens schnellt innerhalb weniger Jahren um 50 % nach oben, was in dem Marktumfeld ein extremes, ungeahntes Wachstum darstellt. Und es arbeitet mittlerweile wieder hochprofitabel. ◄

Eine wichtige Voraussetzung für den Turnaround dieses Unternehmens war die bewusste Freilegung eines neuen „Purpose". Eine überzeugende und inspirierende Antwort war für die Frage gefunden, warum die Mitarbeiter sich motiviert ins Zeug legen sollten und – genauso wichtig – warum die Kunden das ehemalige Fitness-Center, was nun ein Ort ist, in dem sie nun ihre „innere Mitte finden" können, besuchen sollten. Der Einsatz von Meditation und Bewusstseinstraining, das sowohl die Inhaber als auch die Mitarbeiter an ihre eigenen Bedürfnisse und Sehnsüchte brachte, war bei der rasanten Entwicklung des gesamten Systems in diesem Unternehmen von entscheidender Bedeutung.

Simon Sinek (2014) hat in seinem Buch „Frag immer erst: warum – Wie Top-Firmen und Führungskräfte zum Erfolg inspirieren" den „Goldenen Kreis" beschrieben (siehe Abb. 6.2):

Nach diesem Modell ist der Kern von allem erfolgreichen unternehmerischen Handeln, das „Warum". Es wird beschrieben, dass erfolgreiche Unternehmen vom eigenen „Warum" ausgehen und eine klare Definition davon haben. Als Beispiel nennt er Apple, die nicht vor allem Handys bauen, sondern stattdessen – vereinfacht ausgedrückt – die Welt mit revolutionären Produkten erfreuen wollen, die das Leben einfacher und schöner machen. Erst danach kommt das Nachdenken über das „Was": Im Fall von Apple ist es das Bestreben, technische Produkte in einem außergewöhnlich schönen Design herzustellen. Das „Wie" ist schließlich eine Ableitung des „Warum" und des „Was": Derzeit sind es unter anderem Smartphones mit bestimmten technischen Eigenschaften.

Die Komponenten „Warum" und „Was" stellen einen inneren strategischen Kompass dar, anhand dessen sich immer neue Produkte ableiten lassen. Indem diese beiden Komponenten der Treiber von Produktinnovationen sind, ist das Unternehmen nicht auf Smartphones festgelegt, es könnten auch Armbanduhren oder Autos sein. Beide Produkte würden nicht das „Warum" und „Was" verletzen, sondern könnten eine konsequente weitere Ausrichtung an diesem inneren Kompass sein. Unternehmen, deren „Purpose", bzw. deren innerer Kompass ähnlich klar und stark sind, sind lt. Sinek nachweislich erfolgreich und Krisen-resistent.

Als weiterführende Literatur hierzu empfehle ich: Fink, Franziska und Moeller, Michael (2018): Purpose Driven Organizations, Sinn – Selbstorganisation – Agilität, Schäffer-Poeschel.

6.3.2   Entwicklung des eigenen „Purpose"

Wie anhand des erwähnten Fitness-Unternehmens gezeigt, kann die Entwicklung, Klärung und Kommunikation des eigenen Daseins-Zwecks, des eigenen „Purpose" nach innen und außen intensiv inspirieren und enorme Kräfte entfalten. Um diesen eigenen Purpose zu entdecken und freizulegen, hat sich ein Vorgehen als erfolgreich erwiesen,

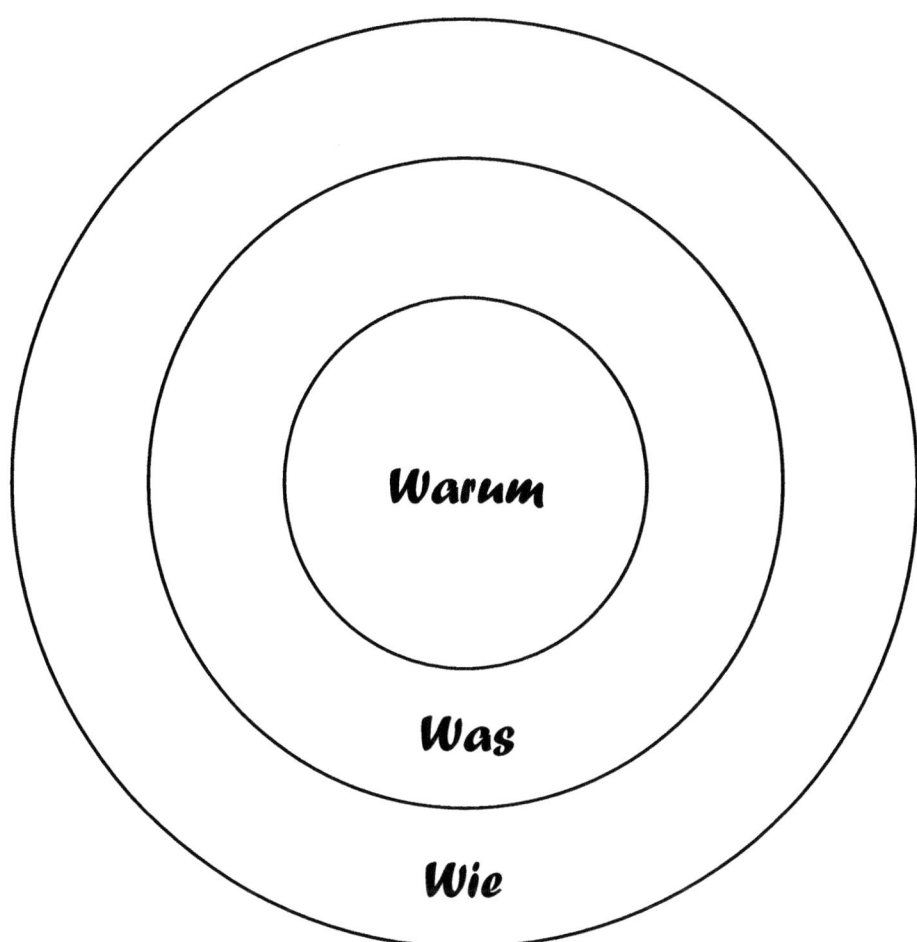

Abb. 6.2 Der „Goldene Kreis" nach Sinek. (Quelle Sinek 2014; © 2014 Redline Verlag, ein Imprint der Münchner Verlagsgruppe GmbH, München.www.redline-verlag.de All rights reserved. Mit freundlicher Genehmigung des VerlagLaures.)

das ebenfalls von Simon Sinek und seinen Erkenntnissen abgeleitet ist. Meine persönliche Erfahrung mit mittelständischen und kleineren Unternehmen ist, dass dieser Reflexions-Prozess erheblich vertieft, und die entwickelten Einsichten und Erkenntnisse nachhaltig im Geist des Unternehmens verankert werden können. Ein wirksames Mittel dafür ist regelmäßiges Bewusstseinstraining der Inhaber, Führungskräfte und Mitarbeitenden, z. B. in Form von Zen-Meditation.

Mithilfe dieses Bewusstseins, das eine besondere Qualität des Kontakts mit sich selbst und dem eigenen Sinn darstellt, kann eine Organisation ihren Sinn herausfinden oder wiederentdecken und so formulieren, dass es sie motiviert.

Das Bewusstsein öffnet Raum und Kontakt als wesentliche Grundlage. Um aber zu einer konkreten Formulierung des eigenen Purpose zu kommen, empfiehlt Simon Sinek darüber hinaus ein bestimmtes methodisches Vorgehen:

Es stellt einen Reflexionsprozess dar, der sich zunächst mit der eigenen Vergangenheit beschäftigt. Dabei wird der Blick auf die Motivation geworfen, warum dieses Unternehmen gegründet wurde und welche Impulse, Ideen oder Ziele damit verbunden waren. Im weiteren Verlauf dieses Prozesses werden die Erfahrungen in der bisherigen ferneren und jüngeren Vergangenheit der Organisation erforscht, erfühlt und ausgetauscht. Sowohl positive als auch enttäuschende oder negative Erfahrungen sind wichtig und stellen jeweils Teile des eigenen Erfahrungsschatzes dar, der sowohl in den Menschen als auch im „Geist" der Organisation abgelegt ist.

Da wir alle im Normalfall nach angenehmen Erfahrungen streben und diese idealerweise wiederholen wollen, liegen in diesen Erfahrungen die Wurzeln für unseren zukünftigen Sinn oder Purpose. Spannend sind dabei das Spüren und Reflektieren, bei welchen Aktivitäten oder Beiträgen sich die Menschen der Organisation in der Vergangenheit wohl gefühlt – oder eventuell sogar erfüllt gefühlt – haben.

▶   Sinnhaftigkeit oder Erfüllung sind sehr hohe, übergreifende Ziele, die uns
    aus uns selbst heraus und nachhaltig antreiben.

Bei der Suche nach diesen übergreifenden Zielen ist es wichtig, vordergründige, monetäre Ziele zur Kenntnis zu nehmen, sich aber nicht der Illusion hinzugeben, dass die Sinnsuche mit der Formulierung dieser Teilziele oder auch Zwischenschritte abgeschlossen wäre. Das Erreichen solcher Teilziele, wie z. B. „viel Geld verdienen, um meine Familie ernähren und meinen Lebensabend in der Karibik verbringen zu können" macht – das hat die Glücksforschung längst herausgefunden – eben nicht glücklich und erzeugt auch kein Gefühl von Sinn oder Erfüllung.

▶   **Wichtig**
    Stattdessen scheint eine tiefe Sinnerfüllung bei den meisten Menschen dann spürbar zu sein, wenn wir durch unser Handeln einen Beitrag für andere oder „das große Ganze" leisten. Wenn jemand anderes außer uns selbst etwas davon hatte, was wir geleistet oder getan haben, dann fühlen wir uns typischerweise zufrieden, stolz oder glücklich.

Das gilt sowohl für einzelne Individuen als auch für Gemeinschaften, also beispielsweise ein Unternehmen. Wenn die Menschen durch das gemeinsame Gefühl verbunden werden, etwas Konkretes für andere, für die Gesellschaft oder „die Welt" beizutragen, ist das in der Regel extrem motivierend. Das kann von scheinbar kleinen Beiträgen („Jeder Gast soll mein Restaurant glücklicher verlassen, als er es betreten hat.") über verschiedene Stufen („Wir kümmern uns um das Management der Ressource ‚Regenwasser' in unserer Region.") bis hin zum großen Ganzen („Wir tragen zur Gesundheit der Menschen auf der Welt bei.") reichen.

Um diesem übergreifenden Zweck nachhaltig auf die Spur zu kommen, ist es hilfreich, nach solchen Momenten in dem eigenen Unternehmens-Erfahrungsschatz zu suchen, ob und wann es solche Emotionen schon gab, was wer wie konkret in den Momenten getan oder geleistet hat. Diese Erfahrungen werden dann in einem intensiven Dialog innerhalb des Unternehmens, der quer über die Hierarchien und Funktionen hinweg stattfinden sollte, in die Zukunft übertragen. Dabei werden Erkenntnisse gesammelt, die sich immer wieder mit Ursache bzw. Beitrag und Wirkung des eigenen Tuns befassen: in der Vergangenheit und auch in die Zukunft übertragen.

Aus den verschiedenen gefundenen Beispielen findet dann eine Verdichtung statt, die die Gemeinsamkeiten der Beispiele zusammenführt und in wenigen Sätzen – und am Ende des Prozesses hochverdichtet in nur noch einem einzigen Satz – zusammenfasst.

▶ **Wichtig**
Diese Sätze und schließlich auch den letzten Kern-Satz in der höchsten Verdichtungsstufe nennt Simon Sinek „Purpose Statement". Das Purpose Statement sollte nach diesem Schema aufgebaut sein: „(Beitrag:) Wir wollen/werden _____, (Wirkung) damit _____."

Damit das gefundene Statement nicht nur eingerahmt im Foyer des Firmengebäudes hängt und verpufft, weil es keinen konkreten Bezug zur täglichen Arbeit im Unternehmen hat, muss im daran anschließenden Prozess unbedingt noch die konkrete Übertragung auf den Alltag des Unternehmens stattfinden. Es muss greifbar gemacht werden, in dem alle Strukturen und Abläufe, alle interne Kommunikation in Führung und Zusammenarbeit, alle externe Kommunikation und das Handeln gegenüber Kunden mit dem formulierten Daseins-Zweck bzw. „Purpose" abgeglichen und – falls nötig – angepasst werden. Widersprüche und Hindernisse sind auszuräumen, Überflüssiges kann fallen gelassen werden, den Zweck Unterstützendes sollte betont, gestärkt und ausgebaut werden.

Das Vorgehen in dem beschriebenen Purpose-Prozess benötigt Zeit und Raum und kann nicht in einem 2-stündigen Management-Jourfix am Montag-Nachmittag erarbeitet werden. In der Abb. 6.3 wird der Prozess, der erfahrungsgemäß mehrere Workshop-Tage benötigt, übersichtlich zusammengefasst.

▶ **Praxis-Tipp**
Gestalten Sie zu Beginn einen mindestens 2-tägigen Offsite-Workshop als Auftakt-Veranstaltung, an dem möglichst viele Vertreter der Mitarbeitenden dabei sind. Und lassen Sie anschließend die konkrete Umsetzung der oder des Purpose-Statements in einem konzentrierten, aber nicht eiligen Prozess nach und nach im Unternehmen durch alle gemeinsam umsetzen.

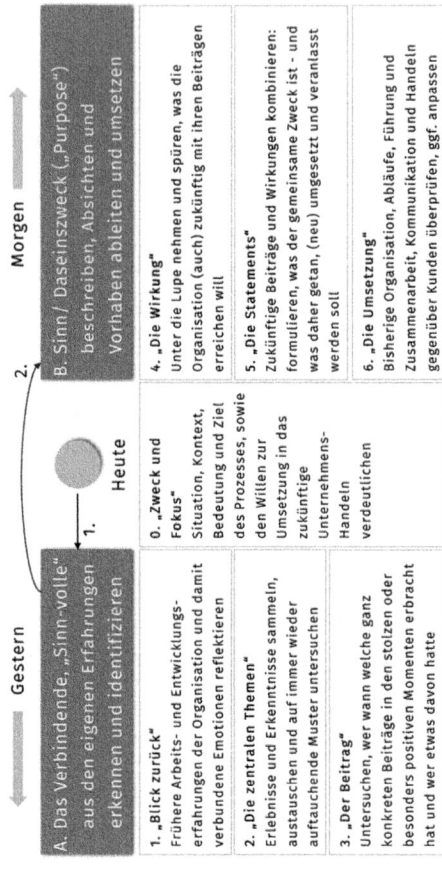

Abb. 6.3 Der Purpose-Prozess. (Eigene Grafik, angelehnt an Inhalte von Simon Sinek)

Überprüfen Sie Ihren eigenen Weg und den Weg des gesamten Teams dabei immer wieder durch gemeinsame Achtsamkeits-Rituale, wie später in Abschn. 6.4.3 beschrieben. Alle Vorhaben, Projekte, Portfolio-Ideen, Strukturen und Verhaltensweisen können jederzeit an diesem inneren Kompass des Purpose überprüft werden. Somit haben Sie miteinander eine zentrale Grundlage geschaffen, die allen Führungskräften, Teams und Mitarbeitenden auch in einer Arbeitsumgebung, die von Selbstorganisation und Agilität geprägt ist, jederzeit Orientierung bei Entscheidungen bietet.

6.4 Zen und Achtsamkeit: Hilfreiche Unterstützung für agiles Arbeiten

6.4.1 Was ist Agilität?

Persönliches Beispiel: Agilität beim Spielen

Als Kind habe ich es geliebt, mit Lego zu bauen. Das lief typischerweise so ab: Ich habe eine erste Idee, von dem, was ich bauen möchte. Ein Schiff soll es sein. Also nehme ich mir die ersten Steine und beginne, die Grundplatte zu bauen. Wie lang und breit die Grundplatte wird, und welche Farben die verwendeten Steine haben, überlege ich mir kurz vor und während des Bauens. Nach einer kurzen Phase des Steine-Zusammensetzens prüfe ich, ob das entstandene Zwischenergebnis zu dem ungefähren Bild passt, dass ich von dem zukünftigen Schiff habe. Vor allem prüfe ich aber auch die Stabilität des bisherigen Konstrukts und bessere eventuell nach, wenn die Konstruktion noch einen wackeligen Eindruck macht. Nach dem zwischenzeitlichen Stabilisieren geht es weiter mit dem Aufbau. Das kurze Innehalten, Prüfen und Verbessern des Zwischenergebnisses finden regelmäßig statt, bevor es dann jeweils weiter geht mit dem Aufbau des gesamten Lego-Schiffes.

Dieses Verfahren funktioniert gleichermaßen, wenn ich mit zwei Freunden spiele. In dem Fall gibt es zwischenzeitlich immer wieder kurze Phasen des Abgleichens, in denen wir uns z. B. über die Farben oder die beabsichtigte Breite des Schiffes einigen. So kann in den nächsten Minuten wieder jeder an seinem Teilprojekt allein weiterarbeiten. Einer baut an dem Rumpf weiter, einer beginnt schon mit dem Brücken-Aufbau und der Dritte konstruiert zwei Ladekräne für den vorderen Teil des Schiffes. Nach ein paar Minuten gleichen wir ab, ob die entstandenen Teile immer noch zueinander passen und ihren Zweck erfüllen. Falls nicht, gibt es Korrekturen.

Am Ende ist ein Schiff entstanden, das ungefähr der Funktion des Frachtschiffes entspricht, was wir geplant hatten. Aber wie es im Detail aussieht, ist schließlich genauso zufriedenstellend, wie überraschend. Wir hatten eine grobe, gemeinsame Idee, aber keinen detaillierten Plan. Und doch ist ein großartiges Lego-Schiff entstanden, auf das wir miteinander sehr stolz sind. ◄

Die oben beschriebene Vorgehensweise zum Bauen des Lego-Schiffes kann „agil" genannt werden. Agiles Arbeiten ist immer dann eine sinnvolle Alternative zu einem detaillierten Projektplan, wenn Sie im Team ein grundsätzliches, gemeinsames Bild von dem haben, was Sie miteinander erreichen möchten, aber noch keinen detaillierten, gemeinsamen Plan. Das Produkt oder Ergebnis, das Sie entwickeln möchten, hat innovativen – also noch unerprobten – Charakter. Das kann beispielsweise auf eine neue Software, eine neue Maschine oder auch eine neue Unternehmenskultur zutreffen.

Im typischen Projektmanagement, wie wir es traditionell gewohnt sind, vergehen zwischen der Entwicklung eines Konzeptes und dem tatsächlichen Beginn der Arbeiten oft lange Zeiträume.

Praxis-Beispiel: Agilität vs. Projektplanung

Ich selbst habe in den Jahren 2011/2012 an einem Changemanagement-Programm mitgearbeitet, in dem es um den organisatorischen Umbau eines Versicherungsunternehmens ging. Die Entwicklung des Konzepts dauerte vom Start der Analyse bis zur Verabschiedung durch den Vorstand fast zwei Jahre. Leider waren einige Rahmenbedingungen und Annahmen, die sich auf Marktgegebenheiten, auf organisatorische Abläufe innerhalb der Versicherung und auf Verhaltensweisen von bestimmten Abteilungen bezogen, mit dem Start der eigentlichen Projekt-Umsetzung nicht mehr aktuell. Das führte während des Change-Projektes zwangsläufig zu Kopfschütteln bei betroffenen Führungskräften und Mitarbeitenden, sowie zu suboptimalen Ergebnissen. Nicht wenige Teile des Projekts mussten während der laufenden Projektumsetzung aufgrund aktueller Erkenntnisse erneut geplant werden, was zu teilweise erheblichen Verzögerungen und aus rein zeitlichen Gründen zum kompletten Wegfall bestimmter – eigentlich notwendiger und sinnvoller – Veränderungsmaßnahmen führte. ◄

Mit Blick auf solche Projekte, von denen Sie vielleicht schon gehört haben, oder gar daran beteiligt waren, ist Ihnen bewusst, dass das Entwickeln eines detaillierten Plans für sämtliche Arbeitsschritte und Detail-Lösungen in einem solchen Projekt zwei typische Nachteile hat:

- Erstens würde es viel Zeit kosten, weil es absehbarerweise kompliziert und aufwendig werden kann, bis der Gesamtplan steht.
- Zweitens hat es ein hohes Abstimmungs- und Fehler-Potenzial. Denn aufgrund des innovativen Charakters und des somit zwangsläufigen Mangels an spezifischer Erfahrung mit exakt dieser Problemlösung konnte sich keiner von Ihnen bisher tief in die möglichen und notwendigen Lösungsdetails hineindenken. Somit kann jeder Versuch einer Detailplanung zu dem gewünschten grundsätzlich geplanten Ergebnis führen, kann es aber auch krachend scheitern lassen.

Um aus dem Dilemma heraus zu kommen, kann die Lösung in einem schnellen Beginn liegen und im Erstellen von ersten kleinen, sichtbaren Zwischenergebnissen. Diese Arbeitsschritte erfolgen in Verbindung mit regelmäßigen Abstimmungen in kürzeren Zyklen sowie der ausdrücklichen Bereitschaft, iterativ zu denken und ein entsprechendes Verfahren durchzuführen. Das Verfahren wäre somit dann „agil" und entspricht dem eingangs beschriebenen Vorgehen beim Bau des Lego-Schiffes.

Der Vorteil ist: Sie kommen schnell, sicht- und spürbar voran, auch ohne anfänglich einen schwierigen, detaillierten Plan zu haben. Nicht jeder Arbeits-Abschnitt führt zwingend zu einem Zwischenergebnis, das ohne Korrekturen oder Anpassungen auskommt. Aber das Korrigieren von einem konkreten Zwischenergebnis fällt oft leichter als das erstmalige Beschreiben eines völlig leeren Blattes.

Die Herausforderung liegt aber auch auf der Hand: Sie und Ihre Kollegen und Mitarbeitenden müssen lernen, den Prozess auszuhalten, in dem Sie von einem gewohnten, inhaltlich planenden, scheinbare Sicherheit versprechenden, vorgegebenen Vorgehen loslassen. Inhaltliche Sicherheit ersetzen Sie durch einen Prozess, der den Inhalt nach und nach entstehen lässt. Leider ist dieser Prozess geprägt von Unsicherheit und Unkalkulierbarkeit. Das empfindet unser Gehirn, konkret das limbische System, zunächst einmal als Zumutung, was von ihm als Gefahr wahrgenommen wird. Auf Gefahren reagiert unser Körper von Urzeiten an mit drei typischen Reaktionsmöglichkeiten. Zwei davon sind Kampf oder Flucht. Beides sind für Sie oder ein Team, das ein Projekt zum Erfolg führen soll, keine Optionen. Das kann das Gehirn schnell erkennen. Also wird nicht selten auf die dritte Reaktionsmöglichkeit zurückgegriffen: Totstellen. Bzw. im Falle des anstehenden Projekts kann es zu innerer Lähmung führen oder Angst, die sich in permanentem Stress äußert.

So reizvoll das agile Arbeiten also auf den ersten Blick aussehen mag, so anstrengend kann es auch von den Beteiligten empfunden werden.

Bevor aber die Frage beantwortet werden soll, inwiefern Zen, Meditation und die daraus abgeleiteten Fähigkeiten und Einsichten bei agilem Arbeiten unterstützen können, werfen wir einen zusammenfassenden Blick darauf, was agiles Arbeiten ausmacht. Im Jahre 2001 wurde von einer Gruppe amerikanischer Software-Entwickler das sogenannte „Agile Manifest" entwickelt. Es sollte schon damals bessere Formen der Zusammenarbeit ermöglichen und basiert auf vier Grundprinzipien:

Die vier Grundprinzipien der Agilität
- Menschen und ihre Interaktionen sind wichtiger als Prozesse und Werkzeuge.
- Funktionierende Software ist wichtiger als detaillierte Dokumentation.
- Die laufende Zusammenarbeit mit dem Kunden ist wichtiger als ursprünglich formulierte, theoretische Detailvereinbarungen.
- Flexibles, iteratives Eingehen auf neue Erkenntnisse und Veränderungen ist wichtiger als das starre Festhalten an einem – evtl. überholten – Plan.

6.4.2 Unterstützung des Agilitäts-Mindsets

Agilität ist nicht nur eine Methode, Agilität ist eine Haltung. Agilität ist von seiner Grundanlage her unbequem für unser Gehirn, wie im vorherigen Kapitel beschrieben, Agilität durchzuhalten kann sogar richtig anstrengend sein. Nur mit der passenden inneren Haltung – auch „Mindset" genannt – können Sie die Arbeitsmethode nachhaltig einführen, aushalten und produktiv nutzen.

Zum Herausbilden eines agilen Mindsets sind zwei Komponenten erheblich:

1. *Ein klarer Daseins-Zweck des Unternehmens, ein übergeordneter Sinn* oder auch „Purpose", an dem sich alle Führungskräfte und Mitarbeitenden immer orientieren können und jedes Projekt, jede Methode, jedes eigene Wirken daraufhin prüfen können, ob es dem entgegenkommt. Das wurde im vorherigen Kapitel beschrieben.
2. *Eine regelmäßige Praxis der Bewusstseins-Entwicklung, als Individuum, als Team und übergeordnet als Organisation.* In diesem Kapitel finden Sie Hinweise, wie Sie mithilfe der Einsichten des Zen und der Meditationspraxis in einen inneren Modus bzw. zu einem Mindset kommen können, mit dem Sie Agilität so einsetzen oder nutzen können, dass Sie den vier Prinzipien des agilen Manifests gerecht werden.

6.4.2.1 Menschen und ihre Interaktionen sind wichtiger als Prozesse und Werkzeuge

Dieses Agilitäts-Statement bezieht sich auf wirksame Kommunikation und Zusammenarbeit. Die Komponenten guter Zusammenarbeit wurden zum Beispiel im Kap. 5 ausführlich beschrieben. An dieser Stelle möchte ich vor allem aber den besonderen Wert der direkten Kommunikation hervorheben. Wenn beispielsweise ein Vertriebsteam den Kontakt mit einem Team aus der Produktentwicklung sucht, um gemeinsam aktuell erfahrene Kundenbedürfnisse zu besprechen, dann handelt es sich um den Kontakt an einer für das Unternehmen erfolgskritischen Schnittstelle. Wenn Kommunikation und Kooperation hier gelingen, kann es das gesamte Unternehmen voranbringen. Wenn sich aber persönliche Animositäten, aktueller Stress, individuelle „Das geht nicht"- oder „Das haben wir schon immer anderes gemacht"-Vorbehalte in den Vordergrund drängen sollten, kann das zu verwickelter Stagnation und Konflikten führen.

Wie können Meditations-Erfahrung bzw. Zen hier helfen?

1. **Offenheit**

In der Mediation trainieren wir die neugierige, vorbehaltlose Offenheit für das was gerade ist. Dieses ist ein wesentlicher Teil von dem, was „Achtsamkeit" genannt wird. Wenn es also den im Beispiel genannten Menschen gelingen sollte, wirklich offen für die Gedanken und Ideen der Anderen zu sein, kann es allen helfen, die eigene Fassade fallen zu lassen, ebenso wie die eigenen blinden Flecken mit dem Wissen und der Erfahrung der Anderen aufzufüllen. Auf diese Weise entsteht eine Arena des freien Handelns, die alle Informationen, Bedürfnisse und Emotionen der Beteiligten offen zur Verfügung hat. Damit kann dann eine gemeinsame Lösung auf Basis des gesamten, daraus bestehenden, „Systems" entwickelt werden.

2. **Fokussierung**

Die Meditations-Übung an sich trainiert schon die Konzentration und Fokussierung auf das, was gerade getan wird (nämlich nur auf das Sitzen und Atmen) und auf das Fallen-Lassen von störenden Gedanken. Ein meditations-geübter Mensch beherrscht diese Fokussierung oft besser, als wenn er oder sie nicht meditieren würde. Das ist hilfreich beim Zuhören und bei der vorbehaltlosen, nicht-wertenden Konzentration auf den Menschen gegenüber. Statt nebenbei in Gedanken schon beim nächsten Termin oder privaten Sorgen zu sein, kann ich sorgfältig sicherstellen, alle sicht- und hörbaren Informationen aufzunehmen, wie auch nicht-sichtbare Dinge, wie z. B. Stimmungen des Gegenübers.

3. **Gelassenes Ausprobieren**

In der Meditation erfahren wir, dass wir oft nicht vorhersehen können, was als nächstes passieren wird. Oft machen wir sehr überraschende Erfahrungen, von den wir später profitieren. Wir sind dann in Interaktion mit uns selbst und der Wirklichkeit. Obwohl wir nicht wissen, was in der nächsten Meditationssitzung oder sogar in den nächsten Meditationstagen – z. B. wenn wir uns auf einem Meditations-Retreat befinden – passieren wird, lassen wir uns darauf ein, weil wir aus Erfahrung wissen, dass wir hinterher um eine Erfahrung reicher sein werden, dass wir uns vereinfacht gesagt auf einem nächsten „Level" befinden, von dem aus es später „weiter geht".

Genau diese Erfahrung können wir auch während eines Kultur-Veränderungsprozesses nutzen. Wenn wir nicht wissen, wie die nächsten Schritte wirken werden, bzw. wie sich eine bestimmte veränderte Interaktions-form in der Führung oder in der Team-Arbeit bewähren wird, haben wir die Möglichkeit, das in einem kleinen Modell oder Pilot-Projekt zu testen. Wir können beispielsweise verabreden, dass ein Team für einen Monat eine neue Form des Feedbacks oder der „Kollegialen Beratung" ausprobiert. Da dieser Versuch nur auf einen bestimmten Zeitraum ausgelegt ist, lassen sich die beteiligten Menschen erfahrungsgemäß wesentlich leichter darauf ein, als wenn es ein „Beschluss" wäre, der ab sofort gelten sollte. Die zeitliche Begrenzung und die ausdrückliche Benennung als unverbindlicher Versuch machen einen spielerischen Umgang mit dem neuen Verhalten möglich. Am Ende des ver-abredeten Zeitraums werten Sie miteinander die Erfahrungen aus und beraten, ob, wie und in welchen Schritten die Veränderung auf andere Teams oder Abläufe übertragen werden soll.

6.4.2.2 Funktionierende Software ist wichtiger als detaillierte Dokumentation

Bei diesem Statement aus dem „Agilen Manifest" ist es wichtig zu betonen, dass es sich nicht nur auf Software-Entwicklung bezieht, sondern generell auf komplexe Projekte. Die Veränderung einer Zusammenarbeits- und Kommunikationskultur oder Entwicklung eines Unternehmens-Leitbildes gehören ebenfalls in die Kategorie solcher komplexen Projekte. Übertragen auf diese Art von Projekten könnte es heißen: Funktionierende Verbesserungen sind wichtiger als Arbeitsanweisungen oder detaillierte Beschreibungen der gewollten Verbesserung.

Wie können Meditations-Erfahrung bzw. Zen hier helfen?

1. **Gelassenheit statt Druck**

   Der Weg einer Veränderung der eigenen Persönlichkeit, z. B. durch Zen, ist ein zeitlich unbestimmtes „Projekt", das nie ein definiertes Ende hat. Dieses zu verstehen, ist eine tiefe Erfahrung von Menschen, die sich auf dem Zen-Weg befinden oder auf andere Art bewusst und über einen langen Zeitraum an ihrer Persönlichkeit arbeiten. Da es nichts Spezifisches zu erreichen gilt, die Freude über spürbare Veränderungen aber gleichwohl ein wichtiges Antriebs-Moment auf diesem Weg ist, verlieren Sie nach und nach Ungeduld oder Druck, zu einem bestimmten Zeitpunkt ein bestimmtes Ergebnis erreicht haben zu müssen. Diesen Gleichmut in Verbindung mit Freude können Sie auch auf Veränderungen in der Kultur Ihres Unternehmens übertragen.

2. **Die Praxis wirkt**

   Das ist auch eine wichtige Zen-Erfahrung. Und das können Sie ebenfalls auf einen Kulturveränderungs-Prozess übertragen. Wenn es also Ideen zur Weiterentwicklung bzw. Veränderung gibt, können Sie Ihre Mitarbeitenden und Kollegen einladen, die Umsetzung dieser Idee sofort miteinander auszuprobieren. Testen Sie es, spüren Sie, ob es Sie einen Schritt weitergebracht hat. Fragen Sie die Anderen, was sie dazu sagen. Jede Veränderung von Haltung oder Verhalten, die sich für die Beteiligten positiv anfühlt und positive Emotionen hervorruft oder Ärger und Konflikte vermeidet, geht sofort in die tägliche Praxis über. Fast automatisch. Was Freude bereitet, oder Stress vermeidet, entfaltet von sich aus einen natürlichen Sog und wird von den Mitarbeitenden weitererzählt und untereinander angeregt. Dafür braucht es keine schriftliche Dokumentation. Umgekehrt gilt auch: Was zusätzlichen Stress bereitet oder nicht funktioniert, wird auch nicht dauerhaft funktionieren, wenn Sie es vorher aufgeschrieben haben.

   In diesem Zusammenhang sei direkt aber auch eine Empfehlung ausgesprochen: Wie in Abb. 6.1, dem „Drei Zonen-Modell der persönlichen Entwicklung" dargestellt wird, müssen die Individuen und Sie alle miteinander zunächst einen Schritt aus der Komfortzone heraustreten, um sich miteinander zu entwickeln. Das fühlt sich oft zunächst unbequem an und kann Unsicherheit auslösen. Daher kann es passieren, dass Sie sich eine konkrete Veränderungs-Maßnahme überlegen und verabreden, dann aber bald feststellen, dass es am Anfang ein gewisses Maß an Mühe oder Disziplin erfordert. Erinnern Sie sich vielleicht, als Sie als Kind etwas Neues gelernt haben, z. B. das Rollschuhfahren? Vielleicht haben Sie sich am Anfang mehrmals die Handflächen und Knie aufgeschürft. Trotzdem haben Sie nicht aufgegeben, sondern hatten später einen riesigen Spaß. Das Gleiche gilt für Ski-Fahren, Kochen oder Flirten. Ermuntern Sie sich gegenseitig, nicht sofort wieder aufzugeben, wenn die ersten Schwierigkeiten oder ablehnende Emotionen aufkommen. Stattdessen können Sie miteinander einen gewissen Zeitraum vereinbaren, in dem Sie miteinander Ihr Bestes geben.

Verhaltensforscher sagen, dass es mindestens 21 Tage des täglichen, regelmäßigen Wiederholens eines veränderten Verhaltens bedarf, bis es „sitzt", es sich angenehm oder sicher anfühlt und anschließend zu Ihrem normalen Verhaltensrepertoire gehört. Andere Forscher sprechen von 66 Tagen oder bis zu sechs Monaten. Meine persönliche Erfahrung ist: es kommt darauf an. Für Sie heißt es also: Verabreden Sie einen bestimmten Zeitraum, der sich für Sie miteinander plausibel anhört, versprechen Sie sich gegenseitig, das neue Verhalten (z. B. das Ausprobieren eines neuen Prozesses) in diesem Zeitraum konstruktiv und vertrauensvoll durchzuhalten und bewerten Sie die Wirkung gemeinsam erst am Ende des Zeitraums.

Auch wer Zen-Meditation übt, kennt diese Erfahrung immer wieder auf's Neue: Das eigentliche Hinsetzen in die Meditations-Haltung und das Durchhalten kann am Anfang mit Anstrengung verbunden sein. Aber wenn Sie es durchgehalten haben, werden Sie enorm „belohnt" und aus der Belohnungs-Erfahrung heraus entsteht die Sehnsucht, es immer wieder zu wiederholen und zu erleben.

3. **Bewusstes Innehalten und Atmen:**
Wenn Sie persönlich oder im Team eine Veränderung ausprobieren und nicht gleich zum erwünschten Ziel kommen, kann Ihnen die kleine, aber sehr konkrete Übung des Innehaltens helfen. Es kann sein, dass das in mancher Situation paradox klingt, weil Sie vielleicht den Drang spüren, mangels zählbarem Ergebnis schnell aufzugeben und zu einer alten, gewohnten Verhaltensweise zurück zu kehren. Wenn Sie einen solchen Drang spüren sollten, tun Sie genau das Gegenteil von Aktionismus: Sie setzen sich bequem hin, nehmen sich ein paar Minuten Zeit, atmen tief und ruhig, so wie Sie es in Kap. 2 gelernt haben, und machen sich bewusst, was Sie gerade ärgert oder antreibt. Das können Sie allein machen, oder auch im Team. In dem nun eintretenden

Zustand der körperlichen Ruhe überträgt sich diese Ruhe automatisch auch auf Ihren Geist – und Sie können wieder klarer reflektieren, worauf es Ihnen eigentlich ankommt, was das Ziel ist und was Sie miteinander in Bezug auf diese potenzielle Veränderung und die Zeitdauer verabredet haben.

6.4.2.3 Die laufende Zusammenarbeit mit dem Kunden ist wichtiger als ursprünglich formulierte, theoretische Detailvereinbarungen

Übertragen auf Führung, Kommunikation und Zusammenarbeit in Ihrem Unternehmen, könnte dieses Statement auch so übersetzt werden: Die laufende Zusammenarbeit mit den Kollegen oder Mitarbeitenden ist wichtiger als die ursprüngliche, theoretische Erwartungshaltung zu deren Verhalten oder den Reaktionen. Diese beiden Gruppen wären dann die „Kunden" Ihres Führungs- und Kommunikationsverhaltens, die Sie z. B. für eine Veränderung oder schlicht für eine getroffene Management-Entscheidung gewinnen möchten.

Ich kenne es von mir selbst: Manchmal gehe ich mit einer guten Idee in Bezug auf ein verändertes Kommunikationsverhalten von mir selbst auf Kollegen zu und probiere es aus, wie weiter oben zum ersten Manifest-Statement vorgeschlagen. Dabei kann es vorkommen, dass die anderen ganz anders reagieren als erhofft, z. B. befremdet oder offen ablehnend. In dem Fall hätte ich die Option, enttäuscht in alte Verhaltensmuster zurück zu fallen, die ich als Führungskraft eigentlich ausdrücklich verändern wollte. Die Folgen wären: keine Veränderung und – schlimmer noch – das Hin und Her in meinem Verhalten verstört oder verärgert die Mitarbeiter und kostet auf Dauer Glaubwürdigkeit und Führungs-Wirkung.

Wie können Meditations-Erfahrung bzw. Zen hier helfen?

Achtsamkeit

In der Meditationspraxis trainieren wir unter anderem die bedingungslose Annahme der Wirklichkeit, so wie sie gerade ist. Das ist – wie schon beschreiben – „Achtsamkeit". Sie ist ein zentrales Mittel zum Umgang mit Überraschungen oder Enttäuschungen und zur Verbesserung von Gelassenheit und Lebensfreude. Es ist immer wieder die Differenz zwischen dem, was ich mir wünsche und dem, was tatsächlich gerade ist, die uns frustriert oder unglücklich sein lässt. Ähnliches gilt auch für die laufende Zusammenarbeit mit „den anderen". Wenn deren Reaktion auf meine Führung anderes ausfällt als erhofft, habe ich mithilfe der Achtsamkeit die Handlungsalternative „Ach, das ist ja interessant!" und kann mit ihnen auf dieser Basis gemeinsam heraus finden, was schief gelaufen ist, und wie wir uns die Kommunikation an dieser Stelle auch anders bzw. hilfreicher hätten vorstellen können.

6.4.2.4 Flexibles Eingehen auf neue Erkenntnisse und Veränderungen ist wichtiger als das starre Festhalten an einem Plan

Wenn Sie beispielsweise für die Entwicklung einer neuen Organisations-Struktur mit der internen Personalabteilung oder mit einem externen Coach zusammenarbeiten, ist es durchaus sinnvoll, dass Sie zunächst gemeinsam einen ersten Plan entwickeln, wie Sie vorgehen möchten. So starten Sie mit einer Hypothese darüber, was Sie mit dem Vorgehen in dieser Richtung möglicherweise erreichen können und einem konkreten ersten Schritt in eine plausible Richtung.

Wenn Sie dabei immer im Blick behalten, dass eine Hypothese nur eine Hypothese und nicht die feste Vorhersage der Zukunft ist, haben Sie innerlich immer die Möglichkeit, gelassen und flexibel auf Erkenntnisse zu reagieren, die sich als Wirkung aus dem zuletzt gemachten Arbeitsschritt ergeben. Das Vorgehen, bestehend aus erster Idee, den ersten Schritt umsetzen, die Wirkung beobachten und schließlich über den nächsten Schritt neu entscheiden, nennen wir „iteratives Vorgehen". Nach jedem Schritt prüfen Sie dessen Wirkung, entweder durch Beobachtung oder durch Interviews und entscheiden erst danach, ob Sie in der eingeschlagenen Richtung weiter gehen, oder etwas verändern. Dieses Vorgehen unterstützt Sie wesentlich dabei, unter komplexen Bedingungen (und komplex ist es immer, wenn Sie mit menschlichen Individuen zusammenarbeiten) nicht versehentlich zu weit in die falsche Richtung zu laufen oder Veränderungen versuchen durchzudrücken, die bei näherem Hinsehen nicht hilfreich oder sogar kontraproduktiv wären.

Wie können Meditations-Erfahrung bzw. Zen hier helfen?

1. **Mut und Gelassenheit**

   Wenn sich im Verlauf der agilen Arbeit oder generell im Verlauf eines Veränderungsprojektes Abweichungen gegenüber unserer Erwartung ergeben, kann es zu Ärger oder Enttäuschung kommen. Auch hier hilft das Konzept der Achtsamkeit. Wir können diese negativen Emotionen bewusst wahrnehmen und würdigen, ohne uns darüber zu ärgern, dass wir uns ärgern. In der Achtsamkeit und auch konkret in der Meditationsübung kann per se nichts „Negatives" passieren. Sondern wir haben immer die Möglichkeit, die Emotionen interessant zu finden, sie so sein zu lassen, wie und wo sie sind – um die eigene Aufmerksamkeit anschließend wieder bewusst der anstehenden Aufgabe zuzuwenden. Diese Aufgabe kann beispielsweise darin bestehenden, den abweichenden Zustand gelassen als neue Wirklichkeit anzunehmen und sich konstruktiv um den nächsten Schritt Gedanken zu machen.

   Wenn wir so vorgehen, können wir uns bewusst machen, dass es keine „Rückschläge" oder „Fehler" geben kann, sondern nur Lernen und Wachsen. Darin liegt die Chance, in jeder Situation mutig den nächsten Schritt anzugehen. Die Alternative in einer konventionellen Haltung und Arbeitsweise läge im Zweifel und Zögern, aus Angst etwas falsch zu machen oder ein unerwartetes Ergebnis zu produzieren. Tief greifendes Analysieren und Planen eines Vorgehens ist aus meiner persönlichen Erfahrung typischerweise ein Symptom von Angst vor Fehlern und soll emotionale Sicherheit geben. Ein kluger Kollege von mir sagt immer „Umwege erhöhen die Ortskenntnis" und weist darauf hin, dass wir immer die Chance haben, den Begriff „Fehler" gegen „Erkenntnisgewinn" zu ersetzen. Wenn es uns gelingt, uns diese Haltung in ihrer tiefen Bedeutung zu eigen machen, erhöht das unseren Mut, aktiv zu handeln und uns auf konstruktive Experimente einzulassen, spürbar.

2. **Freude**

Freude ist in der Meditationspraxis ein Zustand, der sich oft einstellt, wenn wir negative Emotionen wirklich angenommen haben (s. oben, Ausführungen zu Mut und Gelassenheit). Die Annahme erzeugt ein Auflösen der negativen Emotionen und schafft – vereinfacht ausgedrückt – Raum für das Ausbreiten eines Zustandes von Freude.

Außerdem kann sich durch das offene Zulassen von Veränderung oder neuen Erkenntnissen ein Effekt ergeben, den ich auch aus eigener Erfahrung kenne: Wenn ich als Kind im Spiel zufällig etwas Neues, Unerwartetes entdeckt hatte, war ich oft stolz wie Oskar. Ich fand mich manchmal richtig schlau – und das erfüllte mich mit einer solchen Freude, dass ich damit nicht selten sofort zu meinen Eltern oder Freunden gerannt bin, um es allen zu erzählen. Mit dem Wissen um diese Erinnerung können wir uns leichter in einen Veränderungs-prozess begeben. Wir wissen nicht, was dabei „herauskommen" wird – aber es wird möglicherweise interessant und erhöht unsere Freude am Entdecken.

6.4.3   Gleichzeitig agil und hierarchisch?

Das mittelständische Industrie-Unternehmen, das hier anonym bleiben soll, baut seit Jahrzehnten Beton-Bauteile für die Entwässerung von Flughäfen, Logistikflächen, Autobahnen, usw. – und zwar sehr erfolgreich. Und jetzt sieht es sich ungeahnten Herausforderungen gegenüber: Im mittleren Osten haben asiatische Unternehmen das Heft in die Hand genommen, weil sie Komplettlösungen rund um die riesigen Bauten liefern. Und in Europa bietet der Wettbewerb inzwischen digitale Lösungen rund um das automatisierte Management von Regenwasser und Hochwasser an, u. a. mit Hilfe von künstlicher Intelligenz. Durch den Klimawandel, in dessen Folge sich Starkregen-Ereignisse und Dürre abwechseln, ist das sehr attraktiv für die Kunden.

Die Herausforderung besteht für dieses Unternehmen – wie für unzählige andere auch – darin, das bestehende Geschäft, das noch die „Cash Cow" ist, nicht zu gefährden und so lange Gewinne abzuschöpfen, wie es geht. Und gleichzeitig braucht es dringend Ideen und Lösungen für neue Geschäftsfelder. Dabei ist es erfolgskritisch, dass es in den Köpfen einen Paradigmenwechsel schafft: Nicht mehr das eigene Know-How und das systematisch aufgebaute Produktportfolio sind entscheidend für den Erfolg. Diese Herangehensweise entsteht bisher aus dem Unternehmen selbst heraus, sowie aus seinem Wissen und seinen bisherigen Erfahrungen. Stattdessen wird es zukünftig aber nur über- leben, wenn es in der Lage ist, die neuen und von außen kommenden Anforderungen so schnell und so optimal wie möglich aufzugreifen. Das können z. B. generell der rasante Klimawandel sein, oder ganz konkret die Ideen oder Bedürfnisse der Kunden. In Zukunft wird die Herangehensweise also von außen, kundenorientiert, getrieben sein.

Die Geschäftsleitung stellt sich die Frage, mit welchen Menschen und Ressourcen es die neuen Geschäftsfelder entwickeln kann. Die bisherige Organisation, die sich in einer klassischen, hierarchischen Top-Down-Struktur befindet, hat damit Schwierigkeiten. Beispielsweise läuft die Freigabe von Ideen, Konzepten und der Einsatz erforderlicher Investitions-Budgets seit Jahrzehnten über den Schreibtisch der Geschäftsleitung. Das hat zwei entscheidende Nachteile:

Nachteile der traditionellen, hierarchisch-autoritären Organisation

- **Druck und Vorgaben**

  Darf sich ein Team, das in der Produktion für das traditionelle Geschäft dringend benötigt wird, die Zeit nehmen, um neue Ideen zu entwickeln? Geht das überhaupt, z. B. zwei Mal pro Woche zwei Stunden Kreativ-Meetings zugestanden zu bekommen, um in dieser Zeit „auf Knopfdruck" gute Ideen zu entwickeln, die weit außerhalb des bisherigen Denkens und Know-Hows liegen? Ich weiß nicht, wie es Ihnen geht, aber ich habe meine besten Ideen immer unter der Bedingung der völligen Abwesenheit von Druck oder Termin-Stress: z. B. wenn ich entspannt unter der Dusche stehe, oder beim mehrtägigen Meditieren im Kloster. Die Forschung weiß schon lange, dass Kreativität Ruhe und Raum benötigt. Beides ist unter den Bedingungen des sog. „Tagesgeschäfts" kaum möglich.

- **Engpass und Entscheidungsdauer:**

  Jede Idee, die ein Mitarbeitender hat, muss er in der hierarchischen Top-Down-Struktur seinem Team-Leiter vorstellen und ihn davon überzeugen. Falls sich dieser Teamleiter für die Erörterung der Idee zwischen den übrigen Aufgaben überhaupt Zeit nehmen kann oder möchte. In den nächsten Stufen müssen der Abteilungsleiter und später der Bereichsleiter überzeugt werden, sich erstens Zeit und Ruhe für das Verstehen der Idee nehmen und zweitens auch noch inhaltlich davon überzeugt werden, dass die Idee zu einer Ver- besserung der Produktion oder im Produktportfolio führt. Am Ende der Kette steht die Geschäftsleitung. Selbst komplexe Sachverhalte unterliegen dort der einschränkenden Bedingung, dass sie auf nur wenigen Seiten Präsentation und auf das Wesentliche reduziert dargestellt werden dürfen. Es ist zutiefst menschlich, dass auch ein Geschäftsführer nur über begrenzte Kapazitäten ver-

> fügt, sei es rein zeitlich gesehen oder auch hinsichtlich der geistigen Erfassung hunderter oder tausender Details in seinem Unternehmen. Jeder Schritt in dieser Kette benötigt Zeit. Zeit, die ein Unternehmen, das oft innerhalb kürzester Zeit auf die Wünsche des Kunden eingehen muss, um den Auftrag nicht an die Konkurrenz zu verlieren, oft nicht hat.

Wie ist das Dilemma aufzulösen? In der deutschen Autoindustrie wird es zunehmend praktiziert, inzwischen aber beispielsweise auch bei so bekannten Unternehmen, wie z. B. OTTO-Versand oder Unilever: Die vorhandene Struktur wird nicht schlagartig aufgelöst, was möglicherweise katastrophale Auswirkungen auf das vorhandene Kerngeschäft hätte. Sondern es werden kleinere Einheiten ausgegliedert, die explizit die Aufgabe haben, neue Ideen zu produzieren und zur Marktreife zu bringen. Dafür erhalten Sie Handlungs- und Entscheidungsfreiheit, aber auch Budgets und andere Ressourcen.

Praxisbeispiel: Agiler Bereich eingebettet in hierarchischer Strukturen

Auch für kleinere oder mittelständische Unternehmen funktioniert der Ansatz. So hatte ein Telekommunikationsunternehmen in Norddeutschland beispielsweise ein Team ausgegliedert, das „New Markets" genannt und von mir geleitet wurde. Es hatte zwei Aufgaben: Es sollte erstens neue Produkte erfinden und deren Absatzbarkeit in den bestehenden Kundenstrukturen testen. Und es sollte zweitens für bestehende Produkte neue Märkte und Absatzmöglichkeiten suchen und sie dort testen. Dafür bekam das Team ein Budget, freie Hand, sowie Menschen, die Lust und Kompetenz hatten, mit einer solch freien Arbeitsweise selbstorganisiert umzugehen. Die Ideen und Anforderungen einzelner Kunden standen konsequent im Vordergrund. Die Lösungsideen wurden aufgrund dieser sehr spezifischen Wünsche entwickelt und getestet. Interne Prozesse, Regeln oder Einschränkungen wurden systematisch umgangen oder ignoriert, und zwar mit voller Rückendeckung der Geschäftsleitung. Etwa sieben von zehn Ideen und Projekten waren nicht erfolgreich und scheiterten. Aber die übrigen etwa dreißig Prozent waren in ihrem modellhaften Charakter erfolgreich: neue Absatzmöglichkeiten bestehender Produkte wurden gefunden und neue Produkte konnten im bestehenden Markt erfolgreich getestet und eingeführt werden. Diese erfolgreichen Geschäftsideen wurden anschließend in die bestehende Organisation überführt und von dort aus systematisch produziert und vermarktet. Der Vorteil dieser Organisations-Idee lag auf der Hand: die bestehende Organisation wurde mit den siebzig Prozent gescheiterten Projekten nicht belastet, sondern konnte erfolgreich weiterarbeiten, ohne Ressourcen zu vergeuden. Und gleichzeitig konnten Innovationen in Ruhe wachsen und dadurch „erwachsen" werden. ◄

Bei der Einführung von agilen Teams oder Bereichen gilt es auf fünf wesentliche Voraussetzungen zu achten und als Unternehmer die notwendigen Rahmenbedingungen für ihre Umsetzung zu schaffen:

1. Der Unternehmer und die Führungskräfte haben das agile Mindset verinnerlicht
2. Vertrauen
3. Die beteiligten Mitarbeitenden haben das agile Mindset verinnerlicht
4. Beide Organisationsformen werden gleichermaßen wertgeschätzt
5. Die Schnittstellen zwischen agilen und hierarchischen Bereichen sind klar geregelt

Worum geht es bei diesen fünf Voraussetzungen?

1. **Der Unternehmer und die Führungskräfte haben das agile Mindset verinnerlicht**
   Bei allen Schritten in Richtung einer Veränderung der Arbeitsweise, hin zu einer Übertragung von Verantwortung und Entscheidungsfreiheit auf die Teams, die sich wirklich mit den Projekten und neuen Geschäftsfeldern befassen, kommt es für den Unternehmer oder die Top-Führungskräfte immer wieder darauf an, loslassen zu können. Loslassen des bisherigen Mindsets: loslassen von Kontrollzwang, loslassen der Angst, die Dinge könnten sich nicht in dem Sinne entwickeln, wie Sie es sich als Führungskraft anfänglich vorgestellt haben, loslassen von der Angst, in den agilen Teams oder Bereichen könnten Fehler passieren, die es vermeintlich um jeden Preis zu verhindern gilt.
   Inwiefern Sie auch beim nur teilweisen Einführen von „Agilitäts-Inseln" durch Achtsamkeit und Ihre Zen- bzw. Meditations-Praxis unterstützt werden, ist im vorherigen Abschnitt zum agilen Mindset beschrieben.
2. **Vertrauen**
   Was für die Entwicklung eines agilen Teams gilt, gilt ebenso bei der Veränderung ganzer Bereiche im Unternehmen. Vertrauen schenkt man – und die Menschen in Ihrem Unternehmen sind schon ein ganzes Stück mit Ihnen und der Veränderung mitgegangen. Alle, die jetzt noch da sind, haben bewiesen, dass sie bereit sind, an sich und dem Prozess zu arbeiten, ihn mitzugestalten und aktiv zu sein. Das Vertrauen in Zeiten des Wandels wird immer wieder als große Herausforderung betrachtet, aber in Wirklichkeit ist es nur ein Beschleuniger und macht sehr viel schneller sichtbar: das, was gut läuft, das was schlecht ist. Besonders in kritischen Momenten und in Zeiten der Veränderung ist es wichtig, dass es eine Führung gibt. Nicht eine, die sagt, wohin man zu gehen hat oder was zu tun ist, sondern die den Schutzmantel über ihre Mitarbeitenden legt. Die eingesteht, dass sie den Weg auch nicht kennt, aber die als Vorbild und Impulsgeber an der Seite der Menschen gehen kann. Dazu müssen Menschen nicht abgeholt werden, sondern eine Einladung reicht aus. Wer es schafft, die Neugier der Menschen zu wecken, ihnen in der Kommunikation und durch Handlungen zeigt, dass sie alle Unterstützung bekommen, dem ist der Erfolg sicher. Stärken Sie die Menschen und Ihre Teams, fordern und fördern Sie und befähigen Sie Ihre Mit-

arbeitenden, sich selbst zu helfen und zu stärken. Machen Sie sich überflüssig, so gut Sie können. Die Frage ist langfristig nicht, was Ihre Teams für Sie tun können, sondern welche Probleme alle gemeinsam demnächst lösen werden, welche Produkte Sie produzieren und wo der Sinn dahinter ist: für Ihre Mitarbeitenden, die Teams, das Unternehmen und Sie.

3. **Die beteiligten Mitarbeitenden haben das agile Mindset verinnerlicht**
   Agilität entsteht auf und aus Lernen. Und durch konkrete Erfahrungen sowie durch die Kommunikation darüber. Sie alle sind Lernende. Sogar Ihre Coaches, die Sie hinzuziehen sollten. Lernende Mediatoren, lernende Berater. Alle sitzen gemeinsam in einem Boot. Reflexion ist unerlässlich, immer und immer wieder. Ist das alles zu romantisch? Auf den ersten Blick, vielleicht. Aber wenn Sie es nicht schaffen, das Vertrauen aufzubringen, eine Neugier bei sich und den Menschen in Ihrem Unternehmen zu wecken, gepaart mit einem Schuss Naivität, die Ihnen hilft, Dinge und Prozesse zu transformieren, werden Sie nicht weit kommen. Es bedarf daher einer tieferen Emotion, die genutzt werden sollte, um die schwierigen Zeiten, die ohne Zweifel auch bevorstehen, zu überstehen.

   Regelmäßige gemeinsame Achtsamkeitspraxis, insbesondere die gemeinsame Reflexion, schafft das notwendige Bewusstsein. Sowohl für die Hindernisse und Erfolge der eigenen Arbeit als auch für sich selbst, die individuellen Emotionen und die des gemeinsamen Teams. Mitarbeitende, die sich ihrer selbst bewusst sind, tragen relativ wenig Ego-Kämpfe aus, wenn es gut läuft. Auch wenn sie aufgrund der menschlichen Natur nicht ganz ausgeschlossen werden können, zeugt es von hoher Bewusstheit, wenn diese rechtzeitig erkannt werden.

▶ **Praxistipp: Gemeinsame Achtsamkeitsrituale**
   Beispiele für gemeinsames Achtsamkeits-Training können sein:

- Gemeinsame *Reflexionsmeetings,* in denen regelmäßig die Beobachtungen und Emotionen zur gemeinsamen Arbeit geteilt werden. Dabei stehen die Kultur, Stimmung und Zusammenarbeit im Vordergrund, weniger die operativen Details der täglichen Arbeit.
- Menschen mit unterschiedlichen Aufgaben innerhalb des Teams oder des unter agilen Bedingungen arbeitenden Bereichs treffen sich regelmäßig als Gruppe und führen *Begehungen durch den eigenen Bereich* durch. Dabei schauen sie aufmerksam auf die laufenden Arbeitsprozesse, schauen auch auf herumliegende Gegenstände und die Anordnung von Maschinen oder Materialien. Stichprobenartig werden Stand-up-Gespräche mit den Kollegen geführt. Alle Beobachtungen beziehen sich auf ungewöhnliche oder überraschende Details und haben alle die Absicht, Ineffizienzen, Abweichungen oder Fehlerquellen zu entdecken. Sie suchen dabei nichts Bestimmtes, sondern sind mit allen Sinnen unterwegs, um Zusammenhänge und Wirkungsweisen des eigenen Systems noch besser zu verstehen, um jederzeit auf Überraschendes reagieren zu können.

- Um das gemeinsames Verständnis der Zusammenarbeit zu vertiefen und zu festigen, treffen sich die Teams regelmäßig zu *Debriefing-Meetings*. Dabei werden die gemeinsamen Abläufe, Rollen oder Ziele sorgfältig und detailliert durchgegangen. Immer wieder wird gemeinsam hinterfragt, was mit einem bestimmten Ablauf, einer Vereinbarung oder einer Rolle erreicht werden soll und ob es noch als sinnvoll oder hilfreich angesehen wird. Durch das wiederholte Hinterfragen der Sinnhaftigkeit können einerseits unzutreffende Annahmen, Lücken, Überraschungen oder Überflüssiges erkannt und beseitigt werden. Andererseits werden das gemeinsame Verständnis und die gemeinsame Haltung zur eigenen Arbeit regelmäßig abgeglichen und nachgeschärft. Das hilft besonders in Situationen, in denen es hektisch wird oder unübersichtliche oder unerwartete Situationen zu bewältigen sind.

Als weiterführende Literatur hierzu empfehle ich: Annette Gebauer (2017): Kollektive Achtsamkeit organisieren, Schäffer-Poeschel.

4. **Beide Organisationsformen werden gleichermaßen wertgeschätzt**
Teams oder Bereiche, in denen neue Arbeitsformen eingeführt werden, sind – wenn Hierarchie und Agilität nebeneinander existieren sollen – immer noch in den bisherigen Unternehmenskontext eingegliedert. Alle sind Mitarbeitende und in dem Maß, in dem sich die Menschen als Mitarbeitende weiterhin gleichwertig wahrnehmen und wertschätzen, erhalten Sie eine positive, motivierende Kultur im gesamten Unternehmen.
Hier kommt sowohl den Mitarbeitenden selbst als auch Ihnen als Führungskraft eine entscheidende Rolle zu: Bei der Einführung von agilen Organisationsformen ist die interne Kommunikation erfolgskritisch. Die neue Organisationsform ist nicht „besser" oder „moderner" oder „weiter entwickelt" als die bisherige. Sie ist für einen anderen Zweck die richtige oder passende, sie ist anders. Wie Sie als Unternehmer im gesamten Unternehmen über Agilität sprechen und wie Sie sich verhalten, wird aufmerksam wahrgenommen werden. In allen Bereichen. Die bisherige – und weiterhin bestehende – hierarchische Form darf unter keinen Umständen als „alt" oder „überholt" herabgewürdigt werden. Ebenso wenig darf auf die neue Organisationsform skeptisch oder gar überheblich als Spielwiese oder Feigenblatt für eine Modernität Ihres Unternehmens herabgesehen werden. Dafür haben die Mitarbeitenden auf beiden „Seiten" ein sehr feines Gespür und werden es zur gegenseitigen Abwertung oder Ausgrenzung nutzen. Für die von Ihnen beabsichtigte Weiterentwicklung der gesamten Unternehmenskultur wäre das kontraproduktiv. Seien Sie sich bewusst, dass die Einführung agiler Bereiche innerhalb einer hierarchischen Organisation extrem wertvoll für die Sammlung gemeinsamer Erfahrungen ist, gleichzeitig aber auch hohe Anforderungen an das interne Marketing stellt.

5. **Die Schnittstellen zwischen agilen und hierarchischen Bereichen sind klar geregelt**

Im oben beschriebenen Beispiel des Telekommunikationsunternehmens gibt es für das Team „New Markets" mehrere Schnittstellen zur übrigen – hierarchischen – Organisation: z. B. zum Bereich Finanzen, zur IT oder insbesondere zur Vertriebsorganisation. Auf beiden Seiten der Schnittstellen gibt es Interessen und Bedürfnisse an die Kommunikation und die Abläufe. Das erfordert ein hohes Maß an gegenseitigem Verständnis und Bereitschaft, die Interessen und Sichtweisen auf der „anderen Seite" wahrzunehmen, nicht abzuwerten, sondern als gegebenen Teil der Wirklichkeit zunächst einmal offen anzunehmen.

Ein erprobtes und wirksames Mittel zum Überwinden der „Silo"-Grenzen sind Lern- und Entwicklungstandems. Hierbei finden sich zwei Mitarbeitende zusammen, die jeweils aus einem der beiden angrenzenden Bereiche stammen. Dabei ist es unerheblich, ob die beiden Kollegen auf der gleichen Hierarchie-Stufe stehen. Bei dem Zusammenfinden der beiden Mitglieder des Lerntandems können die Geschäftsleitung oder die Personal-Abteilung helfen, müssen es aber nicht. Allerdings sollten beide intensiv für das Experiment werben und ermutigen. Freiheit, Freiwilligkeit und Selbstverantwortung bleiben in dem Prozess hohe Werte. Nachdem die beiden Mitarbeitenden zusammengefunden haben, findet die gemeinsame Arbeit in zwei Schritten statt.

▶ **Praxistipp**

Im ersten Schritt machen beide jeweils ein mehrtägiges „Praktikum" in der Funktion des/der anderen. Nach einer ausführlichen gegenseitigen Einweisung füllen sie den anderen Job soweit es geht für einige Tage selbstständig aus. Dabei werden erfahrungsgemäß – trotz Einweisung – erhebliche Herausforderungen und Schwierigkeiten auftreten. Das ist ein gewollter Effekt, der als Teil des Lernens und des Erkenntnisgewinns ausdrücklich zu begrüßen ist. Voraussetzung dafür sind eine große Fehlertoleranz auf beiden Seiten und die Bereitschaft, sich gegenseitig bei der Fehlerbehebung oder bei der Lösung von Hürden wertschätzend zu unterstützen. Regelmäßige, am besten tägliche Treffen der beiden sind sinnvoll.

Im zweiten Schritt suchen sich die beiden Partner eine ungelöste Fragestellung oder ein noch offenes Problem zur gemeinsamen Bearbeitung. Das offene Thema sollte sich dabei auf die Schnittstelle der beiden Bereiche beziehen. Gemeinsam werden konkrete Lösungen, Abläufe und Verabredungen getroffen. Die neuen Erkenntnisse werden von diesen beiden Kollegen später an andere Kollegen in den beiden Bereichen weitergegeben und, falls nötig, trainiert. Durch dieses Vorgehen werden in der Regel ein tiefes Verständnis für die Arbeit auf der anderen Seite der „Silo"-Grenze entwickelt und gleichzeitig lösen sich die Grenzen durch die gemeinsame Problemlösung als Modell für eine zukünftige Zusammenarbeit auf.

6.5   Fazit: Die Kulturveränderung wirklich passieren lassen

Vielleicht stehen Sie momentan an einem Punkt in Ihrem Leben als Unternehmer, an dem Sie merken, dass sich etwas verändern muss. „New Work", „Agilität" und „Leadership" sind in aller Munde, doch was genau bedeutet dies? Vielleicht sind Sie auch mitten in der Übergabe von der einen an die andere Generation und merken, dass sehr viel mehr Schwierigkeiten auftauchen, als Sie das zunächst annahmen.

Konflikte, Gefühle, die eigene Erwartungen, Druck und Stress, all dies ist Ihnen unter Umständen ausreichend bekannt. Doch ganz gleich, von welchem Blickwinkel Sie auf Ihre Organisation schauen: Sie wissen, es sind Zeiten des Wandels, des Wechsels, hin zu Sinnhaftigkeit, erstrebenswerten Aufgaben, inmitten von Bedürfnissen unterschiedlicher Menschen mit verschiedenen Motiven.

Wie schon im Vorwort erwähnt, ist mir wichtig, dass Sie sich von dem Verständnis leiten lassen, dass dieses Buch aus meinem persönlichen Weg abgeleitet ist. Es bietet daher mein subjektives Verständnis an und erhebt nicht den Anspruch, die eine Wahrheit abzubilden. Bitte lassen Sie sich nicht zu einer vereinfachenden Sicht verleiten, Sie bräuchten „einfach" nur fünf beschreibbare Schritte zu gehen, und als Folge seien eine starke Persönlichkeit und unternehmerischer Erfolg praktisch unausweichlich. Davor möchte ich warnen, denn ein solches Verständnis würde die Begriffe „kompliziert" und „komplex" verwechseln. Etwas Kompliziertes kann ich mir durch Lernen und Übung erschließen. Das funktioniert bei etwas Komplexen in Bezug auf Bewusstsein und Erfolg jedoch nur bedingt. Ich kann lernen und üben – und hoffen, dass sich Erfolg und ein entwickeltes Bewusstsein einstellen. Allerdings stellen Lernen, Übung und auch Willen Werkzeuge dar, mit deren Hilfe ich lediglich Rahmenbedingungen schaffen kann, die die Wahrscheinlichkeit erhöhen, dass sich z. B. Erfolg einstellt.

Gerade bei Themen wie Bewusstsein, Erfolg oder den Wegen dazwischen, müssen wir anerkennen, dass sie von enormer Komplexität geprägt sind. Komplexität zeichnet sich dadurch aus, dass aus dem, was innerhalb eines Systems in der Vergangenheit passiert ist, nicht darauf geschlossen werden kann, was in der Zukunft passieren wird. Das, was passiert, stellt insofern immer eine Überraschung dar, auch für das System selbst. Das entsprechende System können beispielsweise mein eigenes Bewusstsein, ein Team oder Ihre gesamte Organisation sein. Unter komplexen Bedingungen entsteht das, was entsteht, immer überraschend aus dem Moment heraus.

Im Zusammenhang mit Bewusstsein und unternehmerischem Erfolg wird auch regelmäßig von dem Faktor der Unternehmenskultur gesprochen und geschrieben. Aus Erfahrung kann zwar festgestellt werden, dass erfolgreiche Unternehmen oft von Unternehmern oder Führungskräften mit einer starken Persönlichkeit gegründet oder geführt werden. Und oft wird beobachtet, dass diese Unternehmen eine für Erfolg hilfreiche „Kultur" haben. Unklar ist dabei in der Regel, inwiefern die starke Führungskräfte-Persönlichkeit, die tatsächlich beobachtbaren Verhältnisse im Unternehmen und die „Kultur" in einem kausalen Verhältnis zueinander stehen. Insbesondere wird es dann unübersichtlich, wenn sich ein Unternehmen in schwierigen wirtschaftlichen Verhältnissen oder komplexen Marktbedingungen gegenübersteht. Kann oder muss ich dann die Unternehmenskultur ändern? Geht das überhaupt?

In meiner Betrachtung von unternehmerischem Erfolg und Unternehmenskultur folge ich u. a. dem Verständnis der Autoren Gerhard Wohland und Wiemeyer (2012) oder auch Mark Poppenborg (2017): Die Kultur ist demnach nicht Ursache, sondern Folge der Verhältnisse im Unternehmen. Weil eine beeindruckende Kultur und Erfolg nur gemeinsam beobachtet werden können, können Ursache und Wirkung leicht verwechselt werden. Eher kann die Kultur einer Organisation wie ihr Schatten beschrieben werden. Der Schatten folgt dem, was ist. Es gibt ihn, man kann ihn aber nicht direkt verändern. Indirekt schon, indem ich das schattenwerfende Subjekt verändere. Interessant ist, was das schattenwerfende Subjekt überhaupt ist. Die beiden o. g. Autoren weisen darauf hin, dass sich die Kultur verändert, wenn sich im Unternehmen die Verhältnisse verändern.

Interessant ist also, was die „Verhältnisse" sind. Spontan könnten Ihnen vielleicht das Organigramm, Regeln, Verantwortlichkeiten oder die pure Unternehmensgröße einfallen. Vielleicht empfinden Sie aber die folgende Analogie als hilfreich:

▶ Stellen Sie sich einen dichten Wald vor, der zwischen Ihnen und Ihrem Ziel, z. B. dem „Erfolg" liegt. Sie können keinen Weg hindurch erkennen. Also organisieren Sie sich Werkzeug zum Schlagen einer Schneise, z. B. eine Machete, und beginnen, sich durchzuschlagen. Irgendwann müssen Sie feststellen: Sie kommen an einem bestimmten Punkt an einer Schlucht an, über die Sie mit Ihrer Schneise nicht hinwegkommen. Von dieser Schlucht wussten Sie vorher nichts. Ihre Instrumente, die Sie dabeihaben, sind nicht dazu ausreichend, um eine Brücke über die Schlucht zu bauen. Sie müssten also einen Umweg einschlagen, sind sich aber unsicher, ob Sie innerhalb des dichten Waldes wieder auf Ihre eingeschlagene Richtung zurückfinden. Zumal Sie sich bewusst sind, dass derartige Hindernisse immer wieder auftauchen und Sie zu weiteren Umwegen zwingen könnten. Ihnen wird klar, dass der Weg durch den Wald keinesfalls geradeaus geht, sondern in Bögen und Schlangenlinien. Und Sie fürchten zu Recht, irgendwann keine Ahnung mehr zu haben, was noch die richtige Richtung ist. Ratlosigkeit und Unsicherheit machen sich breit.

Was würde in dieser Analogie eine „Veränderung der Verhältnisse" bedeuten? Keine Lösung wäre es, sich beliebig viele Werkzeuge auf den Rück zu laden und zu hoffen, damit für alle Eventualitäten auf Ihrem Weg gerüstet zu sein. Die Last der Werkzeuge würde Sie langsam und unflexibel machen, würde Sie erdrücken und vermutlich irgendwann unendlich ermüden. In diesem Fall könnte eine Veränderung der Verhältnisse schon sein, dass Sie sich vor dem Betreten des Waldes neben der Machete mit einem Kompass ausstatten. Das würde eine entscheidende Veränderung der Verhältnisse darstellen. Dadurch wäre nämlich gewährleistet, dass Sie immer die Orientierung behalten. Welchen überraschenden Umweg auch immer Sie gehen müssten, Sie hätten immer die Sicherheit, stets die richtige Richtung wieder zu finden.

Wenn Sie diese Analogie auf sich und Ihr Unternehmen übertragen, lässt sich folgendes einsehen:

▶   *Das Vorhandensein eines inneren Kompasses beim Unternehmer, den Führungskräften als Schlüsselpersonen und den mitarbeitenden Menschen stellt eine wesentliche Veränderung der Verhältnisse dar.*

Für die Führungskraft ist es nach meiner Erfahrung erfolgskritisch, dass zunächst eine wesentliche Einsicht entsteht, die entwickelt werden muss, um sich an die Veränderung anderer Verhältnisse im eigenen Unternehmen – wie z. B. organisatorische Strukturen – Erfolg versprechend heranmachen zu können. Ich benötige dafür als Führungskraft ein verändertes Bewusstsein für mich selbst, für meinen Körper, für meinen Geist, für meine Emotionen, für die tieferen Ursachen meiner Haltung, und für meine Selbststeuerung. Wenn ich in dieser Entwicklungsstufe „weiter" bin, kann ich anschließend nach und nach die Bewusstseins-Entwicklung in der Organisation – also ihren eigenen inneren Kompass – unterstützen. Falls das gelingen sollte, habe ich irgendwann andere Verhältnisse, allein schon, weil die höchst subjektive, konstruktivistische Sicht von Schlüsselpersonen der Organisation auf das System der Organisation eine andere geworden ist. Und dann folgt der Kultur-Schatten auch den veränderten Verhältnissen. Das Vorzeige-Beispiel für diese Zusammenhänge ist dabei Bodo Janssen (2016) mit seinem Unternehmen „Upstalsboom". Frederic Laloux (2016) oder z. B. die „Theorie U" (Scharmer 2019) sind weitere Vertreter dieser Denkrichtung. Wobei ich diesen Vertretern in meinem Buch nicht unreflektiert folge, sondern aus meinen eigenen Erfahrungen (persönlich und mit anderen Unternehmern und Führungskräften) einen eigenen Weg entwickelt habe.

Falls eine Führungskraft nicht versteht, dass die Veränderung des eigenen Unternehmens und seines Erfolges zunächst bei ihr selbst und ihrer Persönlichkeits- und Bewusstseins-Entwicklung beginnt, besteht das Risiko, dass sie zunächst organisatorische Veränderungen im „Außen", also in der Organisation einführt. Die Veränderungen bezögen sich auf die naheliegenden Verhältnisse, was kurzfristig und vorübergehend wirken kann, was langfristig gesehen aber wirkungslos bleiben wird. Die Ursache für das Scheitern läge dann darin, dass der „Kern", nämlich Bewusstsein, Haltung, konstruktivistische Betrachtung des Unternehmers und der Führungskräfte selbst und somit ihr Führungs- und Kommunikationsverhalten unverändert geblieben wären. Dann fiele alles früher oder später wieder in die alten Verhältnisse zurück.

Ob ein Kulturwandel in Ihrem Unternehmen wirklich gelingt, hängt von Dutzenden Faktoren ab, die teilweise nicht einmal sichtbar sind, siehe oben, die Ausführungen zur Komplexität. Wie in diesem Buch auch schon beschrieben, ist iteratives, offenes Vorgehen während des Veränderungsprozesses daher zwingend erforderlich.

Aus meiner persönlichen Erfahrung mit Veränderungsprojekten in Unternehmen haben sich drei wesentliche Faktoren herauskristallisiert, auf die Sie als Schlüsselperson persönlich Einfluss haben und denen Sie besondere Aufmerksamkeit schenken sollten:

▶ **Wichtige Veränderungsfaktoren**

1. *Die Unterstützung durch die Führungskräfte*

   Wenn Sie neue Führungs- und Zusammenarbeitsformen einführen, führt das in aller Regel während der Zeit der Umgewöhnung und des Experimentierens zu Effizienzverlusten gegenüber dem herkömmlichen Zustand. Es handelt sich für die Zeit der Veränderung um eine Investition, die am Ende mit einer besseren Zukunft belohnt werden soll. Dass das so ist, muss unbedingt mit der Bereitstellung von Ressourcen ausgedrückt werden. Die Ressourcen können z. B. Zeit (Kapazität durch teilweise oder vollständige Befreiung von bisherigen Aufgaben des „Tagesgeschäfts"), Geld (z. B. für neue IT-Ausstattung) oder interne bzw. externe personelle Unterstützung (z. B. durch Coaches) sein.

   Die Unterstützung durch die Führungskräfte ist außerdem durch deren Präsenz sicherzustellen. Die Präsenz muss nicht unbedingt durch langanhaltende physische Präsenz, beispielsweise in Workshops, ausgedrückt werden. Vielmehr ist die innere Präsenz gemeint. So ist es beispielsweise notwendig, dass die Geschäftsleitung und die Schlüssel-Führungskräfte eine klare Erwartungshaltung haben und kommunizieren, welche Ziele und Hoffnungen mit einer Veränderung von Kultur und Zusammenarbeit verbinden – und diese bei jeder Begegnung mit den Menschen im Unternehmen ausdrücken.

   Außerdem hat es sich als sehr vertrauensfördernd gezeigt, wenn Sie sich neben Ihrer eigenen Erwartung auch für die Erwartungen der Mitarbeitenden interessieren. Dabei gehen Sie aber nicht investigativ-ausfragend vor, sondern zeigen sich neugierig und ehrlich interessiert. Überlegen Sie gemeinsam, was mit dem nächsten Veränderungsschritt oder mit dem nächsten Team-Workshop erreicht werden soll. Spielen Sie miteinander durch, wie es wohl ablaufen könnte und forschen Sie miteinander nach gemeinsamen Erwartungen oder vielleicht Zweifeln. Doch nicht nur vorher, auch nach Abschluss eines Workshops, oder der Einführung einer Veränderung, tauschen Sie sich aus. Reflektieren Sie, was gelungen ist, was vielleicht nicht – und welche Rückschlüsse Sie gemeinsam daraus ziehen. Seien Sie dabei voll präsent. Diese Gespräche müssen nicht lang sein, aber es ist wichtig, dass Sie mit Ihrer vollen inneren Aufmerksamkeit, mit vollem Fokus „da" sind, bei Ihrem Mitarbeitenden und den gemachten Erfahrungen. Diese Unterstützung durch Sie als Führungskraft geschieht zusätzlich zur (hoffentlich) eigenen Motivation der Mitarbeitenden (s. o.). Sie selbst tragen die Verantwortung dafür, dass Sie auf diese Weise Energie und Wert-

schätzung zur Verfügung stellen, auf deren Grundlage sich der Erfolg einstellen kann.

2. *Die intrinsische Motivation der Mitarbeitenden*

Sowohl Führungskräfte als auch Mitarbeitende sind immer dann besonders
an der eigenen Veränderung und an der des Unternehmens interessiert, wenn
sie sich mit dem Ziel der Veränderungen identifizieren. Darüber, wann und
wie Identifikation entsteht, haben Sie im Abschn. 5.2. „Die Geheimnisse
guter Zusammenarbeit in einem Team" lesen können.

Außerdem entstehen ein eigener Antrieb und der starke Wunsch, aktiv an
einer Veränderung mitzuwirken, wenn sie darin einen grundsätzlichen Sinn
sehen. Wie die meisten anderen Menschen auch, fragen Mitarbeitende und
Führungskräfte im Zusammenhang mit einer anstehenden Anstrengung –
und Veränderung ist auch Anstrengung – danach, was für sie persönlich
dabei herausspringt. „What's in it for me?" ist eine typische und legitime
Fragestellung.

Auch ein übergeordneter Sinn („Purpose", s. Abschn. 6.3), der die
Motivation oder sogar Notwendigkeit einer Veränderung auslöst, ist
intensiv handlungsleitend. Langfristig sind die Menschen motiviert,
wenn sie an einem übergeordneten Ziel mitarbeiten können, statt kurz-
fristigen, willkürlich gesetzten Finanz-Zielen oder egozentrischen
„Wir-werden-die-Besten"-Zielen.

Für das Starten, Durchhalten und Gelingen-Lassen einer Veränderung
der Führungs- und Zusammenarbeits-Kultur benötigen Sie unbedingt die
intrinsische Motivation des überwiegenden Teils der Menschen im Unternehmen. Nur mit ihrer starken inneren Beteiligung und Bereitschaft, die auf
dem gemeinsamen Erarbeiten der Veränderungs-Ziele beruhen, werden sie
Erfolg haben.

3. *Die richtige Geschwindigkeit der Veränderung*

Bei allem Ehrgeiz und aller positiven Motivation ist es wesentlich,
dass Sie Ihre Zufriedenheit, Ihre Ihnen zur Verfügung stehende Kraft
und Ihre Gesundheit nicht verspielen. Ich habe schon mehrfach Unternehmer gesehen, die entweder infolge hohen Drucks oder überbordender
Begeisterung statt in den Erfolg in die Überforderung geraten sind.

Eine hohe Intensität und eine hohe Effektivität beim Vorantreiben können
durch die eigene Begeisterung zu Beginn kraftvoll unterstützt werden. Diese
Intensität wird auch „positiver Stress" oder Eustress genannt. Allerdings
können das unser Körper und unser Nervensystem nur bis zu einem
gewissen Punkt aushalten. Wenn wir uns keine Ruhepausen oder auch mal
„die halbe Schlagzahl" gönnen, kann das enorme Aktivitätslevel in negativen
Stress, den sog. „Distress" umschlagen. Die Folgen sind Ermüdung,
Motivationsverlust und schlimmstenfalls – wenn aufgrund dessen sichtbare
oder spürbare Erfolge ausbleiben oder Erreichtes wieder in sich zusammen-

fällt – Sarkasmus, Verzweiflung, bis hin zur Erstarrung. Dieses Risiko gilt nicht nur für Führungskräfte, sondern gleichermaßen für die Mitarbeitenden. Wie können Sie das vermeiden? Hier, am Ende des Buches schließt sich der Kreis:

Kehren Sie stets und ständig zurück zur Selbstwahrnehmung. Nehmen Sie intensiv und ergebnisoffen wahr, wie es Ihrem Organismus und Ihrem Geist geht. Und denken Sie an den Schlüsselsatz, der mir bewusstwurde, als ich zum ersten Mal einem Zen-Meister gegenübergesessen habe: „Ich muss hier gar nichts!"

Eine gute Freundin von mir, die auch Coach und Persönlichkeitsentwicklerin ist, fragt Ihre Klienten manchmal: „Was ist das Schlimmste, was passiert, wenn Sie dieses Vorhaben jetzt **nicht** umsetzen?" Die Antwort ist oft – wenn Sie wirklich ehrlich zu sich sind – harmloser als gedacht und dadurch äußerst befreiend und relativierend.

Machen Sie sich klar, dass Sie immer nur Schritt für Schritt gehen. Der Weg ist per se wertvoll. Finden Sie Ihren eigenen Weg. Immer im Jetzt, immer im Hier. Und bleiben Sie ganz Sie selbst, denn dadurch, dass es Ihr eigener Weg ist, ist er einzigartig.

Zusammenfassung dieses Kapitels

Unternehmenskultur ist ein System gemeinsam gelebter und akzeptierter Werte, Normen, Verhaltensweisen und Praktiken. Vieles wurde „schon immer so" gemacht. Ein solches System ist sowohl komplex als auch kompliziert. Die schiere Menge der potenziellen Handlungsfelder und deren Unberechenbarkeit machen es schwer bis unmöglich, an allen Ecken und Enden parallel ansetzen zu wollen. Ein notwendiger Ansatz ist es im ersten Schritt, dass die Veränderung zunächst von der Top-Führung des Unternehmens selbst ausgeht. Von hier kommen die ersten Impulse. Schnell sind aber die Mitarbeitenden sowie die unsichtbaren Wirkmechanismen im Unternehmen in den Blick zu nehmen. Das sind die herrschenden heimlichen Regeln, Einstellungen und Denkhaltungen (Gedanken und Gefühle), Werte, Erwartungen, Ängste und Bedürfnisse und verdeckte Konflikte.

Wie das gemacht wird, dafür gibt es keine Blaupause. Grundsätzlich gilt es, als System bzw. als Organisation einen gemeinsamen inneren Kompass zu finden und zum Leben zu erwecken. Neue Erfahrungen, neues Denken, verändertes Verhalten, all dies kann nur eine Frage eines gemeinsamen Prozesses des gesamten Systems sein. Dadurch entwickelt sich nach und nach ein neues Bewusstsein in der Organisation.

Für den Entwicklungsprozess sind Leitplanken wichtig, die das Führungsteam anbieten muss. Es ist dafür dringend erforderlich, dass die Führung des Prozesses durch Menschen geschieht, die bereits das neue Bewusstsein leben und möglichst integriert haben. Gleichzeitig ist es erfolgskritisch, dass sich der Unternehmer oder die Top-Führungskräfte nicht „allein" entwickeln, sondern darauf achten, dass sich die Mitarbeitenden durch individuelle und kollektive Selbstentwicklung mit entwickeln. Sonst erfolgt eine kontraproduktive Entfremdung zwischen Führung und Mitarbeitenden.

Um die kollektive Entwicklung des Unternehmens bzw. der Organisation starten zu können, und sie von innen heraus immer weiter wachsen zu lassen, werden in diesem Buch zwei wesentliche Handlungsfelder exemplarisch herausgegriffen. Beide betreffen die Unternehmenskultur grundlegend und geben eine wesentliche Antwort auf die Frage, mit und in welchem „Geist" in einem Unternehmen gearbeitet werden soll:

- **Die Entwicklung eines gemeinsamen höheren Sinns, des „Purpose"**
  Die Entwicklung eines gemeinsamen Purpose geschieht aus der Tiefe der gemeinsamen Emotionen und Sehnsüchte heraus. Der gemeinsame Sinn oder Daseins-Zweck erlaubt weitsichtiges, an einem höheren Ziel orientiertes Handeln. Es erlaubt Unternehmen, sowohl in Wachstumszeiten als auch in Krisenzeiten immer wieder auf Kurs zu bleiben oder zurückzukommen. Es ist der starke innere Kompass für alles Handeln im Unternehmen. Für die Entwicklung des Purpose kann das Unternehmen einen gemeinsamen Prozess durchschreiten.
- **Die Entwicklung von Selbstorganisation und agilem Handeln**
  Das agile Manifest gibt – als Ergänzung zum gemeinsamen Sinn bzw. „Purpose" – einen klaren Rahmen, in dem sich die Arbeit entwickeln und verändern kann. Durch die Orientierung daran können sich alle Komponenten einer freiheitlichen Haltung vereinen, wenn die Agilitäts-Idee zum Leben erweckt wird: Selbstverantwortung, Vertrauen, Mut, Ganzheit, Flexibilität, Offenheit, Klarheit im Denken und Handeln.

Die drei wesentlichen Komponenten einer Veränderung und Weiterentwicklung der Unternehmenskultur sind:

1. Die konsequente Unterstützung durch die selbstentwickelten Führungskräfte
2. Die intrinsische Motivation der Mitarbeitenden
3. Die richtige Geschwindigkeit der Veränderung

Alle drei Faktoren werden wesentlich unterstützt – und teilweise erst möglich gemacht – durch eine hohe Qualität des Bewusstseins und der Achtsamkeit. Eine starke und tiefe Quelle für Bewusstsein, Achtsamkeit und innere Freiheit ist die Zen-Meditation.

Selbstreflexion – Fragen

- Gibt es in Ihrem Unternehmen eine bestimmte „Kultur"? Woraus besteht sie?
- Wenn ein Dritter in Ihrem Unternehmen Interviews mit Mitarbeitenden führen würde, wie sich die Kultur in Ihrem Unternehmen darstellt oder anfühlt, welche Antworten würde er erhalten?
- Wann haben Sie zuletzt solche Fragen an Ihre Mitarbeitenden gerichtet?
- Welche Komponenten oder Eigenschaften der Unternehmenskultur sind besonders förderlich oder hinderlich für unternehmerischen Erfolg oder für Zufriedenheit und das Gefühl von Erfüllung, sowohl für Sie als Führungskraft als auch für die Mitarbeitenden?
- Haben Sie bereits versucht, die Kultur von Führung und Zusammenarbeit in Ihrem Unternehmen zu verändern? Was wollten Sie damit erreichen? In welchem Umfang waren Sie damit erfolgreich oder erfolglos – und woran könnte das jeweils gelegen haben?
- Falls Sie das bisher noch nie versucht haben: was hat Sie bisher davon abgehalten?
- Inwiefern halten Sie die Aspekte „Gemeinsamer Sinn/Purpose" und „Agiles Arbeiten" als Ansatzpunkte und Handlungsfelder für eine besondere Art und Tiefe der Führung und Zusammenarbeit in Ihrem Unternehmen für umsetzbar oder hilfreich? Was könnte damit erreicht werden, was nicht?
- Wann, wie und womit wollen Sie starten, eine Weiterentwicklung der Unternehmenskultur in Ihrer Organisation auf den Weg zu bringen?

Literatur

Binder, T. (2016). *Ich-Entwicklung für effektives Beraten*. Göttingen: Vandenhoeck & Ruprecht.

Fink, F., & Moeller, M. (2018). *Purpose Driven Organizations, Sinn – Selbstorganisation – Agilität*. Stuttgart: Schäffer-Poeschel.

Gabler Wirtschaftslexikon. (2018). https://wirtschaftslexikon.gabler.de/definition/unternehmenskultur-49642/version-272870 Revision von Unternehmenskultur vom 14.02.2018 – 17:31. Zugegriffen: 14. Febr. 2020.

Gebauer, A. (2017). *Kollektive Achtsamkeit organisieren*. Stuttgart: Schäffer-Poeschel.

Hofert, S. (2016) Hamburg. https://karriereblog.svenja-hofert.de/2016/08/ich-entwicklung-die-vergessene-ebene-der-persoenlichkeit/. Zugegriffen: 17. Apr. 2020.

Janssen, B. (2016). *Die stille Revolution: Führen mit Sinn und Menschlichkeit*. Genf: Ariston Verlag.

Laloux, F. (2016). *Reinventing Organizations*. München: Verlag Franz Vahlen.

Loevinger, J. (1970). *Measuring Ego Development*. San Francisco: Jossey-Bass Inc Pub.

Poppenborg, M. (Hrsg.). (2017). *Unsere Wirtschaft im 21. Jahrhundert: Bericht zur Aktion Zwiegespräch #NeueWirtschaft*. Berlin: Intrinsify-Line.

Rögner, S. (2020). MA&T Organisationsentwicklung GmbH, Magdeburg. https://www.perwiss.de/thema-unternehmenskultur.html. Zugegriffen: 17.Apr. 2020.

Scharmer, O. (2019). *Essentials der Theorie U: Grundprinzipien und Anwendungen*. Heidelberg: Carl Auer Verlag.

Sinek, S. (2014). *Frag immer erst: warum – Wie Top-Firmen und Führungskräfte zum Erfolg inspirieren*. München: Redline Verlag.

Wohland, G., & Wiemeyer, M. (2012). *Denkwerkzeuge der Höchstleister: Warum dynamikrobuste Unternehmen Marktdruck erzeugen*. Springe: Unibuch Verlag.

Weiterführende Literaturhinweise

- „Die Wissenschaft der Achtsamkeit: Wie Meditation die Biologie von Körper und Geist verändert.", Yi-Yuan Tand, 2019
- „Der Selbstheilungscode" – Prof. Dr. med. Tobias Esch, 3. Auflage 2018
- „Die Kraft der Meditation: Was die Wissenschaft darüber weiß", Peter Sedlmeier, 2016
- „Psychotherapie und buddhistisches Geistestraining", Anderssen-Reuster, Meibert, Meck, 2013
- „In der Mitte liegt die Kraft", Hinnerk Syobu Polenski, 2013
- „Die Linie im Chaos", Hinnerk Syobu Polenski, 2012
- „Die 7 Wege des Samurai", André Daiyû Steiner, 2012

J. Nickelsen, *Mit Mut, Freude und Gelassenheit führen*,
https://doi.org/10.1007/978-3-662-62074-8

Printed by Printforce, the Netherlands